Inhaltsverzeichnis

Arbeiten mit dem Buch

Liebe Schüler/innen,

Bald steht Ihr Abitur an. Hier finden Sie ein Beispiel, das Ihnen hilft, mit diesem Prüfungsvorbereitungsbuch zu arbeiten.

1 Ermitteln Sie mit Hilfe der Checkliste auf Seite 9 Ihre persönlichen Lernziele.

"Ich möchte Stammfunktionen bestimmen können."

2 Den betreffenden Abschnitt und die Seite, die zu Ihrem Lernziel passt, finden Sie links und rechts neben dem Lernziel. Unter Abschnitt 40 auf Seite 53 sollten Sie fündig werden.

„Wie bestimme ich eine Stammfunktion?"

Dort finden Sie Beispiele, Erklärungen und Verweise auf die Abituraufgaben.

3 Sie können sich später entschließen eine Prüfungsaufgabe zum gewählten Thema zu bearbeiten, um Ihre Fertigkeiten zu trainieren. Am Ende eines Abschnitts finden Sie eine Liste von Abituraufgaben, die Ihrem Thema entsprechen.
Angenommen, Sie finden folgende Aufgabe:

a) 5 BE. Geben Sie je eine reelle Zahl für die Parameter a, b, und c an, sodass die Funktionen F_a, G_b und H_c Stammfunktionen der Funktionen f, g, und h sind. 〔24〕〔36〕〔40〕

$$f : f(x) = 2x^3 + 4x - 1 \qquad F_a : F_a(x) = 0{,}5x^4 + ax^2 - x + 3$$
$$g : g(x) = \sqrt{x-4} \qquad G_b : G_b(x) = \tfrac{2}{b}(x-4)^{\frac{3}{2}}$$
$$h : h(x) = 4e^{-2x+1} + e \qquad H_c : H_c(x) = c \cdot e^{-2x+1} - e$$

Am Rand sehen Sie, dass Sie zur Bearbeitung dieser Abituraufgabe noch die Kapitel 24 und 36 benötigen könnten. Falls Sie die Aufgabe nicht lösen können, hilft Ihnen dieser Abschnitt ggf. weiter.

4 Bedenken Sie, dass es beim Bearbeiten einer Aufgabe nicht darauf ankommt, das richtige Ergebnis zu haben. Wenn Sie in den Lösungen nachsehen und feststellen, dass Sie einen Fehler gemacht haben, dann nutzen Sie diese Gelegenheit, um Ihr Wissen zu festigen. Stellen Sie sich die Frage *„Warum ist dieser Lösungsweg richtig?"*. Die ausführlichen Lösungen können Ihnen dabei helfen, die einzelnen Schritte besser nachzuvollziehen. Nehmen Sie sich dafür ruhig etwas Zeit. Sobald Sie sich oder anderen die Lösungen erklären können, haben Sie einen positiven Lerneffekt bewirkt! Dabei können Sie Folgendes beachten:

Graue Texte und Kästen stellen Ideen, Hinweise oder Beschreibungen dar und sollen Ihnen helfen, die Lösung besser nachvollziehen zu können.

a, b, c bestimmen

a) Geben Sie je eine reelle Zahl für die Parameter a, b und c an, sodass die Funktionen F_a, G_b und H_c Stammfunktionen der Funktionen f, g und h sind.

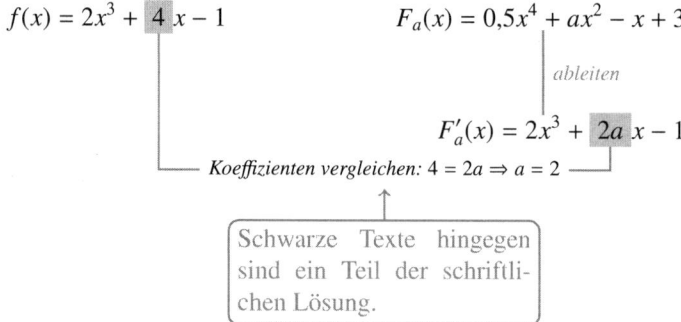

$$f(x) = 2x^3 + 4\,x - 1 \qquad\qquad F_a(x) = 0{,}5x^4 + ax^2 - x + 3$$

ableiten

$$F'_a(x) = 2x^3 + 2a\,x - 1$$

Koeffizienten vergleichen: $4 = 2a \Rightarrow a = 2$

Schwarze Texte hingegen sind ein Teil der schriftlichen Lösung.

5 Sie können auch vollständige Prüfungen bearbeiten oder simulieren. Vor jeder Prüfung finden Sie eine Seite, auf der beschrieben ist, wie viel Zeit Sie für die Aufgaben in etwa einplanen sollten. Dabei sollten Sie jedoch zwei Umgebungen beachten:

1. **Lernumgebung:** Sie wollen anhand der Abitur-Aufgaben Ihre Fähigkeiten trainieren, kontrollieren, was Sie schon können oder den Stoff mit Hilfe von Beispielaufgaben erarbeiten? Dann machen Sie sich auf gar keinen Fall zeitlichen Druck! Nutzen Sie die Querverweise auf den Theorieteil, schreiben Sie sich Notizen auf und probieren Sie unterschiedliche Lösungen aus.

2. **Leistungsumgebung:** Sie fühlen sich fit für's Abi oder wollen Ihren eigenen Leistungsstand überprüfen? Legen Sie sich alle benötigten Hilfsmittel zurecht, versorgen Sie sich mit genügend Getränken und etwas zum Essen und bearbeiten Sie 270 Minuten lang eine Abituraufgabe. Lesen Sie sich die Bedingungen für die einzelnen Aufgaben gut durch und bearbeiten Sie hilfsmittelfreie Aufgaben auch wirklich ohne Hilfsmittel.

Intensivkurs Mathematik und das **Nachhilfeinstitut GiRA** wünschen Ihnen viele Erfolgserlebnisse beim Lernen und ein souveränes Abitur!

Abitur 2018

Die Abitur-Prüfung 2018 wird den gleichen Aufbau wie die Prüfung im Jahr 2017 besitzen.

Zugelassene Hilfsmittel	Nachschlagewerk zur Rechtschreibung der deutschen Sprache
für Teil 2-4:	Formelsammlung, die an der Schule eingeführt ist
für Teil 2-4:	Taschenrechner, die nicht programmierbar und nicht grafikfähig sind und nicht über die Möglichkeiten der numerischen Differenziation oder Integration oder dem automatisierten Lösen von Gleichungen verfügen.
Gesamtbearbeitungszeit:	270 Minuten inklusive Lese- und Auswahlzeit
	Teil 1: höchstens 40 Minuten (frühere Abgabe möglich)
	Teil 2-4: 230 Minuten
Hilfsmittelfreier Teil:	Keine Auswahl möglich. Bei früherer Abgabe (vor Ablauf der 40 Minuten) kann mit der Bearbeitung der weiteren Aufgaben begonnen werden, jedoch ohne Zuhilfenahme der Hilfsmittel. Erst nach Ablauf der 40 Minuten dürfen die dann zugelassenen Hilfsmittel verwendet werden.
Analysis:	Wählen Sie eine der beiden Aufgaben 2.1 **oder** 2.2 zur Bearbeitung aus.
Analytische Geometrie:	Wählen Sie eine der beiden Aufgaben 3.1 **oder** 3.2 zur Bearbeitung aus.
Stochastik:	Wenn Sie Aufgabe 3.1 gewählt haben, **müssen** Sie Aufgabe 4.1 wählen!
	Wenn Sie Aufgabe 3.2 gewählt haben, **müssen** Sie Aufgabe 4.2 wählen!

Checkliste

Analysis

Ich kann...

Stochastik

Ich kann...

Analytische Geometrie

Ich kann...

Teil I.

Theorie & Basisaufgaben

Grundwissen

1. Wie rechne ich mit Brüchen?

- *Addieren/Subtrahieren*: Hauptnenner bilden, dann Zähler addieren/subtrahieren.
- *Multiplizieren*: Zähler mit Zähler und Nenner mit Nenner multiplizieren.
- *Dividieren*: Mit dem Kehrbruch multiplizieren.
- *Kürzen*: Zähler und Nenner durch die gleiche Zahl teilen.

Beispiel

Berechnen Sie:

a) $\frac{1}{4} + \frac{2}{5}$ b) $2 - \frac{3}{4}$ c) $4 \cdot \frac{2}{3}$ d) $\frac{3}{8} \cdot \frac{9}{2}$ e) $\frac{9}{4} : 2$ f) $3 : \frac{1}{2}$

Lösung

a) $\frac{1}{4} + \frac{2}{5} = \frac{1 \cdot 5}{4 \cdot 5} + \frac{2 \cdot 4}{5 \cdot 4} = \frac{5}{20} + \frac{8}{20} = \frac{13}{20}$ d) $\frac{3}{8} \cdot \frac{9}{2} = \frac{3 \cdot 9}{8 \cdot 2} = \frac{27}{16}$

b) $2 - \frac{3}{4} = \frac{2}{1} - \frac{3}{4} = \frac{2 \cdot 4}{1 \cdot 4} - \frac{3}{4} = \frac{8}{4} - \frac{3}{4} = \frac{5}{4}$ e) $\frac{9}{4} : 2 = \frac{9}{4} : \frac{2}{1} = \frac{9}{4} \cdot \frac{1}{2} = \frac{9 \cdot 1}{4 \cdot 2} = \frac{9}{8}$

c) $4 \cdot \frac{2}{3} = \frac{4}{1} \cdot \frac{2}{3} = \frac{4 \cdot 2}{1 \cdot 3} = \frac{8}{3}$ f) $3 : \frac{1}{2} = 3 \cdot \frac{2}{1} = 6$

2. Wie rechne ich mit Termen und Klammern?

- *„Minus-Klammer"*: Steht ein '−' vor der Klammer, kehren sich alle Vorzeichen um.
- *Zahl mit Klammer multiplizieren*: Steht ein Faktor vor der Klammer, wird jeder Teil in der Klammer mit ihm multipliziert.
- *Zwei Klammern multiplizieren*: Jeden Teil der ersten Klammer mit jedem Teil der zweiten Klammer multiplizieren.

Beispiel

Vereinfachen Sie:

a) $x - (2 - x) + (x - 4)$ b) $5 + 2 \cdot (3 + x)$ c) $(2x + 3) \cdot (1 - 4x)$

Lösung

a) $x - (2 - x) + (x - 4) = x - 2 + x + x - 4 = 3x - 6$

b) $5 + 2 \cdot (3 + x) = 5 + 6 + 2x = 11 + 2x$

c) $(2x + 3) \cdot (1 - 4x) = 2x - 8x^2 + 3 - 12x = -8x^2 - 10x + 3$

3. Wie wende ich die Binomischen Formeln an?

$$(a + b)^2 = a^2 + 2ab + b^2 \qquad (a - b)^2 = a^2 - 2ab + b^2 \qquad (a + b)(a - b) = a^2 - b^2$$

Beispiel

Berechnen Sie:

a) $(1 + x)^2$ 	 b) $(x^2 - 1)^2$ 	 c) $(5 + 2x)(5 - 2x)$

Lösung

a) $(1 + x)^2 = 1^2 + 2 \cdot 1 \cdot x + x^2 = 1 + 2x + x^2$

b) $(x^2 - 1)^2 = (x^2)^2 - 2 \cdot x^2 \cdot 1 + 1^2 = x^4 - 2x^2 + 1$

c) $(5 + 2x)(5 - 2x) = 5^2 - (2x)^2 = 25 - 4x^2$

$\rightarrow$ Abitur 2015/2.2e

4. Wie rechne ich mit Potenzen?

- *Addieren/Subtrahieren*: Nur möglich, wenn Basis und Hochzahl gleich sind.

- *Multiplizieren*: Die Hochzahlen werden addiert (wenn Basis gleich).

- *Dividieren*: Die Hochzahlen werden subtrahiert (wenn Basis gleich).

- *Potenzieren*: Die Hochzahlen werden multipliziert.

- *Besondere Potenzen*: $\sqrt{x} = x^{\frac{1}{2}}$, $\frac{1}{x^2} = x^{-2}$

Beispiel

Berechnen Sie bzw. füllen Sie die Lücken:

a) $2x^3 \cdot 3x^4$ 	 c) $(x^2)^3$ 	 e) $\sqrt[3]{x} = x^{\blacksquare}$ 	 g) $\frac{2}{x} = \blacksquare \cdot x^{\blacksquare}$

b) $\frac{8x^5}{4x^2}$ 	 d) $(e^x)^2 = e^{\blacksquare}$ 	 f) $\frac{1}{x^4} = x^{\blacksquare}$ 	 h) $\frac{\blacksquare}{\blacksquare} = 3 \cdot x^{-2}$

Lösung

a) $2x^3 \cdot 3x^4 = 6 \cdot x^3 \cdot x^4 = 6 \cdot x^{3+4} = 6x^7$ e) $\sqrt[3]{x} = x^{\frac{1}{3}}$

b) $\frac{8x^5}{4x^2} = \frac{8}{4} \cdot x^{5-2} = 2x^3$ f) $\frac{1}{x^4} = x^{-4}$

c) $(x^2)^3 = x^{2\cdot3} = x^6$ g) $\frac{2}{x} = \frac{2}{x^1} = 2 \cdot x^{-1}$

d) $(e^x)^2 = e^{x\cdot2} = e^{2x}$ h) $\frac{3}{x^2} = 3 \cdot x^{-2}$

→ Abitur 2014/1.2b

5. Wie rechne ich mit Maßeinheiten?

- $5{,}7 \cdot 10^{\boxed{4}} = 57\,000$ (das Komma wandert $\boxed{4}$ Stellen nach rechts)

- $6{,}4 \cdot 10^{\boxed{-3}} = 0{,}0064$ (das Komma wandert $\boxed{3}$ Stellen nach links)

- *Umrechnungsfaktoren*: 10 bei Längen, 100 bei Flächen, 1 000 bei Volumen

$$s \underset{\cdot 60}{\overset{:60}{\longleftrightarrow}} \min \underset{\cdot 60}{\overset{:60}{\longleftrightarrow}} h \underset{\cdot 24}{\overset{:24}{\longleftrightarrow}} d \underset{\cdot 365}{\overset{:365}{\longleftrightarrow}} a \qquad 1\,\tfrac{m}{s} = 3{,}6\,\tfrac{km}{h}$$

Zeiteinheiten   *Geschwindigkeiten $v = \frac{s}{t}$*

Beispiel

Füllen Sie die Lücken:

a) $45\,\text{m} = \blacksquare\,\text{mm}$ c) $3 \cdot 10^5\,\text{cm}^2 = \blacksquare\,\text{m}^2$ e) $72\frac{km}{h} = \blacksquare\,\frac{m}{s}$

b) $240\,\text{kg} = \blacksquare\,\text{t}$ d) $6{,}4 \cdot 10^{-7}\,\text{m}^3 = \blacksquare\,\text{ml}$ f) $36\,000\,\text{s} = \blacksquare\,\text{h}$

Lösung

a) $45\,\text{m} = 45 \cdot 10^3\,\text{mm} = 45\,000\,\text{mm}$

b) $240\,\text{kg} = \frac{240}{1\,000}\,\text{t} = 0{,}24\,\text{t}$

c) $3 \cdot 10^5\,\text{cm}^2 = 300\,000\,\text{cm}^2 = \frac{300\,000}{100 \cdot 100}\,\text{m}^2 = 30\,\text{m}^2$

d) $6{,}4 \cdot 10^{-7}\,\text{m}^3 = 6{,}4 \cdot 10^{-7} \cdot 1\,000\,\boxed{\text{dm}^3} = 6{,}4 \cdot 10^{-4}\,\boxed{l} = 0{,}64\,\text{ml}$ ($1\,dm^3 = 1\,l$)

e) $72\,\frac{km}{h} = \frac{72}{3{,}6}\,\frac{m}{s} = 20\,\frac{m}{s}$

f) $36\,000\,\text{s} = \frac{36\,000}{60 \cdot 60}\,\text{h} = 10\,\text{h}$

→ Abitur 2014/2.2b

6. Wie rechne ich mit Logarithmen?

Der Ausdruck $\ln(x)$ ist nur definiert, wenn $x > 0$. Merke: $\ln 1 = 0$, $\ln e = 1$.

1. $\ln(x \cdot y) = \ln x + \ln y$

2. $\ln(\frac{x}{y}) = \ln x - \ln y$

3. $\ln(x^n) = n \cdot \ln x$

4. $e^{\ln x} = \ln(e^x) = x$

Beispiel

Vereinfachen Sie so weit wie möglich.

a) $e^{\ln 3}$

b) $e^{2\ln 3}$

c) $\ln(2e^{2x})$

d) $\ln\left(\frac{1}{e^{x-a}}\right)$

Lösung

a) $e^{\ln 3} \stackrel{4.}{=} 3$

b) $e^{2\ln 3} \stackrel{3.}{=} e^{\ln(3^2)} = e^{\ln 9} \stackrel{4.}{=} 9$ bzw. $e^{2\ln 3} = (e^{\ln 3})^2 \stackrel{4.}{=} 3^2 = 9$

c) $\ln(2e^{2x}) \stackrel{1.}{=} \ln 2 + \ln(e^{2x}) \stackrel{3.}{=} \ln 2 + 2x \cdot \ln e \stackrel{4.}{=} \ln 2 + 2x$

d) $\ln\left(\frac{1}{e^{x-a}}\right) \stackrel{2.}{=} \ln 1 - \ln(e^{x-a}) \stackrel{3.}{=} 0 - (x-a) \cdot \ln e \stackrel{4.}{=} a - x$

→ Abitur 2014/3.1d, 2015/3.2b, 2016/2.2a, 3.2b, 2017/1.1, 2.2, 4.2

7. Was muss ich über das Koordinatensystem wissen?

Im Zusammenhang mit einem Koordinatensystem tauchen neben dem Koordinatenursprung O in Aufgabenstellungen verschiedene Grundbegriffe auf,

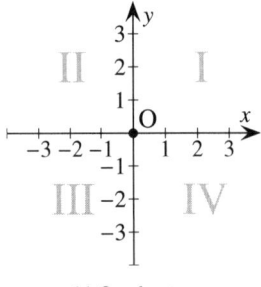

(a) Quadranten

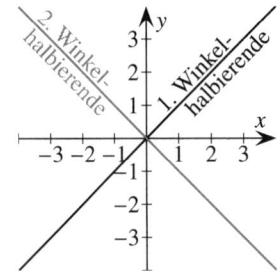

(b) 1. Winkelhalbierende $y = x$
2. Winkelhalbierende $y = -x$

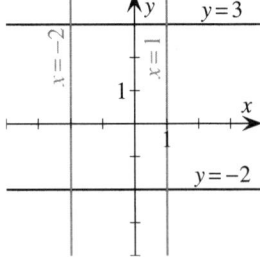

(c) besondere Geraden

8. Wie löse ich Gleichungen?

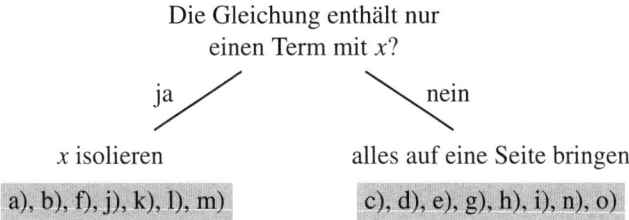

Die Gleichung enthält nur
einen Term mit x?

ja   nein

x isolieren   alles auf eine Seite bringen

a), b), f), j), k), l), m)   c), d), e), g), h), i), n), o)

Jeder Gleichungstyp hat anschließend seine eigene Lösungsstrategie.

Gleichungstyp erkennen $\longrightarrow$ richtige Lösungsstrategie anwenden

---

Beispiel

Lösen Sie die Gleichungen für x rechnerisch.

a) $4 - \frac{x}{2} = 1$ *(lineare Gleichung → Abitur 2014/2.1c)*

b) $3x^2 - 16 = 32$ *(quadratische Gleichung mit Wurzelziehen)*

c) $3x^2 = -x$ *(quadratische Gleichung mit Ausklammern)*

d) $4x^2 + 4x = 15$ *(quadratische Gleichung mit p-q-Formel → Abitur 2015/2.2c)*

e) $x^2 + a = 2x$ *(<u>Anzahl der Lösungen in Abhängigkeit von a</u> → Abitur 2015/2.2a)*

f) $1 - \frac{1}{4}x^3 = 3$ *(höhere Gleichung mit Wurzelziehen → Abitur 2014/3.1f)*

g) $x^3 + 4x^2 = 5x$ *(höhere Gleichung mit Ausklammern I → Abitur 2016/2.1b)*

h) $4x^2 = x^4$ *(höhere Gleichung mit Ausklammern II)*

i) $x^4 - 3x^2 - 4 = 0$ *(biquadratische Gleichung → Abitur 2016/2.1d)*

j) $e^{1-x} = 8$ *(Exponentialgleichung → Abitur 2016/2.2a)*

k) $\sqrt{3x + 1} = x - 1$ *(Wurzelgleichung → Abitur 2014/1.2a)*

l) $x = \frac{3}{x+2}$ *(Bruchgleichung → Abitur 2017/2.1b)*

m) $\ln(x + 3) = 2$ *(Logarithmusgleichung → Abitur 2017/2.1a)*

n) $x^2 e^x + 4x e^x = 0$ *(gemischte Gleichung → Abitur 2015/2.1a)*

o) $x^2 = 2ax$ *(Parametergleichung)*

Lösung

a) *lineare Gleichung*: Die Gleichung nacheinander so umstellen, dass die Unbekannte x alleine steht.

$$4 - \tfrac{x}{2} = 1 \qquad |-4$$
$$-\tfrac{x}{2} = -3 \qquad |\cdot(-2)$$
$$x = 6$$

b) *quadratische Gleichung mit Wurzelziehen*: Die Gleichung nacheinander so umstellen, dass der Term x^2 alleine steht. Dann Wurzel ziehen.

$$3x^2 - 16 = 32 \qquad |+16$$
$$3x^2 = 48 \qquad |:3$$
$$x^2 = 16 \qquad |\sqrt{\ }$$

Die Lösungen lauten $x_1 = -4$ bzw. $x_2 = 4$.

c) *quadratische Gleichung mit Ausklammern*: Alles auf eine Seite bringen. Dann x ausklammern.

$$3x^2 = -x \qquad |+x$$
$$3x^2 + x = 0 \qquad |\ x\ \text{ausklammern}$$
$$x \cdot (3x+1) = 0 \qquad |\ \text{Satz vom Nullprodukt}$$

$x_1 = 0$ bzw. $3x + 1 = 0 \qquad |-1$
$$3x = -1 \qquad |:3$$
$$x_2 = -\tfrac{1}{3}$$

d) *quadratische Gleichung mit p-q-Formel*: Alles auf eine Seite bringen. Durch den Vorfaktor von x^2 teilen und p-q-Formel anwenden. Die Lösungen der Gleichung $x^2 + px + q = 0$ (sofern sie existieren) lauten:

$$x_{1/2} = -\frac{p}{2} \pm \sqrt{\left(\frac{p}{2}\right)^2 - q}$$

$$4x^2 + 4x = 15 \qquad |-15$$
$$4x^2 + 4x - 15 = 0 \qquad |:4$$
$$x^2 + x - \tfrac{15}{4} = 0 \qquad |\ p\text{-}q\text{-Formel anwenden}$$

Wir erhalten

$$x_{1/2} = -\frac{1}{2} \pm \sqrt{\left(\frac{1}{2}\right)^2 - \left(-\frac{15}{4}\right)} = -\frac{1}{2} \pm \sqrt{\frac{1}{4} + \frac{15}{4}} = -\frac{1}{2} \pm \sqrt{4} = -\frac{1}{2} \pm 2$$

und somit $x_1 = -\tfrac{5}{2}$ bzw. $x_2 = \tfrac{3}{2}$.

e) *Anzahl der Lösungen in Abhängigkeit von a*: Die Anzahl der Lösungen für x ist hier vom Wert des Terms unter der Wurzel (*p-q*-Formel) abhängig: Ist $\Delta = \left(\frac{p}{2}\right)^2 - q > 0$, dann gibt es zwei Lösungen. Ist $\Delta = 0$, dann gibt es genau eine Lösung. Ist $\Delta < 0$, dann gibt es keine Lösung.

$$x^2 + a = 2x \qquad\qquad | -2x$$
$$x^2 - 2x + a = 0 \qquad\qquad | \text{ Wurzel aus } p\text{-}q\text{-Formel betrachten}$$
$$\Delta = \left(\tfrac{-2}{2}\right)^2 - a = 1 - a$$

Wir erhalten also genau eine Lösung für $\Delta = 0$ bzw. $a = 1$, zwei Lösungen für $\Delta > 0$ bzw. $a < 1$ und keine Lösung für $\Delta < 0$ bzw. $a > 1$.

f) *höhere Gleichung mit Wurzelziehen*: Die Gleichung nacheinander so umstellen, dass die Potenz alleine steht. Dann Wurzel ziehen. *Hinweis: 2 Lösungen bei gerader Hochzahl.*

$$1 - \tfrac{1}{4}x^3 = 3 \qquad\qquad | -1$$
$$-\tfrac{1}{4}x^3 = 2 \qquad\qquad | \cdot (-4)$$
$$x^3 = -8 \qquad\qquad \Rightarrow x = -\sqrt[3]{8} = -2$$

g) *höhere Gleichung mit Ausklammern I*: Alles auf eine Seite bringen. Dann die niedrigste Potenz ausklammern.

$$x^3 + 4x^2 = 5x \qquad\qquad | -5x$$
$$x^3 + 4x^2 - 5x = 0 \qquad\qquad | \, x \text{ ausklammern}$$
$$x(x^2 + 4x - 5) = 0 \qquad\qquad | \text{ Satz vom Nullprodukt}$$

Wir erhalten $x_1 = 0$ und mit der p-q-Formel $x_2 = -5$ bzw. $x_3 = 1$.

h) *höhere Gleichung mit Ausklammern II*: Alles auf eine Seite bringen. Dann die niedrigste Potenz ausklammern.

$$4x^2 = x^4 \qquad\qquad | -4x^2$$
$$0 = x^4 - 4x^2 \qquad\qquad | \, x^2 \text{ ausklammern}$$
$$0 = x^2(x^2 - 4) \qquad\qquad | \text{ Satz vom Nullprodukt}$$

Wir erhalten $x_1 = 0$ und mit Hilfe von Wurzelziehen die Lösungen $x_2 = -2$ bzw. $x_3 = 2$.

i) *biquadratische Gleichung*: Wir substituieren $x^2 = u$. Dann ist $x^4 = u^2$.

$$x^4 - 3x^2 - 4 = 0 \qquad\qquad | \text{ Subst: } u = x^2$$
$$u^2 - 3u - 4 = 0 \qquad\qquad | \, p\text{-}q\text{-Formel}$$

Wir erhalten

$$u_{1/2} = -\frac{-3}{2} \pm \sqrt{\left(\frac{-3}{2}\right)^2 - (-4)} = \frac{3}{2} \pm \sqrt{\frac{9}{4} + \frac{16}{4}} = \frac{3}{2} \pm \sqrt{\frac{25}{4}} = \frac{3}{2} \pm \frac{5}{2}$$

und somit $u_1 = -1$ bzw. $u_2 = 4$. Nun führen wir die Rücksubstitution durch.

$$u_1 = -1 \Rightarrow x^2 = -1 \Rightarrow \text{ keine Lösungen}$$
$$u_2 = 4 \Rightarrow x^2 = 4 \Rightarrow x_1 = -2 \text{ bzw. } x_2 = 2$$

j) *Exponentialgleichung*: Sobald der Term $e^{(\ldots)}$ alleine steht, beide Seiten der Gleichung logarithmieren.

$$e^{1-x} = 8 \qquad | \ln()$$
$$\ln(e^{1-x}) = \ln 8 \qquad | \text{3. Log.-Gesetz}$$
$$1 - x = \ln 8 \qquad | +x - \ln 8$$
$$1 - \ln 8 = x$$

k) *Wurzelgleichung*: Die Wurzel isolieren, dann beide Seiten der Gleichung quadrieren.

$$\sqrt{3x + 1} = x - 1 \qquad | ()^2 \text{ (Voraussetzung: } x \geq 1)$$
$$3x + 1 = x^2 - 2x + 1 \qquad | -3x - 1$$
$$0 = x^2 - 5x \qquad | x \text{ ausklammern}$$
$$0 = x(x - 5) \qquad | \text{Satz vom Nullprodukt}$$

Wir erhalten $x = 5$ ($x = 0$ ist eine ungültige Lösung).

l) *Bruchgleichung*: Die Gleichung mit dem Hauptnenner durchmultiplizieren.

$$x = \frac{3}{x+2} \qquad | \cdot (x + 2) \text{ (Voraussetzung: } x \neq -2)$$
$$x(x + 2) = 3$$
$$x^2 + 2x = 3 \qquad | -3$$
$$x^2 + 2x - 3 = 0 \qquad | p\text{-}q\text{-Formel}$$

Mit der p-q-Formel erhalten wir $x_1 = -3$ bzw. $x_2 = 1$.

m) *Logarithmusgleichung*: Sobald der Term $\ln(\ldots)$ alleine steht, auf beiden Seiten e^0 anwenden.

$$\ln(x + 3) = 2 \qquad | e^0$$
$$x + 3 = e^2 \qquad | -3$$
$$x = e^2 - 3$$

n) *gemischte Gleichung*: So viel wie möglich ausklammern. Dabei müssen die Potenzgesetze beachtet werden.

$$x^2 e^x + 4x e^x = 0 \qquad | x e^x \text{ ausklammern}$$
$$x e^x (x + 4) = 0 \qquad | \text{Satz vom Nullprodukt}$$

Wir erhalten $x_1 = 0$ bzw. $x_2 = -4$. Anmerkung: e^x wird nie Null!

o) *Parametergleichung*: Wir behandeln den Parameter wie eine Zahl und wählen das Verfahren, das dem Gleichungstyp entspricht (hier: siehe Teilaufgabe c).

$$x^2 = 2ax \qquad | -2ax$$
$$x^2 - 2ax = 0 \qquad | x \text{ ausklammern}$$
$$x(x - 2a) = 0 \qquad | \text{Satz vom Nullprodukt}$$

Wir erhalten $x_1 = 0$ bzw. $x_2 = 2a$.

9. Wie löse ich ein lineares Gleichungssystem?

Ein lineares Gleichungssystem (LGS) lösen wir in drei Schritten:

- Wir bringen alle Unbekannten auf eine Seite.

- Wir formen das LGS in Treppenform um. Erlaubte Umformungsschritte:
    - Zeilen untereinander vertauschen (z.B. I $\leftrightarrow$ II)
    - eine Zeile mit einer Zahl $\neq 0$ multiplizieren (z.B. $2 \cdot$ I)
    - eine Zeile mit einer anderen Zeile (oder einem Vielfachen) addieren bzw. von ihr subtrahieren (z.B. II $- 2 \cdot$ I)

- Wir ermitteln dann die Lösungen durch Rückwärtseinsetzen.

Beispiel

Berechnen Sie die Lösung des linearen Gleichungssystems mit drei Gleichungen und drei Unbekannten.

$$
\begin{aligned}
x + y + z &= 7 \\
2x + 3y - 4z &= 10 \\
-x + 2y + z &= 1
\end{aligned}
$$

Lösung

Zuerst formen wir das LGS in Treppenform um.

$$
\begin{array}{rrl}
\text{I}: & x + y + z = 7 & |\cdot(-2) \\
\text{II}: & 2x + 3y - 4z = 10 & \\
\text{III}: & -x + 2y + z = 1 & \\
\hline
\text{II} - 2\cdot\text{I} = \text{II}': & y - 6z = -4 & |\cdot(-3) \\
\text{III} + \text{I} = \text{III}': & 3y + 2z = 8 & \\
\hline
\text{III}' - 3\cdot\text{II}' = \text{III}'': & 20z = 20 &
\end{array}
$$

Dann lösen wir III'' nach z auf: $20z = 20 \Rightarrow z = 1$. Nun setzen wir z in II' ein: $y - 6 \cdot 1 = -4 \Rightarrow y = 2$. Dann setzen wir y, z in I ein: $x + 2 + 1 = 7 \Rightarrow x = 4$. Somit erhalten wir die Lösungsmenge $\mathbb{L} = \{(4; 2; 1)\}$.

$\rightarrow$ Abitur 2014/2.1a, 2.2a

10. Was muss ich über Geraden wissen?

Bezeichnung	Form	Bedeutung der Parameter
Hauptform	$y = mx + n$	Steigung m, y-Achsenabschnitt n
Punktsteigungsform	$y = m(x - x_P) + y_P$	Steigung m, Punkt $P(x_P \mid y_P)$

- Steigung:

$$m = \frac{y_Q - y_P}{x_Q - x_P}$$

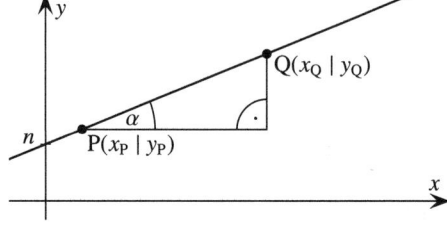

- Steigungswinkel α:

$$\tan \alpha = m$$

- Zwei Geraden mit den Steigungen m_1 und m_2
    - heißen *parallel*, wenn $m_1 = m_2$;
    - schneiden sich *senkrecht/orthogonal*, wenn $m_2 = -\frac{1}{m_1}$.

Beispiel

Es sind die Punkte $A(-3 \mid -2)$ und $B(3 \mid 6)$ gegeben. Die Gerade durch A und B heißt g.

a) Stellen Sie die Gleichung der Geraden g auf.

b) Berechnen Sie den y-Wert der Geraden an der Stelle $x = 2$.

c) Berechnen Sie die Stelle, an der die Gerade den y-Wert 5 hat.

d) Berechnen Sie den Steigungswinkel α von g.

e) Berechnen Sie die Steigung einer zu g senkrechten Gerade h.

Lösung

a) $m = \frac{6-(-2)}{3-(-3)} = \frac{4}{3}$. Es gilt: $g(x) = \frac{4}{3}x + n$. Punkt A einsetzen: $-2 = \frac{4}{3} \cdot (-3) + n \Rightarrow$
   $n = 2$. Also $g(x) = \frac{4}{3}x + 2$.

b) $g(2) = \frac{4}{3} \cdot 2 + 2 = \frac{14}{3}$

c) $g(x) = 5$, d.h. $\frac{4}{3}x + 2 = 5 \Rightarrow x = \frac{9}{4}$

d) $\tan \alpha = \frac{4}{3} \Rightarrow \alpha = \tan^{-1}(\frac{4}{3}) \approx 21{,}80°$

e) $m_h \cdot \frac{4}{3} = -1 \Rightarrow m_h = -\frac{3}{4}$ (Tipp: Bruch umkippen und Vorzeichen ändern)

$\rightarrow$ Abitur 2014/1.2c, 2017/2.1c

11. Was muss ich über Parabeln wissen?

Bezeichnung	Form	Bedeutung der Parameter
Hauptform	$f(x) = ax^2 + bx + c$	y-Achsenabschnitt c
Nullstellenform	$f(x) = a(x - x_1)(x - x_2)$	Nullstellen x_1, x_2
Scheitelpunktform	$f(x) = a(x - x_S)^2 + y_S$	Scheitelpunkt $(x_S \mid y_S)$

- $a > 0$: Parabel nach oben geöffnet, $a < 0$: Parabel nach unten geöffnet
- Der x-Wert des Scheitelpunktes ist der Mittelwert der Nullstellen (wenn die Parabel Nullstellen hat).

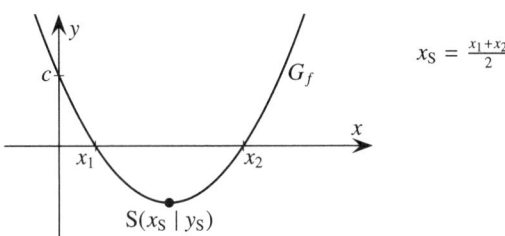

$$x_S = \frac{x_1 + x_2}{2}$$

Beispiel

Es ist eine Parabel p durch $p(x) = 0{,}5x^2 - 3x + 4$ gegeben.

a) Geben Sie den y-Achsenabschnitt von p an.

b) Berechnen Sie die Nullstellen von p. Schreiben Sie p in der Nullstellenform.

c) Berechnen Sie den Scheitelpunkt von p. Schreiben Sie p in der Scheitelpunktform.

d) Entscheiden Sie durch Rechnung, ob der Punkt Q(1 | 2) auf der Parabel liegt.

Lösung

a) $p(0) = 0{,}5 \cdot 0^2 - 3 \cdot 0 + 4 = 4 \Rightarrow y$-Achsenabschnitt 4

b) $p(x) = 0$, d.h. $0{,}5x^2 - 3x + 4 = 0 \Rightarrow x^2 - 6x + 8 = 0 \Rightarrow$

$$x_{1/2} = -\frac{-6}{2} \pm \sqrt{\left(\frac{-6}{2}\right)^2 - 8} = 3 \pm 1 \Rightarrow x_1 = 2, x_2 = 4.$$

Nullstellenform $p(x) = 0{,}5(x - 2)(x - 4)$.

c) $x_S = \frac{2+4}{2} = 3$. $y_S = p(3) = -0{,}5 \Rightarrow$ S(3 | −0,5)
Scheitelpunktform $p(x) = 0{,}5(x - 3)^2 - 0{,}5$

d) Punktprobe: $p(1) = 0{,}5 \cdot 1^2 - 3 \cdot 1 + 4 = 1{,}5 \neq 2$. Der Punkt Q liegt nicht auf der Parabel.

→ Abitur 2015/2.1f, 2016/2.1e, 2017/2.1e

12. Was muss ich über ganzrationale Funktionen höheren Grades wissen?

Bezeichnung	Form	Bedeutung der Parameter
Hauptform z.B.	$f(x) = ax^3 + bx^2 + cx + d$	y-Achsenabschnitt d
Nullstellenform z.B.	$f(x) = a(x - x_1)(x - x_2)(x - x_3)$	Nullstellen x_1, x_2, x_3

- In der Nullstellenform können wir die Vielfachheit einer Nullstelle ablesen (1-fach, 2-fach, 3-fach). Die entsprechenden Schnittpunkte mit der x-Achse sehen stets so aus:

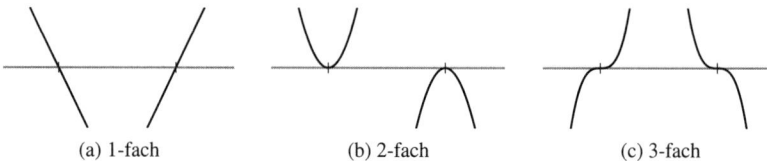

(a) 1-fach (b) 2-fach (c) 3-fach

- Funktionen höheren Grades sind ähnlich aufgebaut.

Beispiel

Eine Funktion f ist durch $f(x) = \frac{1}{4}x^2(x - 3)$ gegeben. Geben Sie die Nullstellen von f inklusive ihrer Vielfachheit an und zeichnen Sie den Graphen von f für $x \in [-1{,}5; 3{,}5]$.

Lösung

Die Funktion ist bereits in Nullstellenform gegeben. Ihre Nullstellen lauten $x_{1/2} = 0$ (doppelte Nullstelle) und $x_3 = 3$ (einfache Nullstelle). Für den Graphen erstellen wir zunächst eine Wertetabelle. Je genauer die Schrittweite ist (hier: 0,5), desto genauer wird die Zeichnung.

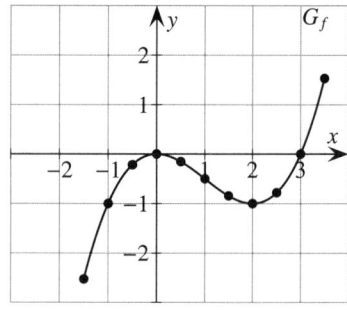

Wertetabelle:

x	$-1{,}5$	-1	$-0{,}5$	0	$0{,}5$	1	$1{,}5$	2	$2{,}5$	3	$3{,}5$
y	$-2{,}53$	-1	$-0{,}22$	0	$-0{,}16$	$-0{,}5$	$-0{,}84$	-1	$-0{,}78$	0	$1{,}53$

$\rightarrow$ Abitur 2015/1.1c, 2015/2.2, 2016/2.1

13. Was muss ich über die e-Funktion wissen?

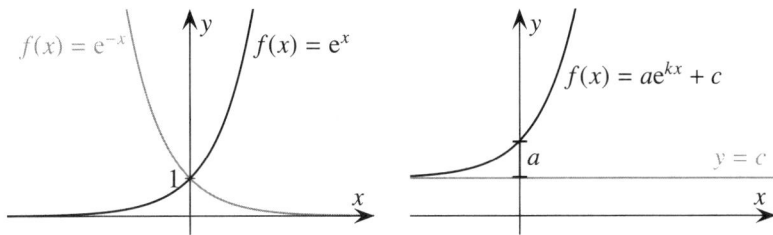

Strebt der Ausdruck $f(x)$ für $x \to \infty$ (bzw. $x \to -\infty$) gegen c, dann heißt die Gerade $y = c$ *waagrechte Asymptote* von f. Wir schreiben $f(x) \to c$ für $x \to \infty$ (bzw. $x \to -\infty$).

$e^0 = 1$ $e^\infty = \infty$ $e^{-\infty} = 0$ $\dfrac{1}{e^\infty} = 0$ $\dfrac{1}{e^{-\infty}} = \infty$

Beispiel

Untersuchen Sie den Graphen der Funktion f mit $f(x) = e^x - 4$ auf waagrechte Asymptoten.

Lösung

Wir sehen, dass $f(x) = \underbrace{e^x}_{\to 0} - 4$ für $x \to -\infty$ gegen -4 strebt.

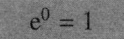

$\underbrace{}_{\to -4}$

Somit hat der Graph von f die waagrechte Asymptote $y = -4$ für $x \to -\infty$.

$\to$ Abitur 2014/1.1b, 1.2a, 2015/2.1a, 2016/2.2a, 2017/2.2a

14. Exponentielles Wachstum/Exponentieller Zerfall

Anfangsbestand $\longrightarrow$ $\qquad$ Wachstums-/Zerfallsfaktor $b = e^k$

$$f(t) = ae^{kt}$$

$k > 0$	$k < 0$

exponentielles Wachstum

exponentieller Zerfall

Verdopplungszeit $t_V = \frac{\ln 2}{k}$

Halbwertszeit $t_H = -\frac{\ln 2}{k}$

In jeder Zeiteinheit Vervielfachung um den Faktor b bzw. Reduktion auf den Faktor b.

Beispiel

Ein Mann kauft eine Wohnung für $100\,000\,€$. Ihr Wert steigt exponentiell. Nach 3 Jahren hat sie einen Wert von $150\,000\,€$.

a) Stellen Sie die Wachstumsgleichung auf.

b) Um wie viel Prozent steigt der Wert der Wohnung pro Jahr?

c) Innerhalb welchen Zeitraums verdoppelt sich der Wert der Wohnung?

Lösung

a) Wir berechnen:

$f(t) = a \cdot e^{kt} \Rightarrow \quad f(0) = 100\,000 \Rightarrow \qquad a \cdot e^{k \cdot 0} = 100\,000 \Rightarrow \quad a = 100\,000$

$f(3) = 150\,000 \Rightarrow \quad 100\,000 \cdot e^{k \cdot 3} = 150\,000 \Rightarrow \quad k = 0{,}1352$

Also ist $f(t) = 100\,000 \cdot e^{0{,}1352t}$.

b) $b = e^{0{,}1352} = 1{,}1447 = 114{,}47\,\%$, d.h. es erfolgt ein Zuwachs von $14{,}47\,\%$ pro Jahr.
   Alternative Berechnung: $b = \frac{f(1) - f(0)}{f(0)}$

c) $t_V = \frac{\ln 2}{0{,}1352} = 5{,}13$, d.h. Verdopplung alle 5,13 Jahre.
   Alternative Berechnung: Wir lösen $f(t) = 2 \cdot f(0)$ nach t auf.

15. Was muss ich über Logarithmusfunktionen wissen?

$$f(x) = \ln(g(x))$$

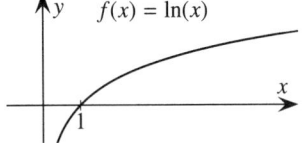

Dabei ist g eine ganzrationale Funktion.
Definitionsmenge: Alle x-Werte mit $g(x) > 0$.
Ableiten mit der *Kettenregel*.

Beispiel

Geben Sie die Definitionsmenge der Funktion f mit $f(x) = \ln(2x - 6)$ an.

Lösung

Wir setzen:

$$g(x) = 2x - 6 = 0 \qquad | +6$$
$$2x = 6 \qquad | : 2$$
$$x = 3$$

Wir erhalten $x = 3$. Die Vorzeichen untersuchen wir mit einer Tabelle, indem wir x-Werte aus den entsprechenden Bereichen einsetzen.

	$x \in (-\infty; 3)$	$x = 3$	$x \in (3; \infty)$
g	$-$	0	$+$

z.B. $g(2) = -2$ z.B. $g(4) = +2$

— alle x-Werte, die größer als 3 sind

Definitionsmenge: $\mathbb{D}_f = \{x \in \mathbb{R} \mid x > 3\}$

$\rightarrow$ Abitur 2017/2.1a

16. Was muss ich über gebrochenrationale Funktionen wissen?

$$f(x) = \frac{z(x)}{n(x)} = \frac{\boxed{\text{Zählerpolynom}}}{\boxed{\text{Nennerpolynom}}}$$

Dabei sind z und n ganzrationale Funktionen.
Definitionsmenge: Alle x-Werte mit $n(x) \neq 0$.
Ableiten mit der *Quotientenregel*.

Ob an der Stelle $x = u$ eine besondere Eigenschaft vorliegt, kann mit Hilfe eines Entscheidungsbaums untersucht werden. Dabei betrachten wir die Nullstellen des Zähler- und Nennerpolynoms.

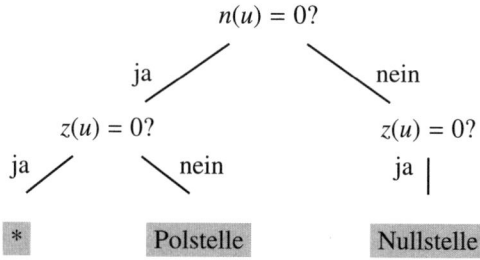

*** **: Wenn die Nullstelle $x = u$ nach dem (möglicherweise mehrmaligen) Kürzen von $(x - u)$

im Zähler verschwindet $\Rightarrow$ Polstelle, senkrechte Asymptote	im Nenner verschwindet $\Rightarrow$ Nullstelle, hebbare Definitionslücke	in Zähler und Nenner verschwindet $\Rightarrow$ hebbare Definitionslücke
$\dfrac{x \cdot \cancel{(x-2)}}{(x-2)^2}$	$\dfrac{x \cdot (x-2)^2}{\cancel{(x-2)}}$	$\dfrac{2 \cdot \cancel{(x-2)}}{\cancel{(x-2)}}$

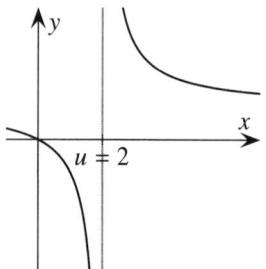
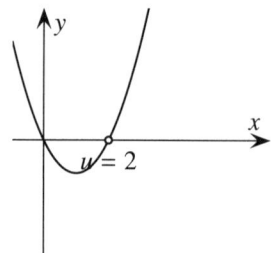
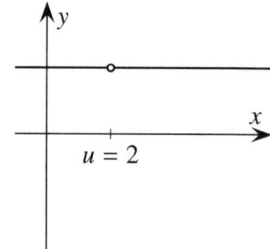

Beispiel

Es ist die Funktion f durch

$$f(x) = \frac{x^2 + 3x + 2}{x^2 - x - 2}$$

gegeben. Ermitteln Sie die Definitionsmenge, Nullstellen, Polstellen und senkrechten Asymptoten.

Lösung

Wir setzen den Zähler $x^2 + 3x + 2 = 0$ und erhalten $x_1 = -2$ bzw. $x_2 = -1$. Dann setzen wir den Nenner $x^2 - x - 2 = 0$ und erhalten $x_3 = -1$ bzw. $x_4 = 2$. Somit ist $x = -2$ eine Nullstelle und $x = -1$ bzw. $x = 2$ sind Definitionslücken. Für $x = -1$ ist sie hebbar, da der Term $(x + 1)$ nach einmaligem Kürzen im Zähler und Nenner verschwindet:

$$\frac{x^2 + 3x + 2}{x^2 - x - 2} = \frac{(x + 2) \cdot \cancel{(x+1)}}{\cancel{(x+1)} \cdot (x - 2)} = \frac{x + 2}{x - 2}$$

Für $x = 2$ liegt eine Polstelle vor. Die Gerade $x = 2$ ist also senkrechte Asymptote. Die Definitionsmenge ist $\mathbb{R}$ ohne die Werte $x = -1$ bzw. $x = 2$.

17. Was muss ich über Wurzelfunktionen wissen?

$$f(x) = \sqrt{g(x)} = (g(x))^{0,5}$$

Dabei ist g eine ganzrationale Funktion.
Definitionsmenge: Alle x-Werte mit $g(x) \geq 0$.
Ableiten mit der *Kettenregel*.

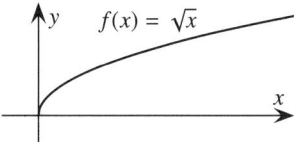

Beispiel

Geben Sie die Definitionsmenge der Funktion f mit $f(x) = \sqrt{4 - x^2}$ an.

Lösung

$$g(x) = 4 - x^2 = 0 \qquad | +x^2$$
$$4 = x^2 \qquad | \sqrt{}$$

Wir erhalten $x_1 = -2$ bzw. $x_2 = 2$. Die Vorzeichen untersuchen wir mit einer Tabelle, indem wir x-Werte aus den entsprechenden Bereichen einsetzen.

	$x \in (-\infty; -2)$	$x = -2$	$x \in (-2; 2)$	$x = 2$	$x \in (2; \infty)$
g	–	0	+	0	–

z.B. $g(-3) = -5$ z.B. $g(0) = +4$ z.B. $g(3) = -5$

alle x-Werte zwischen -2 und 2

Definitionsmenge: $\mathbb{D}_f = \{x \in \mathbb{R} \mid -2 \leq x \leq 2\}$

→ Abitur 2014/1.2a

18. Wie berechne ich den Abstand zweier Punkte?

Für den *Abstand* $d(P, Q)$ zweier Punkte $P(x_P \mid y_P)$ und $Q(x_Q \mid y_Q)$ gilt:

$$d = \overline{PQ} = \sqrt{(x_Q - x_P)^2 + (y_Q - y_P)^2}$$

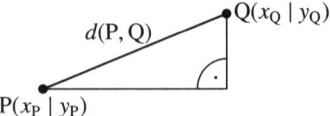

Beispiel

Berechnen Sie den Abstand der Punkte $P(1 \mid -2)$ und $Q(7 \mid 6)$.

Lösung

$$d = \sqrt{(7 - 1)^2 + (6 - (-2))^2} = \sqrt{6^2 + 8^2} = \sqrt{36 + 64} = \sqrt{100} = 10$$

→ Abitur 2017/2.2e

19. Wie verändere ich eine Funktion?

Um den Graphen einer Funktion f, z.B. $f(x) = x^2 + 1$ zu verändern, müssen wir ihren Funktionsterm verändern.

Effekt	neuer Term	Beispiel
Spiegelung an der x-Achse	$-f(x)$	$f^*(x) = -(x^2 + 1)$
Spiegelung an der y-Achse	$f(-x)$	$f^*(x) = (-x)^2 + 1$
Spiegelung am Koordinatenursprung	$-f(-x)$	$f^*(x) = -((-x)^2 + 1)$
Verschiebung um c in x-Richtung	$f(x - c)$	$f^*(x) = (x - c)^2 + 1$
Verschiebung um d in y-Richtung	$f(x) + d$	$f^*(x) = x^2 + 1 + d$
Streckung um Faktor $\frac{1}{b}$ in x-Richtung	$f(bx)$	$f^*(x) = (bx)^2 + 1$
Streckung um Faktor a in y-Richtung	$af(x)$	$f^*(x) = a(x^2 + 1)$

Beispiel

Verändern Sie den Graphen der Funktion f mit $f(x) = x^3 - 1$ auf die folgende Weise:

a) Spiegelung an der y-Achse

b) Verschiebung um 2 Einheiten nach oben

Lösung

a) $f^*(x) = f(-x) = (-x)^3 - 1 = -x^3 - 1$

b) $f^*(x) = f(x) + 2 = x^3 - 1 + 2 = x^3 + 1$

→ Abitur 2014/1.1e, 1.2d, 1.2e

32

20. Wie untersuche ich eine Funktion auf Symmetrie?

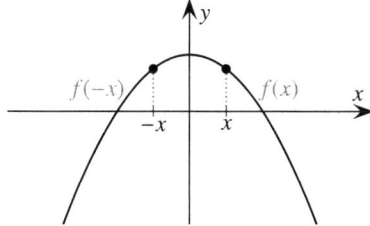 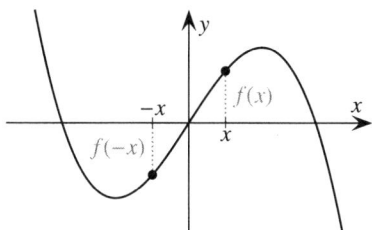

achsensymmetrisch zur y-Achse

punktsymmetrisch zum Ursprung

- $f(x) = f(-x)$ für alle $x \in \mathbb{R}$ bzw.

- $f(x) = -f(-x)$ für alle $x \in \mathbb{R}$ bzw.

- f ist ganzrational und hat nur gerade Hochzahlen

- f ist ganzrational und hat nur ungerade Hochzahlen

Beispiel

Untersuchen Sie die folgenden Funktionen auf Symmetrie.

a) $f(x) = x^4 + x^2 + 3$

c) $h(x) = x^2 + x$

b) $g(x) = x^3 + x$

d) $k(t) = e^t + e^{-t}$

Lösung

a) Der Graph der Funktion f ist symmetrisch zur y-Achse, da f eine ganzrationale Funktion ist und nur Hochzahlen geraden Grades hat: $f(x) = x^4 + x^2 + 3x^0$

b) Der Graph der Funktion g ist symmetrisch zum Ursprung, da g eine ganzrationale Funktion ist und nur Hochzahlen ungeraden Grades hat: $g(x) = x^3 + x^1$

c) Der Graph der Funktion h hat keine besondere Symmetrie, da h eine ganzrationale Funktion ist, aber Hochzahlen geraden <u>und</u> ungeraden Grades hat: $h(x) = x^2 + x^1$

$$\text{Achsensymmetrie:} \quad h(-x) = (-x)^2 + (-x) = x^2 - x \neq h(x)$$
$$\text{Punktsymmetrie:} \quad -h(-x) = -((-x)^2 + (-x)) = -x^2 + x \neq h(x)$$

d) Es gilt $k(-t) = e^{-t} + e^t = e^t + e^{-t} = k(t)$. Somit ist der Graph von k symmetrisch zur y-Achse.

→ Abitur 2016/2.1a, 2017/2.2a

21. Wie untersuche ich eine Funktion auf waagrechte Asymptoten?

Grenzwert g: Der Graph einer Funktion strebt im Unendlichen ($x \to -\infty$ bzw. $x \to \infty$) gegen g.
waagrechte Asymptote $y = g$: Der Graph nähert sich dieser Geraden im Unendlichen an.

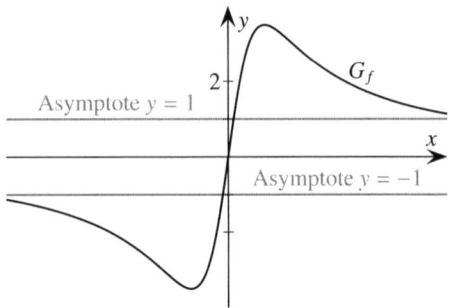

Ob eine Asymptote vorliegt, können wir mit Hilfe des abgebildeten Entscheidungsbaums untersuchen:

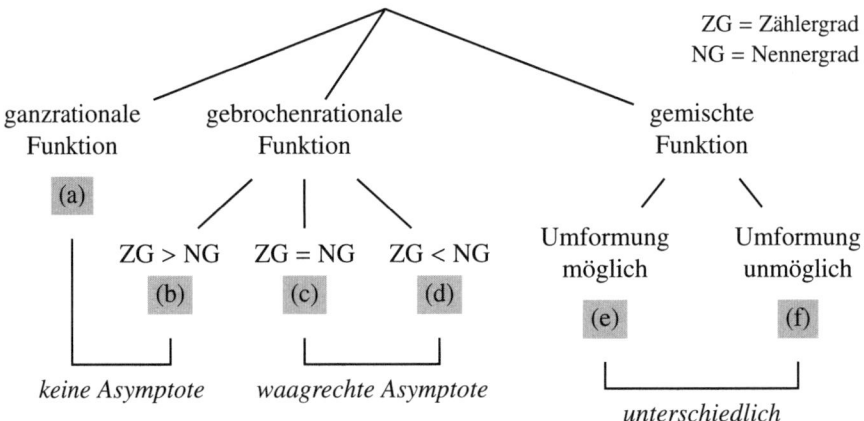

ZG = Zählergrad
NG = Nennergrad

Limes-Schreibweise für Grenzwerte:

„wenn x gegen unendlich strebt"

„gegen den Grenzwert g bzw. gegen unendlich (wenn $g = \infty$)"

$$\lim_{x \to \infty} f(x) = g$$

„dann strebt f"

Rechenregeln für Grenzwerte: Wenn $\lim\limits_{x \to \infty} f(x) = a$ und $\lim\limits_{x \to \infty} g(x) = b$, dann gilt:

$$\lim_{x \to \infty} k \cdot f(x) = k \cdot a \qquad \lim_{x \to \infty} (f(x) \pm g(x)) = a \pm b \qquad \lim_{x \to \infty} (f(x) \cdot g(x)) = ab \qquad \lim_{x \to \infty} \frac{f(x)}{g(x)} = \frac{a}{b}$$

Umgang mit ∞ und $-\infty$:

$$\infty \cdot \infty = \infty \qquad \frac{\text{Zahl}}{\infty} = 0 \qquad \infty + \text{Zahl} = \infty \qquad e^\infty = \infty \qquad \infty \cdot (-\infty) = -\infty \qquad e^{-\infty} = 0$$

Dominanzordnung:

$$\ln(x) < \sqrt{x} < x < x^2 < x^3 < \ldots < e^x < e^{2x} < \ldots$$

Beispiel

Bestimmen Sie das Verhalten der Funktionswerte für $x \to \pm\infty$ und geben Sie ggf. die waagrechten Asymptoten an.

a) $f(x) = -x^3 + 4x^2$

c) $f(x) = \frac{3x^3+1}{2x^3+x}$

e) $f(x) = \frac{e^{2x}-e^x}{e^x}$

b) $f(x) = \frac{x^4}{1+x^2}$

d) $f(x) = \frac{x}{1+x^2}$

f) $f(x) = \frac{x^2+\ln(x)}{e^x}$

Lösung

a) Es dominiert die höchste Potenz: $f(x) = \boxed{-x^3} + 4x^2 \approx -x^3$

$f(x) \to \infty$ für $x \to -\infty$, da $-(-\infty)^3 = \infty$

$f(x) \to -\infty$ für $x \to \infty$, da $-\infty^3 = -\infty$

$\Rightarrow \lim\limits_{x \to -\infty} f(x) = \infty$, $\lim\limits_{x \to \infty} f(x) = -\infty$

$\Rightarrow$ keine waagrechten Asymptoten

b) Es dominiert die höchste Potenz im Zähler: $f(x) = \frac{\boxed{x^4}}{1+x^2} \approx x^4$

$f(x) \to \infty$ für $x \to -\infty$, da $(-\infty)^4 = \infty$

$f(x) \to \infty$ für $x \to \infty$, da $\infty^4 = \infty$

$\Rightarrow \lim\limits_{x \to -\infty} f(x) = \infty$, $\lim\limits_{x \to \infty} f(x) = \infty$

$\Rightarrow$ keine waagrechten Asymptoten

c) Hier gilt: ZG = NG. Wir dividieren die Koeffizienten der höchsten Potenzen:

$f(x) \to \frac{3}{2}$ für $x \to \pm\infty$, da $f(x) = \dfrac{\boxed{3}\,x^3 + 1}{\boxed{2}\,x^3 + x}$

$\Rightarrow \lim\limits_{x \to \pm\infty} f(x) = \frac{3}{2}$

$\Rightarrow$ waagrechte Asymptote $y = \frac{3}{2}$

d) Hier gilt: ZG < NG:

$f(x) \to 0$ für $x \to \pm\infty$

$\Rightarrow \lim\limits_{x \to \pm\infty} f(x) = 0$

$\Rightarrow$ waagrechte Asymptote $y = 0$

e) Wir kürzen idealerweise mit der höchsten Potenz:

$$f(x) = \frac{e^{2x} - e^x}{e^x} = \frac{e^x(e^x - 1)}{e^x} = e^x - 1$$

$f(x) \to -1$ für $x \to -\infty$, da $e^{-\infty} - 1 = -1$

$f(x) \to \infty$ für $x \to \infty$, da $e^\infty - 1 = \infty$

$\Rightarrow \lim\limits_{x \to -\infty} f(x) = -1$, $\lim\limits_{x \to \infty} f(x) = \infty$

$\Rightarrow$ waagrechte Asymptote $y = -1$

f) Wir halten uns an die Dominanzordnung:

$f(x) \to \infty$ für $x \to -\infty$, da $\frac{(-\infty)^2+1}{e^{-\infty}} = \frac{\infty+1}{0} = \infty$

$f(x) \to 0$ für $x \to \infty$, da $\frac{\infty^2+1}{e^\infty} = 0$

$\Rightarrow \lim\limits_{x \to -\infty} f(x) = \infty$, $\lim\limits_{x \to \infty} f(x) = 0$

$\Rightarrow$ waagrechte Asymptote $y = 0$

$\to$ Abitur 2014/1.1b, 1.2a, 1.2e, 2015/2.1a, 2016/2.2a, 2017/2.2a

22. Wie rechne ich mit Funktionen?

Was wollen wir berechnen?	Rechenweg
Schnittstelle(n) mit der x-Achse	Wir setzen $f(x) = 0$ und lösen nach x auf.
Schnittstelle mit der y-Achse	Wir berechnen $f(0)$.
Welcher y-Wert bei $x = 3$?	Wir berechnen $f(3)$.
Welcher x-Wert(e) bei $y = 2$?	Wir setzen $f(x) = 2$ und lösen nach x auf.
Verläuft der Graph durch $P(-3 \mid 1)$?	Wir prüfen, ob $f(-3) = 1$.

Hinweis: Mit Schnitt**stelle** ist der x-Wert gemeint, mit Schnitt**punkt** der x- und y-Wert.

Beispiel

Berechnen Sie die Schnittpunkte der Funktion f mit $f(x) = e^x - 4$ mit den Koordinatenachsen.

Lösung

Schnittpunkt mit der x-Achse:

$$e^x - 4 = 0 \qquad\qquad\qquad\qquad | +4$$
$$e^x = 4 \qquad\qquad\qquad\qquad | \ln()$$
$$x = \ln 4 \Rightarrow S_x(\ln 4 \mid 0)$$

Schnittpunkt mit der y-Achse: $f(0) = e^0 - 4 = -3$. Somit $S_y(0 \mid -3)$.

$\rightarrow$ Abitur 2014 – 2017

23. Wie ermittle ich die Umkehrfunktion?

Die Umkehrfunktion f^{-1} ordnet jedem y-Wert von f genau einen x-Wert zu.

- Bestimmung rechnerisch: Wir setzen $f(x) = y$, vertauschen x und y und lösen nach y auf.

- Bestimmung zeichnerisch: Wir spiegeln G_f an der 1. Winkelhalbierenden $y = x$.

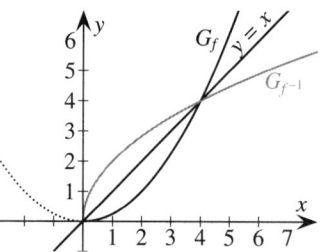

Beispiel

Berechnen Sie die Umkehrfunktion von f mit $f(x) = \frac{1}{4}x^2$ für $x \geq 0$.

Lösung

$$f(x) = y = \tfrac{1}{4}x^2 \qquad\qquad | \; x \text{ und } y \text{ vertauschen}$$
$$x = \tfrac{1}{4}y^2 \qquad\qquad\qquad | \cdot 4$$
$$4x = y^2 \qquad\qquad\qquad\quad | \; \sqrt{}$$
$$2\sqrt{x} = y = f^{-1}(x)$$

$\rightarrow$ Abitur 2017/2.1f

Differential- und Integralrechnung

24. Wie berechne ich die Ableitung einer Funktion?

Die wichtigsten Ableitungsregeln sind:

a) $(x^r)' = rx^{r-1}$ *(Potenzregel)*

b) $(e^x)' = e^x$

c) $(\ln x)' = \frac{1}{x}$

d) $(k \cdot f(x))' = k \cdot f'(x)$ *(Faktoregel: „Vorfaktoren bleiben bestehen“)*

e) $(k)' = 0$ *(Konstantenregel: „Konstanten werden zu Null“)*

f) $(f(x) + g(x))' = f'(x) + g'(x)$ *(Summenregel: „Summen einzeln ableiten“)*

g) *Kettenregel*: Für eine Funktion f vom Typ $f(x) = g(h(x))$ gilt:

$$f'(x) = g'(h(x)) \cdot h'(x)$$

h) *Produktregel*: Für eine Funktion f vom Typ $f(x) = u(x) \cdot v(x)$ gilt:

$$f'(x) = u'(x) \cdot v(x) + u(x) \cdot v'(x)$$

i) *Quotientenregel*: Für eine Funktion f vom Typ $f(x) = \frac{z(x)}{n(x)}$ gilt:

$$f'(x) = \frac{n(x) \cdot z'(x) - z(x) \cdot n'(x)}{n(x)^2}$$

Merke:

$$f'(x) = \frac{\textbf{NAZ} - \textbf{ZAN}}{\textbf{N}^2} \left(\frac{\textbf{Nenner} \cdot \textbf{Abgeleiteter Zähler} - \textbf{Zähler} \cdot \textbf{Abgeleiteter Nenner}}{\textbf{Nenner}^2} \right)$$

Beispiel

Leiten Sie ab:

a) $f(x) = x^3$ c) $f(x) = \sqrt{x}$ e) $f(x) = 5$

b) $f(x) = x^4$ d) $f(x) = \frac{1}{x^4}$ f) $f(x) = x^4 + x^3$

Lösung

a) $f'(x) = 3x^2$

b) $f'(x) = 4x^3$

c) $f(x) = \sqrt{x} = x^{\frac{1}{2}} \Rightarrow f'(x) = \frac{1}{2}x^{-\frac{1}{2}}$

d) $f(x) = \frac{1}{x^4} = x^{-4} \Rightarrow f'(x) = -4x^{-5}$

e) $f'(x) = 0$

f) $f'(x) = 4x^3 + 3x^2$

Beispiel

Leiten Sie mit Hilfe der Kettenregel ab:

g) $f(x) = e^{4x}$ h) $f(x) = \ln(x^2 + 1)$ i) $f(x) = (x^2 + 3x)^5$

Lösung

a) $f'(x) = e^{4x} \cdot (4x)' = e^{4x} \cdot 4 = 4e^{4x}$

b) $f'(x) = \frac{1}{x^2+1} \cdot (x^2 + 1)' = \frac{2x}{x^2+1}$

c) $f'(x) = 5(x^2 + 3x)^4 \cdot (x^2 + 3x)' = 5(x^2 + 3x)^4 \cdot (2x + 3) = 5(2x + 3)(x^2 + 3x)^4$

$\rightarrow$ Abitur 2014/1.2b, 2016/1.1a, 2.2b, 2017/2.1a, 2.2b

---

Beispiel

Leiten Sie mit Hilfe der Produktregel ab:

j) $f(x) = 2x^5 \cdot e^x$ k) $f(x) = e^x \cdot (2x + 1)$

Lösung

j) $f'(x) = (2x^5)' \cdot e^x + 2x^5 \cdot (e^x)' = 10x^4 e^x + 2x^5 e^x = 2x^4 e^x (5 + x)$

k) $f'(x) = (e^x)' \cdot (2x + 1) + e^x \cdot (2x + 1)' = e^x \cdot (2x + 1) + e^x \cdot 2 = (2x + 3)e^x$

$\rightarrow$ Abitur 2014/1.1c, 1.1d, 2015/2.1b, 2.1c

Beispiel

Leiten Sie mit Hilfe der Quotientenregel ab:

l) $f(x) = \frac{e^x}{2x}$ m) $f(x) = \frac{x}{x-t}$

Lösung

l) $f'(x) = \frac{2x \cdot (e^x)' - e^x \cdot (2x)'}{(2x)^2} = \frac{2xe^x - 2e^x}{4x^2} = \frac{(x-1)e^x}{2x^2}$

m) $f'(x) = \frac{(x-t) \cdot x' - x \cdot (x-t)'}{(x-t)^2} = \frac{x-t-x}{(x-t)^2} = -\frac{t}{(x-t)^2}$

25. Wie berechne ich Schnitt- und Berührpunkte?

Die Graphen zweier Funktionen f und g haben an der Stelle u einen

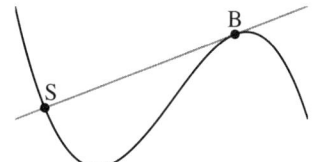

- *Schnittpunkt* S, wenn gilt: $f(u) = g(u)$

- *Berührpunkt* B, wenn gilt:

$$f(u) = g(u) \ \underline{\text{und}} \ f'(u) = g'(u)$$

Beispiel

Es sind zwei Funktionen f und g durch

$$f(x) = -\frac{1}{6}x^3 + 2x, \quad g(x) = -\frac{1}{2}x^2 + 2x$$

gegeben. Ihre Graphen sind G_f und G_g. Untersuchen Sie G_f und G_g rechnerisch auf Schnitt- und Berührpunkte.

Lösung

Zuerst berechnen wir $f'(x) = -\frac{1}{2}x^2 + 2$ und $g'(x) = -x + 2$. Dann setzen wir $f(x) = g(x)$ und lösen die Gleichung nach x auf.

$$
\begin{aligned}
-\tfrac{1}{6}x^3 + 2x &= -\tfrac{1}{2}x^2 + 2x && \big| + \tfrac{1}{6}x^3 - 2x \\
0 &= \tfrac{1}{6}x^3 - \tfrac{1}{2}x^2 && \big| \, x^2 \text{ ausklammern} \\
0 &= x^2 \cdot \left(\tfrac{1}{6}x - \tfrac{1}{2} \right) && \big| \text{ Satz vom Nullprodukt}
\end{aligned}
$$

x_1	$=$	0
$f'(0)$	$=$	2
$g'(0)$	$=$	2
$f(0)$	$=$	0
Berührpunkt B(0 | 0)		

$x_2 =$		3
$f'(3) =$		$-\frac{5}{2}$
$g'(3) =$		-1
$f(3) =$		$\frac{3}{2}$
Schnittpunkt S(3 | $\frac{3}{2}$)		

$\rightarrow$ Abitur 2017/2.2e

26. Wie berechne ich die Funktionsgleichung einer Tangente?

- Die *momentane Änderungsrate* einer Funktion f an der Stelle $x = u$ ist durch $f'(u)$ gegeben. Sie entspricht der *Tangentensteigung* an dieser Stelle.

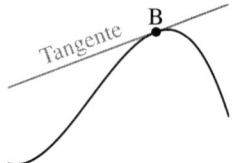

- Eine Tangente ist eine Gerade, die den Graphen einer Funktion in einem Punkt berührt.

Beispiel

Es ist die Funktion f mit $f(x) = -\frac{1}{4}x^3 + 3x$ gegeben.

a) Berechnen Sie die momentane Änderungsrate von f an der Stelle $x = 1$.

b) Bestimmen Sie die Gleichung der Tangente an den Graphen von f an der Stelle $x = 1$.

Lösung

Wir berechnen zunächst $f'(x) = -\frac{3}{4}x^2 + 3$.

a) Die momentane Änderungsrate an der Stelle $x = 1$ beträgt $f'(1) = \frac{9}{4}$.

b) $f(1) = \frac{11}{4}$. Die Steigung der Geraden ist $m = f'(1) = \frac{9}{4}$. Die Gerade hat also die Gleichung $y = \frac{9}{4}x + n$ mit unbekanntem n. Um es zu bestimmen, setzen wir den Punkt $P(1 \mid \frac{11}{4})$ in die Gerade ein:

$$\frac{11}{4} = \frac{9}{4} \cdot 1 + n \Rightarrow n = \frac{1}{2} \Rightarrow y = \frac{9}{4}x + \frac{1}{2}.$$

→ Abitur 2014/1.2c, 2015/2.2a, 2017/1.1b, 2.1c, 2.2d

27. Wie berechne ich einen Steigungswinkel?

Steigungswinkel α einer Funktion f an der Stelle u:

$$\alpha = \tan^{-1}(f'(u))$$

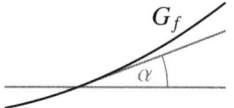

Beispiel

Berechnen Sie den Steigungswinkel der Funktion f mit $f(x) = \frac{1}{4}x^2 - \frac{1}{2}x - \frac{3}{4}$ an der Stelle $x = 3$.

Lösung

Wir berechnen $f'(x) = \frac{1}{2}x - \frac{1}{2}$, $f'(3) = 1 \Rightarrow \alpha = \tan^{-1}(1) = 45°$.

→ Abitur 2015/2.1e, 2016/2.2d

28. Wie berechne ich die Funktionsgleichung einer Normalen?

- Eine Normale ist eine Gerade, die den Graphen einer Funktion in einem Punkt senkrecht schneidet.

- Ist die Steigung der Tangente durch m gegeben, dann ist die Steigung der Normalen durch $-\frac{1}{m}$ gegeben.

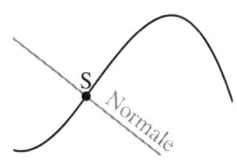

Beispiel

Es ist die Funktion f mit $f(x) = -\frac{1}{4}x^3 + 3x$ gegeben. Berechnen Sie die Normale an den Graphen von f an der Stelle $x = 1$.

Lösung

Wir berechnen zunächst $f'(x) = -\frac{3}{4}x^2 + 3$. Die Steigung des Graphen an der Stelle $x = 1$ beträgt $f'(1) = \frac{9}{4}$. Die Normalensteigung an der Stelle $x = 1$ beträgt $-\frac{1}{f'(1)} = -\frac{4}{9}$. $f(1) = \frac{11}{4}$. Die Gerade hat die Gleichung $y = -\frac{4}{9}x + n$ mit unbekanntem n. Um es zu bestimmen, setzen wir den Punkt P$(1 \mid \frac{11}{4})$ in die Geradengleichung ein:

$$\frac{11}{4} = -\frac{4}{9} \cdot 1 + n \Rightarrow n = \frac{115}{36} \Rightarrow y = -\frac{4}{9}x + \frac{115}{36}$$

→ Abitur 2017/2.1c

29. Wie berechne ich die mittlere Änderungsrate einer Funktion?

Die *mittlere Änderungsrate* (*durchschnittliche Steigung*) einer Funktion f zwischen den Punkten P$(x_P \mid f(x_P))$ und Q$(x_Q \mid f(x_Q))$ berechnen wir mit:

$$\frac{f(x_Q) - f(x_P)}{x_Q - x_P}$$

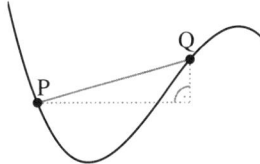

Beispiel

Berechnen Sie die mittlere Änderungsrate der Funktion f mit $f(x) = -\frac{1}{4}x^3 + 3x$ zwischen den Punkten P$(-3 \mid f(-3))$ und Q$(1 \mid f(1))$.

Lösung

Die mittlere Änderungsrate beträgt:

$$\frac{f(1) - f(-3)}{1 - (-3)} = \frac{\frac{11}{4} - (-\frac{9}{4})}{4} = \frac{5}{4} = 1{,}25$$

30. Wie berechne ich die Funktionsgleichung einer Tangente von einem entfernten Punkt aus?

Auch von einem entfernten Punkt aus lässt sich die Tangente an einen Graphen ermitteln. Hier ist eine Skizze hilfreich. Es muss zunächst der unbekannte Wert u der Berührstelle berechnet werden.

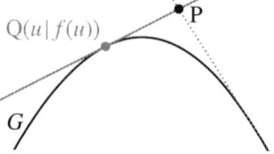

Beispiel

Es ist eine Funktion f mit $f(x) = 2 - \frac{1}{2}x^2$ gegeben. Ihr Graph ist G. Bestimmen Sie rechnerisch alle Geraden, die durch den Punkt $P(1 \mid \frac{7}{2})$ verlaufen und G berühren.

Lösung

Wir berechnen zunächst $f'(x) = -x$. Es gilt $f'(u) = -u$. Die Punktsteigungsform der Tangente an G durch $Q(u \mid 2 - \frac{1}{2}u^2)$ lautet:

$$y = f'(u)(x - u) + f(u) \quad \Rightarrow \quad y = -u(x - u) + 2 - \frac{1}{2}u^2$$

Da die Tangente auch durch P verlaufen muss, setzen wir diesen Punkt ein:

$$\frac{7}{2} = -u(1 - u) + 2 - \frac{1}{2}u^2$$

y-Wert von P $\quad$ x-Wert von P $\quad$ y-Wert von Q $\quad$ Steigung von Q $\quad$ x-Wert von Q

Das Auflösen dieser Gleichung mit Hilfe der p-q-Formel liefert $u_1 = -1$ bzw. $u_2 = 3$. Somit erhalten wir sogar zwei Tangenten:

$$g_1: \quad y = f'(-1)(x - (-1)) + f(-1) \quad \Rightarrow g_1: y = x + \frac{5}{2}$$

$$g_2: \quad y = f'(3)(x - 3) + f(3) \quad \Rightarrow g_2: y = -3x + \frac{13}{2}$$

31. Wie untersuche ich eine Funktion auf Monotonie?

Die *Steigung* (der *Anstieg*) eines Graphen der Funktion f an der Stelle x wird durch die 1. Ableitung an dieser Stelle angegeben: $f'(x)$.

Graph der Funktion f Graph der Ableitungsfunktion f'

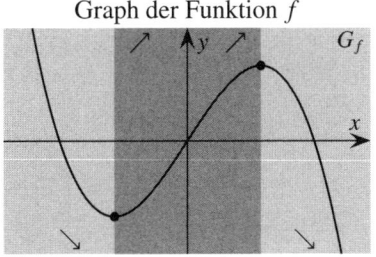 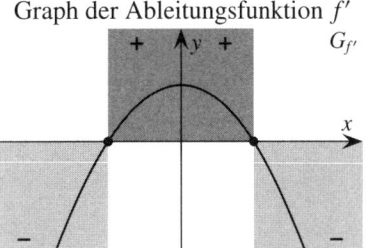

Der Graph der Funktion f ist an der Stelle $x = u$

- (streng) monoton steigend, wenn $f'(u) \geq 0$ ($f'(u) > 0$);

- (streng) monoton fallend, wenn $f'(u) \leq 0$ ($f'(u) < 0$).

Hinweis: Die Extremstellen von f können bei der Bestimmung der Intervalle helfen.

Beispiel

Es ist eine Funktion f mit $f(x) = x^2 - 2x - 2$ gegeben. Bestimmen Sie rechnerisch ihre Monotoniebereiche.

Lösung

Wir berechnen $f'(x) = 2x - 2$, $f'(x) = 0 \Leftrightarrow x = 1$. Die Vorzeichen von f' untersuchen wir mit einer Tabelle, indem wir x-Werte aus den entsprechenden Bereichen einsetzen.

	$x \in (-\infty;\ 1)$	$x = 1$	$x \in (1;\ \infty)$
f'	$-$	0	$+$

z.B. $f'(0) = -2 < 0$ z.B. $f'(2) = +2 > 0$

Somit ist f im Intervall $x \in (-\infty;\ 1)$ streng monoton fallend und im Intervall $x \in (1;\ \infty)$ streng monoton steigend.

$\rightarrow$ Abitur 2015/2.2a, 2.2e, 2017/2.1b

32. Wie untersuche ich eine Funktion auf Krümmung?

Die *Krümmung* eines Graphen der Funktion f an der Stelle x wird durch die 2. Ableitung an dieser Stelle angegeben: $f''(x)$.

Graph der Funktion f Graph der Ableitungsfunktion f''

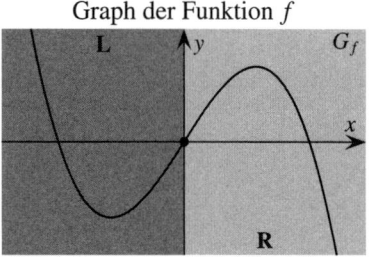 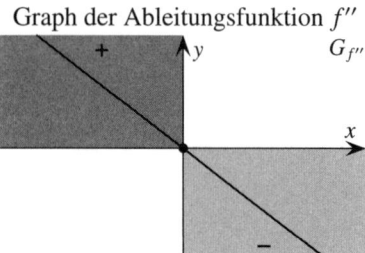

Der Graph der Funktion f ist an der Stelle $x = u$

- rechtsgekrümmt, wenn $f''(u) < 0$

- linksgekrümmt, wenn $f''(u) > 0$

Hinweis: Die Wendestellen von f können bei der Bestimmung der Intervalle helfen.

Beispiel

Es ist eine Funktion f mit $f(x) = x^3 - 3x^2 + 4$ gegeben. Bestimmen Sie rechnerisch ihre Krümmungsbereiche.

Lösung

Wir berechnen $f'(x) = 3x^2 - 6x$, $f''(x) = 6x - 6$ und $f''(x) = 0 \Leftrightarrow x = 1$. Die Vorzeichen von f'' untersuchen wir mit einer Tabelle, indem wir x-Werte aus den entsprechenden Bereichen einsetzen.

	$x \in (-\infty; 1)$	$x = 1$	$x \in (1; \infty)$
f''	–	0	+

z.B. $f''(0) = -6 < 0$ z.B. $f''(2) = +6 > 0$

Somit ist f im Intervall $x \in (-\infty; 1)$ rechtsgekrümmt und im Intervall $x \in (1; \infty)$ linksgekrümmt.

33. Wie berechne ich Hoch- und Tiefpunkte?

Der Graph der Funktion f hat an der Stelle $x = u$ einen lokalen

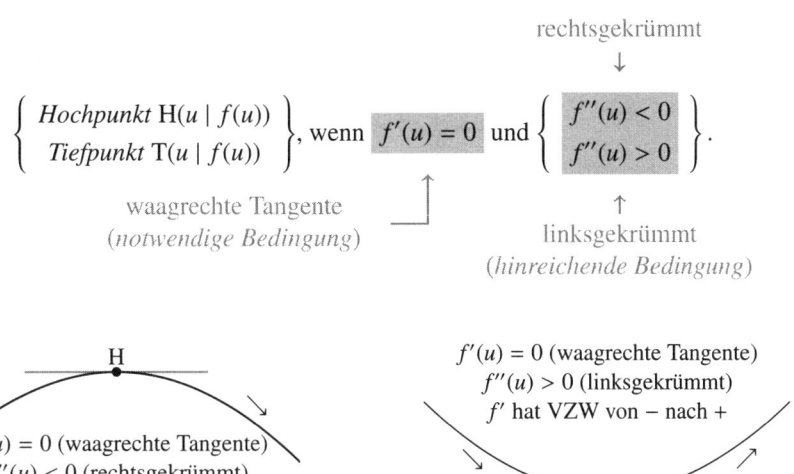

rechtsgekrümmt
↓

$$\left\{\begin{array}{l} \textit{Hochpunkt } H(u \mid f(u)) \\ \textit{Tiefpunkt } T(u \mid f(u)) \end{array}\right\}, \text{ wenn } \boxed{f'(u) = 0} \text{ und } \left\{\begin{array}{l} f''(u) < 0 \\ f''(u) > 0 \end{array}\right\}.$$

waagrechte Tangente
(*notwendige Bedingung*)

↑
linksgekrümmt
(*hinreichende Bedingung*)

H

$f'(u) = 0$ (waagrechte Tangente)
$f''(u) < 0$ (rechtsgekrümmt)
f' hat VZW von + nach −

$f'(u) = 0$ (waagrechte Tangente)
$f''(u) > 0$ (linksgekrümmt)
f' hat VZW von − nach +

T

Beispiel

Es ist eine Funktion f mit $f(x) = \frac{1}{9}x^3 - \frac{1}{3}x^2 - x$ gegeben. Ihr Graph ist G. Berechnen Sie alle lokalen Hoch- und Tiefpunkte von G.

Lösung

Wir berechnen:

$$\boxed{f'(x) = \tfrac{1}{3}x^2 - \tfrac{2}{3}x - 1 = 0} \qquad f''(x) = \frac{2}{3}x - \frac{2}{3}$$

p-q-Formel — *p-q-Formel*

$$x_1 = -1 \qquad\qquad x_2 = 3$$
$$f''(-1) = -\tfrac{4}{3} < 0 \qquad\qquad f''(3) = \tfrac{4}{3} > 0$$
$$f(-1) = \tfrac{5}{9} \Rightarrow H(-1 \mid \tfrac{5}{9}) \qquad\qquad f(3) = -3 \Rightarrow T(3 \mid -3)$$

→ Abitur 2014/1.1c, 1.2b, 2015/2.1b, 2.2bc, 2016/2.1b, 2017/2.1b, 2.2b

34. Wie berechne ich Wendepunkte?

Der Graph der Funktion f hat an der Stelle u einen

Wendepunkt $W(u \mid f(u))$, wenn $f''(u) = 0$ und $f'''(u) \neq 0$.

keine Krümmung   Krümmung wechselt

(notwendige Bedingung)   *(hinreichende Bedingung)*

Dieser ist ein *Sattelpunkt* $S(u \mid f(u))$, wenn zusätzlich $f'(u) = 0$ gilt.

$f''(u) = 0$ (keine Krümmung) $f'(u) = 0$ (waagrechte Tangente)
$f'''(u) \neq 0$ (Krümmung wechselt) $f''(u) = 0$ (keine Krümmung)
                                        $f'''(u) \neq 0$ (Krümmung wechselt)

Beispiel

Es ist eine Funktion f mit $f(x) = \frac{1}{4}x^4 - x^3 + 3$ gegeben. Ihr Graph ist G. Berechnen Sie alle Wende- und Sattelpunkte von G.

Lösung

Wir berechnen:

$$f'(x) = x^3 - 3x^2 \qquad f''(x) = 3x^2 - 6x = 3x(x - 2) = 0 \qquad f'''(x) = 6x - 6$$

Satz vom Nullprodukt

$$
\begin{array}{ll}
x_1 = 0 & x_2 = 2 \\
f'''(0) = -6 \neq 0 & f'''(2) = 6 \neq 0 \\
f'(0) = 0 & f'(2) = -4 \neq 0 \\
f(0) = 3 \Rightarrow S(0 \mid 3) & f(2) = -1 \Rightarrow W(2 \mid -1)
\end{array}
$$

$\rightarrow$ Abitur 2014/1.1c, 2015/2.2b, 2017/2.2b

35. Wie berechne ich eine Wendetangente?

❙ Die Tangente an den Wendepunkt einer Funktion heißt *Wendetangente*.

Berechnen Sie die Wendetangente an den Graphen der Funktion f mit $f(x) = -\frac{1}{4}x^3 + 3x + 1$.

Wir berechnen zunächst den Wendepunkt W und anschließend die Tangente, die durch W verläuft.

$$f'(x) = -\frac{3}{4}x^2 + 3 \qquad \boxed{f''(x) = -\frac{3}{2}x = 0} \qquad f'''(x) = -\frac{3}{2}$$

Wendestelle berechnen

$$
\begin{aligned}
x &= 0 \\
f'''(0) &= -\tfrac{3}{2} \neq 0 \\
f'(0) &= 3 \Rightarrow m = 3 \quad \text{— \textit{Steigung} —} \\
f(0) &= 1 \Rightarrow W(0\,|\,1) \;\Rightarrow\; y = mx + n \\
& \qquad\qquad\qquad\qquad\quad 1 = 3 \cdot 0 + n \Rightarrow n = 1
\end{aligned}
$$

Die Wendetangente hat somit die Gleichung $g: y = 3x + 1$.

36. Wie untersuche ich eine Kurvenschar?

Ist eine Funktion von einem Parameter, z.B. a abhängig, so nennen wir sie Funktionenschar. Für jeden Wert von a ergibt sich eine eigene (Schar-)Funktion. Bei allen Berechnungen behandeln wir diesen Parameter wie eine Zahl. Wir müssen immer zwei Fälle unterscheiden:

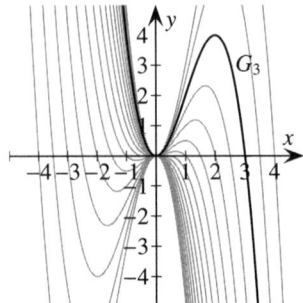

- Ein Ergebnis ist in Abhängigkeit des Parameters gesucht (finde x!)

- Ein spezieller Wert von a ist gesucht (finde a!)

Beispiel

Es ist eine Funktionenschar f_a mit $f_a(x) = x^2 - ax + 1$ gegeben, wobei $a \in \mathbb{R}$.

a) Berechnen Sie die Extremstelle von f_a in Abhängigkeit von a.

b) Für welchen Wert von a verläuft der Graph der Funktion durch den Punkt $P(2 \mid -1)$?

c) Berechnen Sie die gemeinsamen Punkte aller Graphen G_a.

Lösung

a) Hier ist x gesucht. In der Lösung kommt a vor.

$$f_a'(x) = 2x - a = 0 \Rightarrow x = \frac{1}{2}a$$

b) Hier ist a gesucht.

$$f_a(2) = -1, \text{ also } 2^2 - a \cdot 2 + 1 = -1 \Rightarrow a = 3.$$

c) Wir setzen $f_a(x)$ mit der Scharfunktion $f_0(x)$ gleich. Zuerst ist der x-Wert gesucht.

$$
\begin{aligned}
x^2 - ax + 1 &= x^2 - 0 \cdot x + 1 \qquad & | -x^2 - 1 \\
-ax &= 0 & |: (-a) \quad \textit{hier möglich, da dieses } a \neq 0 \\
x &= 0
\end{aligned}
$$

Dann berechnen wir den y-Wert: $f_a(0) = 0^2 - a \cdot 0 + 1 = 1 \Rightarrow P(0 \mid 1)$

$\rightarrow$ Abitur 2014 – 2017

37. Wie berechne ich eine Ortskurve?

Eine *Ortskurve* ist eine Kurve, auf der alle markanten Punkte einer gegebenen Funktionenschar liegen. Mögliche Punkte sind:

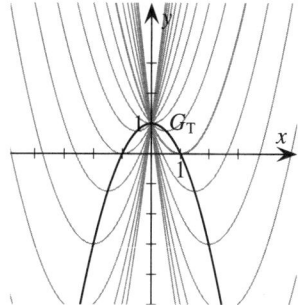

- Hoch- bzw. Tiefpunkte

- Wendepunkte

Beispiel

Die Funktionenschar f_a mit $f_a(x) = x^2 - ax + 1$, $a \in \mathbb{R}$ besteht aus verschiedenen Parabeln. Berechnen Sie die Ortskurve ihrer lokalen Tiefpunkte.

Lösung

1. Wir bestimmen den markanten Punkt (hier: lokaler Tiefpunkt):

$$f'(x) = 2x - a = 0 \Leftrightarrow x_T = \frac{a}{2}$$

$$y_T = f(x_T) = f\left(\frac{a}{2}\right) = \left(\frac{a}{2}\right)^2 - a \cdot \frac{a}{2} + 1 = 1 - \frac{a^2}{4} \;\Rightarrow\; T\left(\frac{a}{2} \;\middle|\; 1 - \frac{a^2}{4}\right)$$

2. Wir notieren den x-Wert und lösen nach dem Parameter auf.

$$x_T = \frac{a}{2} \Rightarrow a = 2x$$

3. Wir setzen den für den Parameter erhaltenen Ausdruck in den y-Wert des markanten Punktes ein.

$$y_T = 1 - \frac{(2x)^2}{4} = 1 - x^2 \Rightarrow \text{Ortskurve: } g_T(x) = 1 - x^2$$

Sonderfälle:

y-Wert unabhängig von a	x-Wert unabhängig von a
T(a | 2)	W(3 | a)
Ortskurve ist waagrechte Gerade: y = 2	Ortskurve ist senkrechte Gerade: x = 3

→ Abitur 2014/1.1c, 2015/2.2b

38. Wie modelliere ich eine Funktion?

Ist eine Funktion f durch einen Ansatz wie zum Beispiel $f(x) = ax^3 + bx$ gegeben, wobei a und b unbekannt sind, so müssen a und b mit Hilfe von Zusatzinformationen bestimmt werden. Die Informationen liegen meist in Textform vor. Sobald wir die Bedingungen aufgestellt haben, setzen wir sie in das Modell ein und berechnen die unbekannten Größen a und b mit einem linearen Gleichungssystem.

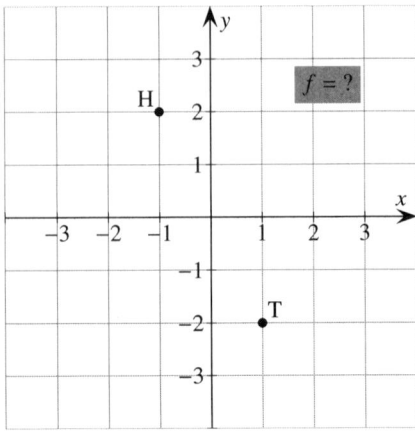

Typische Bedingungen in Modellierungsaufgaben

Formulierung in der Aufgabe	Ansatz
…verläuft achsensymmetrisch zur y-Achse	$f(x)$ hat nur gerade Hochzahlen z.B. $f(x) = ax^2 + c$, $f(x) = ax^4 + cx^2 + e$
…verläuft punktsymmetrisch zum Ursprung	$f(x)$ hat nur ungerade Hochzahlen z.B. $f(x) = ax^3 + cx$
…enthält den Punkt P(2 | 4)	$f(2) = 4$
…hat die Nullstelle $x = 3$	$f(3) = 0$ (y-Wert gleich 0)
…hat den y-Achsenabschnitt 6	$f(0) = 6$ (x-Wert gleich 0)
…schneidet den Graphen der Funktion g in $x = 4$	$f(4) = g(4)$ (y-Werte sind gleich)
…berührt den Graphen der Funktion g in $x = 1$	$f(1) = g(1)$ (y-Werte sind gleich) $f'(1) = g'(1)$ (Steigungen sind gleich)
…schneidet den Graphen der Funktion g in $x = 2$ senkrecht/orthogonal	$f(2) = g(2)$ (y-Werte sind gleich) $f'(2) = -\frac{1}{g'(2)}$ (Steigungen sind senkrecht)
…hat in $x = 1$ die Steigung/den Anstieg 3	$f'(1) = 3$
…hat die lokale Extremstelle $x = 5$ …hat in $x = 5$ eine waagrechte Tangente	$f'(5) = 0$ (Steigung gleich 0)
…hat den lokalen Hochpunkt H(4 | 3)	$f(4) = 3$ (Punkt (4 | 3)) $f'(4) = 0$ (Steigung 0)
…hat den lokalen Tiefpunkt T(4 | 3)	$f(4) = 3$ (Punkt (4 | 3)) $f'(4) = 0$ (Steigung 0)
…hat den Wendepunkt W(5 | 2)	$f(5) = 2$ (Punkt (5 | 2)) $f''(5) = 0$ (Krümmung 0)
…hat den Sattelpunkt S(6 | 1)	$f(6) = 1$ (Punkt (6 | 1)) $f'(6) = 0$ (Steigung 0) $f''(6) = 0$ (Krümmung 0)
…schließt im Intervall $x \in [-2; 1]$ oberhalb der x-Achse ein Flächenstück mit Inhalt 6 ein	$\int_{-2}^{1} f(x)\,dx = 6$

50

Beispiel

Bestimmen Sie den Funktionsterm.

a) Der Graph einer Funktion f vom Typ $f(x) = mx + n$ hat im Punkt P(0 | 2) die Steigung 3.

b) Der Graph einer Funktion g vom Typ $g(t) = ae^t + b$ verläuft durch die Punkte P(0 | 2) und Q(1 | 5).

Lösung

a) Wir berechnen $f'(x) = m$. Jetzt verarbeiten wir die Informationen:

$$
\begin{array}{rcl}
f(0) & = & 2 \\
f'(0) & = & 3
\end{array}
\quad \text{bzw.} \quad
\begin{array}{rcl}
m \cdot 0 + n & = & 2 \\
m & = & 3
\end{array}
$$

Somit gilt: $m = 3$ und $n = 2 \Rightarrow f(x) = 3x + 2$

b) Wir verarbeiten die Informationen:

$$
\begin{array}{rcl}
g(0) & = & 2 \\
g(1) & = & 5
\end{array}
\quad \text{bzw.} \quad
\begin{array}{rcl}
a \cdot e^0 + b & = & 2 \\
a \cdot e^1 + b & = & 5
\end{array}
\quad \text{bzw.} \quad
\begin{array}{rcl}
a + b & = & 2 \\
ae + b & = & 5
\end{array}
$$

Zum Beispiel mit dem Einsetzungsverfahren erhalten wir $b = 2 - a$. Dies setzen wir in die zweite Gleichung ein: $ae + 2 - a = 5 \Rightarrow a = \frac{3}{e-1} \approx 1{,}75$. Dann setzen wir a wieder in die erste Gleichung ein und erhalten $b = 2 - \frac{3}{e-1} \approx 0{,}25$. Somit gilt näherungsweise $g(t) = 1{,}75e^t + 0{,}25$.

→ Abitur 2014/1.1f, 2015/2.1f, 2016/1.1b, 2.1e, 2017/2.1e, 2.2e

39. Wie löse ich eine Extremwertaufgabe?

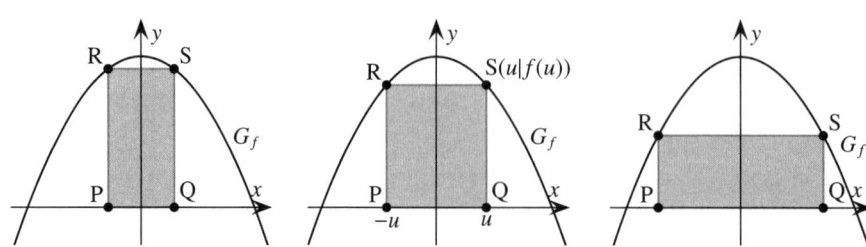

Bei Anwendungsaufgaben suchen wir oft nach optimalen Situationen. Diese finden wir in zwei Schritten:

- *Zielfunktion aufstellen*: Welches Objekt soll maximal bzw. minimal sein? Wie können wir es in Abhängigkeit von einer unbekannten Größe u angeben? Beispiele für solche Objekte sind z.B.:

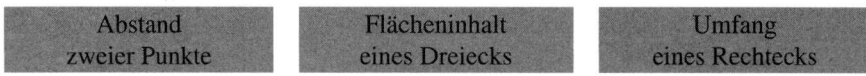

Abstand zweier Punkte	Flächeninhalt eines Dreiecks	Umfang eines Rechtecks

- *Hoch-/Tiefpunkt berechnen*: Wir berechnen den lokalen Hoch- bzw. Tiefpunkt der Zielfunktion.

Beispiel

Es ist die Funktion f mit $f(x) = 4 - \frac{1}{3}x^2$ mit dem Graphen G_f gegeben. Die Punkte $P(-u \mid 0)$, $Q(u \mid 0)$, $R(-u \mid f(-u))$ und $S(u \mid f(u))$ mit $u \in [0; \sqrt{12}]$ bilden ein Rechteck. Für welchen Wert von u ist der Flächeninhalt des Rechtecks maximal?

Lösung

Der Flächeninhalt A des Rechtecks ist abhängig von der Wahl von u. Wir schreiben dafür $A(u)$ und drücken ihn mit Hilfe der Flächenformel für Rechtecke durch u aus:

Hauptbedingung

$A = g \cdot h$ —— *einsetzen* —— $A(u) = 2u \cdot f(u) = 2u \cdot \left(4 - \frac{1}{3}u^2\right) = 8u - \frac{2}{3}u^3$

Höhe: $h = f(u)$ (Nebenbedingung)

Breite: $g = 2u$ (Nebenbedingung)

Die von uns neu gebildete Funktion A heißt *Zielfunktion*. Der Hochpunkt von A liefert uns nun den Wert von u, für den das Rechteck maximal ist, sowie den maximalen Flächeninhalt. Wir berechnen $A'(u) = 8 - 2u^2$ und $A''(u) = -4u$. Es gilt $A'(u) = 0$ für $u = 2$. Außerdem ist $A''(2) = -8 < 0$, also liegt ein Hochpunkt an der Stelle $u = 2$ vor. Der maximale Flächeninhalt beträgt dann $A(2) = \frac{32}{3}$.

→ Abitur 2015/1.1c, 2.1c, 2016/2.1d, 2017/2.2c

40. Wie bestimme ich eine Stammfunktion?

Jede Funktion F mit $F'(x) = f(x)$ heißt *Stammfunktion* von f. Alle Stammfunktionen F zu einer Funktion f unterscheiden sich nur durch eine Konstante c. Die wichtigsten Integrationsregeln sind:

ableiten

integrieren

a) $f(x) = x^n \Rightarrow F(x) = \frac{1}{n+1}x^{n+1} + c$

d) „Vorfaktoren bleiben bestehen"

b) $f(x) = e^x \Rightarrow F(x) = e^x + c$

e) „Summen einzeln integrieren"

c) $f(x) = \frac{1}{x} \Rightarrow F(x) = \ln|x| + c$

f) „Differenzen einzeln integrieren"

g) Ist die Funktion f von der Form $f(x) = g(ax + b)$, dann gilt:

$$F(x) = \frac{1}{a} \cdot G(ax + b) + c$$

Beispiel

Bestimmen Sie eine Stammfunktion von f:

a) $f(x) = x^3$ c) $f(x) = \sqrt{x}$ e) $f(x) = 5$ g) $f(x) = e^{\frac{1}{3}x}$

b) $f(x) = x^4$ d) $f(x) = \frac{1}{x^4}$ f) $f(x) = x^4 + x^3$ h) $f(x) = \frac{1}{1-4x}$

Lösung

a) $F(x) = \frac{1}{4}x^4 + c$

d) $f(x) = x^{-4} \Rightarrow F(x) = -\frac{1}{3}x^{-3} + c$

b) $F(x) = \frac{1}{5}x^5 + c$

e) $F(x) = 5x + c$

c) $f(x) = x^{\frac{1}{2}} \Rightarrow F(x) = \frac{2}{3}x^{\frac{3}{2}} + c$

f) $F(x) = \frac{1}{5}x^5 + \frac{1}{4}x^4 + c$

Bei allen Teilaufgaben ist der Wert von c beliebig wählbar.

g) $g(x) = e^x, G(x) = e^x \Rightarrow F(x) = 3e^{\frac{1}{3}x} + c$

h) $g(x) = \frac{1}{x}, G(x) = \ln|x| \Rightarrow F(x) = -\frac{1}{4}\ln|1 - 4x| + c$

Beispiel

Ermitteln Sie diejenige Stammfunktion der Funktion f mit $f(x) = 5e^{x+1} + 2$, deren Graph durch den Punkt $P(-1 \mid 2)$ verläuft.

Lösung

$F(x) = 5e^{x+1} + 2x + c, F(-1) = 2 \Leftrightarrow 5e^{-1+1} + 2 \cdot (-1) + c = 5 - 2 + c = 2 \Leftrightarrow c = -1$

$\rightarrow$ Abitur 2015/1.1b, 2016/1.1a

41. Wie berechne ich einen einfachen Flächeninhalt?

Für den Inhalt der Fläche, die der Graph einer Funktion f innerhalb der Grenzen a und b oberhalb der x-Achse einschließt, gilt:

$$A = \int_a^b f(x)\,dx = [F(x)]_a^b = F(b) - F(a)$$

Dabei ist F eine Stammfunktion von f.
Liegt die Fläche unterhalb der x-Achse, erhalten wir ein negatives Ergebnis und müssen das Vorzeichen tauschen.

Beispiel

Es ist eine Funktion f mit $f(x) = -\frac{1}{2}x^2 + 3x - \frac{5}{2}$ gegeben. Ihr Graph G_f schließt mit der x-Achse im Intervall $x \in [2; 4]$ eine Fläche ein.

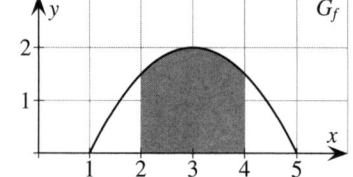

a) Schätzen Sie den Inhalt der Fläche ohne Rechnung.

b) Berechnen Sie den Inhalt der Fläche mit Hilfe eines Integrals.

Lösung

a) Durch das Abzählen von Kästchen, in denen die graue Fläche liegt, ermitteln wir, dass der Flächeninhalt zwischen 3 und 4 liegen muss.

b) Wir berechnen

$$\int_2^4 -\frac{1}{2}x^2 + 3x - \frac{5}{2}\,dx = \left[-\frac{1}{6}x^3 + \frac{3}{2}x^2 - \frac{5}{2}x\right]_2^4 = \frac{10}{3} - \left(-\frac{1}{3}\right) = \frac{11}{3} \approx 3{,}66\,\text{FE}.$$

$\rightarrow$ Abitur 2014/1.1e, 2015/2.1d, 2.2d, 2016/2.2c

42. Wie wende ich die Flächenformel an?

Das bestimmte Integral berechnet stets eine *Flächenbilanz*, d.h. Flächenteile oberhalb der x-Achse zählen positiv, Flächenteile unterhalb zählen negativ. Um den absoluten Inhalt zu berechnen, zerlegen wir die Fläche in einzelne Teilflächen.

Beispiel

Es ist eine Funktion f mit

$$f(x) = -\frac{1}{2}x^2 + 2x$$

gegeben. Ihr Graph G_f schließt mit der x-Achse im Intervall $x \in [2;\ 5]$ eine Fläche ein. Berechnen Sie den Inhalt dieser Fläche.

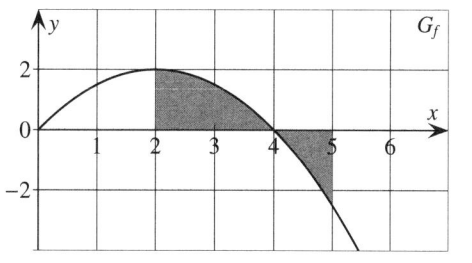

Lösung

Die Gesamtfläche wird durch die Nullstellen von f in zwei Teilflächen geteilt.

Nullstellen berechnen

$$f(x) = 0 \Leftrightarrow -\frac{1}{2}x^2 + 2x = 0$$

$$\Leftrightarrow x_1 = 0 \ \text{ bzw. } \ x_2 = 4$$

liegt nicht in $[2;\ 5]$

Teilfläche A_1: $x \in [2;\ 4]$ Teilfläche A_2: $x \in [4;\ 5]$

$$\int_2^4 f(x)\,\mathrm{d}x = \left[-\frac{1}{6}x^3 + x^2\right]_2^4 = \frac{8}{3} \qquad \int_4^5 f(x)\,\mathrm{d}x = \left[-\frac{1}{6}x^3 + x^2\right]_4^5 = -\frac{7}{6}$$

$$\Rightarrow A_1 = \frac{8}{3}\,\text{FE} \qquad\qquad \Rightarrow A_2 = \frac{7}{6}\,\text{FE}$$

$$\text{Gesamtfläche: } A = A_1 + A_2 = \frac{8}{3} + \frac{7}{6} = \frac{23}{6} \approx 3{,}83\,\text{FE}$$

Schließen die Graphen zweier Funktionen eine gemeinsame Fläche ein, bilden wir ebenfalls Teilflächen und berechnen diese einzeln. Meistens müssen diese dann subtrahiert werden.

Beispiel

Der Graph der Funktion f mit $f(x) = \frac{1}{2}x^2$ ist G_f. Der Graph der Funktion h mit $h(x) = x$ ist G_h. Die Graphen G_f und G_h schließen eine gemeinsame Fläche ein. Berechnen Sie ihren Inhalt.

Lösung

Die gemeinsame Fläche wird durch die Schnittstellen von f und h begrenzt:

$$\frac{1}{2}x^2 = x \qquad | -x$$
$$\frac{1}{2}x^2 - 2x = 0 \qquad | \ x \ \text{ausklammern}$$
$$x\left(\frac{1}{2}x - 1\right) = 0 \qquad | \ \text{Satz vom Nullprodukt}$$

Wir erhalten $x_1 = 0$ bzw. $x_2 = 2$.

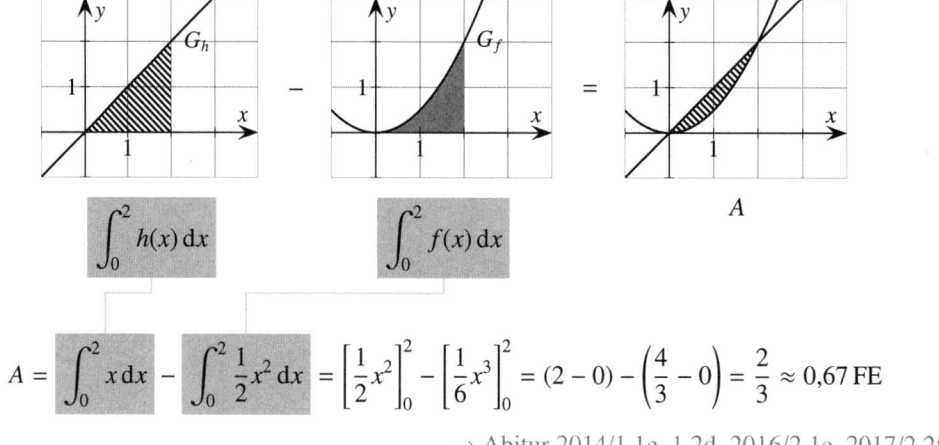

$$A = \int_0^2 x \, dx - \int_0^2 \frac{1}{2}x^2 \, dx = \left[\frac{1}{2}x^2\right]_0^2 - \left[\frac{1}{6}x^3\right]_0^2 = (2-0) - \left(\frac{4}{3} - 0\right) = \frac{2}{3} \approx 0{,}67 \, \text{FE}$$

→ Abitur 2014/1.1e, 1.2d, 2016/2.1c, 2017/2.2f

43. Wie berechne ich das Volumen eines Rotationskörpers?

Rotiert der Graph G_f einer Funktion $f\colon [a; b] \to \mathbb{R}$ um die x-Achse, so berechnet sich das Volumen V des dadurch entstehenden *Rotationskörpers* durch:

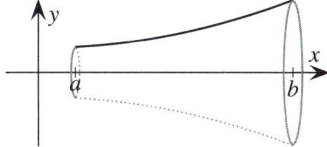

$$V = \pi \cdot \int_a^b (f(x))^2 \, dx$$

Beispiel

Es ist eine Funktion f mit $f(x) = x^2 + 1$, $x \in [-1; 2]$ gegeben. Ihr Graph rotiert um die x-Achse. Dabei entsteht ein Rotationskörper. Berechnen Sie sein Volumen.

Lösung

Wir berechnen

$$V = \pi \int_{-1}^{2} (x^2 + 1)^2 \, dx = \pi \cdot \int_{-1}^{2} x^4 + 2x^2 + 1 \, dx = \pi \cdot \left[\frac{1}{5}x^5 + \frac{2}{3}x^3 + x\right]_{-1}^{2}$$

$$= \pi \cdot \left(\frac{206}{15} - \left(-\frac{28}{15}\right)\right) = \frac{78}{5}\pi \approx 49 \, \text{VE}.$$

Hinweis: Bei diesem Thema müssen wir die Binomischen Formeln beherrschen.

Rotiert der Graph G_f einer Funktion $f\colon [a; b] \to \mathbb{R}$ um die y-Achse, so berechnet sich das Volumen V des dadurch entstehenden *Rotationskörpers* durch den Betrag von:

$$V = \pi \cdot \int_{f(a)}^{f(b)} (f^{-1}(x))^2 \, dx$$

Beispiel

Es ist eine Funktion f mit $f(x) = x^2$, $x \in [0; 2]$ gegeben. Ihr Graph rotiert um die y-Achse. Dabei entsteht ein Rotationskörper. Berechnen Sie sein Volumen.

Lösung

1. Wir berechnen die Umkehrfunktion.

$$\begin{aligned} f(x) = y &= x^2 && |\ x \text{ und } y \text{ vertauschen} \\ x &= y^2 && |\ \sqrt{()} \\ \sqrt{x} = y &= f^{-1}(x) \end{aligned}$$

2. Wir berechnen das Volumen. Dabei ist $f(0) = 0$ und $f(2) = 4$.

$$V = \pi \cdot \int_0^4 \left(\sqrt{x}\right)^2 \, dx = \pi \cdot \int_0^4 x \, dx = \pi \cdot \left[\frac{1}{2}x^2\right]_0^4 = \pi \cdot (8 - 0) = 8\pi \approx 25{,}13 \, \text{VE}$$

→ Abitur 2017/2.1f

57

44. Wie untersuche ich den Zusammenhang der Graphen von F, f, f' und f''?

Um diesen Zusammenhang zu untersuchen, nutzen wir verschiedene Hilfsmittel.
Null-, Extrem- und Wendestellen (NEW-Regel)

F	N	E	W
f		N	**E**	W
f'			**N**	E	W
f''				N	E	W

Lies z.B.: „Die **E**xtremstelle von f ist eine **N**ullstelle von f'."

Steigung und Krümmung

	positiv	negativ
f'	↗ G_f steigt	↘ G_f fällt
f''	L G_f linksgekrümmt	R G_f rechtsgekrümmt

Vorzeichenwechsel (VZW)

	VZW	kein VZW
f' ($f'(u) = 0$)	$+ \to - \Rightarrow$ H $- \to + \Rightarrow$ T	S
f'' ($f''(u) = 0$)	W, S	—

$\int_a^b f(x)\,dx$ *schätzen*

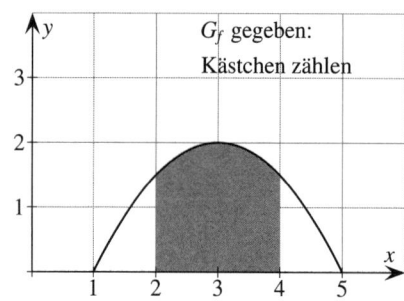

G_f gegeben:
Kästchen zählen

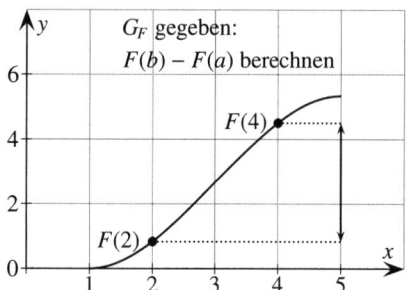

G_F gegeben:
$F(b) - F(a)$ berechnen

Beispiel

Es ist der Graph G_f einer Funktion f gegeben. Der Graph ihrer Stammfunktion ist G_F. Entscheiden Sie mit Begründung für jede der folgenden Aussagen, ob sie wahr oder falsch ist.

a) f' hat eine Nullstelle in $x = -1$

b) G_F steigt in $x = -2{,}5$

c) G_F hat einen lokalen Tiefpunkt in $x = -2$

d) $\int_{-2}^{1} f(x)\,dx > 4$

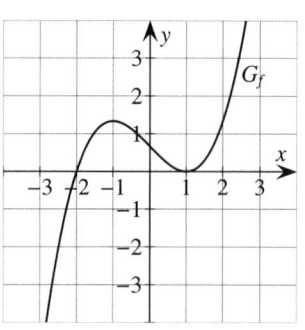

Lösung

a) Wir analysieren die Fragestellung:

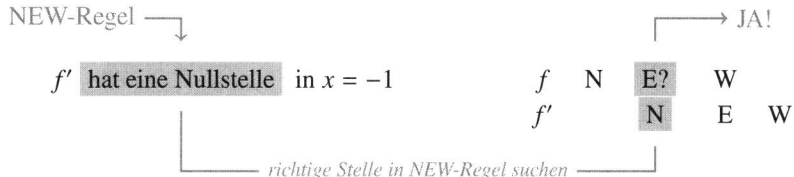

f ist eine Stammfunktion von f'. f hat in $x = -1$ eine Extremstelle. Also hat f' dort eine Nullstelle. Die Aussage ist richtig.

b) Wir analysieren die Fragestellung:

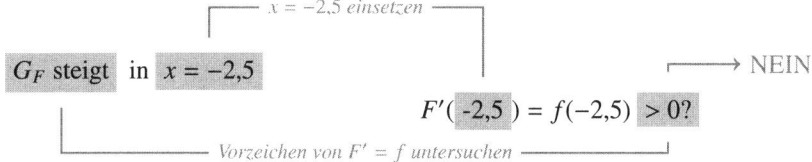

Die 1. Ableitung von F ist f. Der Wert für $f(-2,5)$ liegt unterhalb der x-Achse. Also fällt G_F dort. Die Aussage ist falsch.

c) Wir analysieren die Fragestellung:

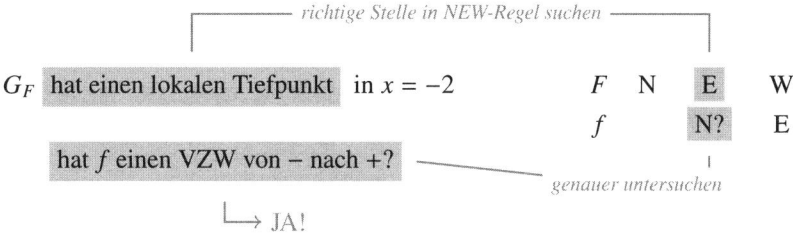

f ist die 1. Ableitung von F. f hat in $x = -2$ eine Nullstelle. Der VZW erfolgt von $-$ nach $+$. Es liegt ein lokaler Tiefpunkt vor. Die Aussage ist richtig.

d) Wir zählen Kästchen, da G_f gegeben ist. Der Inhalt der Fläche zwischen G_f und der x-Achse im Intervall $x \in [-2;\ 1]$ beträgt ca. 3. Die Aussage ist falsch.

→ Abitur 2015/1.1a

45. Wie löse ich eine Anwendungsaufgabe?

Die Anwendungsaufgaben stammen häufig aus ähnlichen Themengebieten. Bevor wir mit dem Rechnen beginnen, sollten wir bei einer Anwendungsaufgabe stets in mehreren Schritten klären, worum es geht.

1. Was bedeutet der x-Wert (bei Zeitangaben der t-Wert)?
   Was bedeutet der y-Wert?
   Wir schreiben dabei immer die Bedeutung und die Einheit auf.

2. Handelt es sich um eine absolute Größe („Bestand" $\rightarrow f$) oder um eine relative Größe („Veränderung" $\rightarrow f'$)?

3. Welche Schlussfolgerungen können wir daraus ziehen? Müssen wir in der Aufgabe eher ableiten oder integrieren?

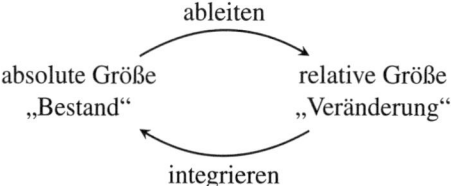

Typische Themen für Anwendungsaufgaben sind:

Thema	x-Wert	absolute Größe	relative Größe
	[Einheit]	[Einheit]	[Einheit]
Berg, Rampe	Position x	Höhe	Steigung
	m, km	cm, dm, m, km	$\frac{cm}{m}$, $\frac{m}{km}$
			$\rightarrow$ z.B. Abitur 2015/2.1
geom. Objekt	Position x	Höhe	Steigung
	m, km	cm, dm, m, km	$\frac{cm}{m}$, $\frac{m}{km}$
			$\rightarrow$ z.B. Abitur 2017/2.2
Population	Zeit t	Anzahl	Wachstums-/Zerfallgeschwindigkeit
chem. Element	s, min, h	Stück	$\frac{Stück}{min}$, $\frac{Stück}{Jahr}$
Fahrzeug	Zeit t	Wegstrecke	Geschwindigkeit
	s, min, h	cm, dm, m, km	$\frac{m}{s}$, $\frac{km}{h}$
Flüssigkeit	Zeit t	Menge	Zufluss-/Abflussgeschwindigkeit
Wasserreservoir	s, min, h	ml, l, m³	$\frac{ml}{h}$, $\frac{l}{s}$, $\frac{m^3}{h}$
Medikament	Zeit t	Menge	Aufbau-/Abbaugeschwindigkeit
	s, min, h	ml	$\frac{ml}{h}$, $\frac{l}{s}$

Hinweis: Relative Größen sind oftmals dadurch zu erkennen, dass ihre Einheit mit einem Bruch (z.B. $\frac{m^3}{h}$) geschrieben wird.

> **Beispiel**
>
> Analysieren Sie nach obigen Kriterien die folgende Aufgabe:
> „Ein zunächst leerer Stausee wird mit Wasser gespeist und ändert sein Füllvolumen. Die momentane Zu-/Abflussrate wird durch die Funktion k mit $k(t) = 5\,000 \cdot (e^{-t} - e^{-2t})$, $t \in [0; 6]$ beschrieben (t in Tagen, $k(t)$ in m^3 pro Tag)."

Lösung

Thema: Flüssigkeit (Wasser)

Ein zunächst leerer Stausee wird mit Wasser gespeist .

Er ändert sein Füllvolumen .

Veränderung

t-Wert: Zeit

Die momentane Zu-/Abflussrate wird durch die Funktion k mit $k(t) = \ldots$ beschrieben.

t-Wert: Zeit (in Tagen)

y-Wert: Zu-/Abflussrate (in $\frac{m^3}{Tag}$)

(t in Tagen , $k(t)$ in m^3 pro Tag).

Um auf das tatsächliche Füllvolumen zu kommen, werden wir *integrieren* müssen.

In einer Aufgabe mit Anwendungsbezug geht es immer darum, den richtigen Ansatz zu finden. Hierbei halten wir nach bestimmten Schlagwörtern Ausschau:

Formulierung in der Aufgabe	Was ist gesucht?
Anfangsbestand/Startwert/Wert zu Beginn	$f(0)$
Bestand zum Zeitpunkt $t = 3$	$f(3)$
Ab welchem Zeitpunkt ist der Bestand größer als 500?	$f(t) = 500$ $(t = ?)$
langfristig/langer Zeitraum	waagrechte Asymptote
momentane Änderungsrate/Steigung	$f'(t)$
Rechtskurve/Linkskurve	$f''(t)$
maximaler/größter/minimaler/kleinster Wert	Hoch- bzw. Tiefpunkt
...steigt/fällt am stärksten	Wendepunkt
...mündet tangential/knickfrei	Steigung/Tangente
...unter welchem Winkel	Steigungswinkel
...minimaler/maximaler Flächeninhalt, Volumen, Abstand	Extremwertaufgabe
...rotiert/dreht sich um die x-Achse	Rotationskörper

Stochastik

46. Wie rechne ich mit einem Baumdiagramm?

Ein Baumdiagramm ist ein graphisches Hilfsmittel, mit dem wir Wahrscheinlichkeiten berechnen können. Dabei gelten die folgenden *Pfadregeln*:

- Entlang eines Pfades werden Wahrscheinlichkeiten *multipliziert*. (*1. Pfadregel*)

- Die Wahrscheinlichkeiten verschiedener Pfade werden *addiert*. (*2. Pfadregel*)

- Oftmals ist es einfacher, die Wahrscheinlichkeit des Gegenereignisses $\overline{A}$ zu berechnen und dann $P(A) = 1 - P(\overline{A})$ zu ermitteln.

Beispiel

In einer Urne liegen 2 weiße und 3 schwarze Kugeln. Wir ziehen nacheinander drei Kugeln ohne Zurücklegen und notieren jeweils die Farbe der gezogenen Kugel.

a) Zeichnen Sie das dazugehörige Baumdiagramm.

b) Berechnen Sie die Wahrscheinlichkeit für das Ereignis:

    i) A: „dreimal schwarz"

    ii) B: „genau einmal schwarz"

    iii) C: „höchstens zweimal schwarz"

Lösung

a) Das dazugehörige Baumdiagramm sieht so aus:

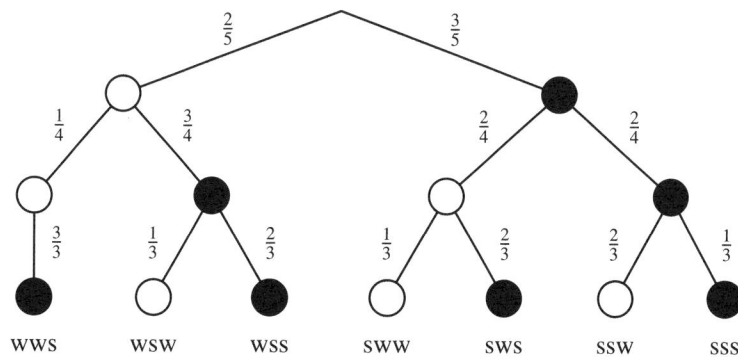

b)   i) $P(A) = P(sss) = \frac{3}{5} \cdot \frac{2}{4} \cdot \frac{1}{3} = \frac{1}{10}$

ii) $P(B) = P(wws) + P(wsw) + P(sww) = \frac{2}{5} \cdot \frac{1}{4} \cdot \frac{3}{3} + \frac{2}{5} \cdot \frac{3}{4} \cdot \frac{1}{3} + \frac{3}{5} \cdot \frac{2}{4} \cdot \frac{1}{3} = \frac{1}{10} + \frac{1}{10} + \frac{1}{10} = \frac{3}{10}$

iii) $P(C) = 1 - P(\overline{C}) = 1 - P(A) = 1 - \frac{1}{10} = \frac{9}{10}$

            ↑

„genau dreimal schwarz"

→ Abitur 2014/3.1ab, 3.2a, 2015/1.3a, 3.2c, 2016/1.3a, 2017/1.3a, 4.1a, 4.2c

47. Wie nutze ich den Additionssatz?

$P(A \cup B) = P(A) + P(B) - P(A \cap B)$

(„Summe der einzelnen Kreise minus die Schnittmenge")

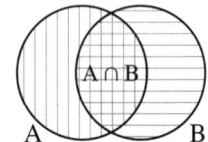

Beispiel

Von einem Küstenort ist folgendes bekannt. 50 % aller Tage sind Regentage. An 70 % aller Tage bläst starker Wind. An 10 % aller Tage bläst weder Wind noch regnet es. Berechnen Sie die Wahrscheinlichkeit, mit der an einem Tag gleichzeitig starker Wind bläst und es regnet.

Lösung

Wir schreiben: A: „es regnet" und B: „es bläst starker Wind"

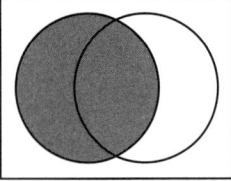

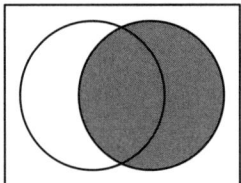

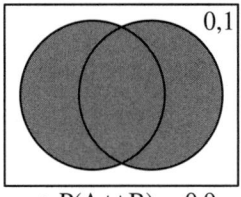

| $P(A) = 0,5$ | $P(B) = 0,7$ | $\Rightarrow P(A \cup B) = 0,9$ |

Nun setzen wir die Werte in den Additionssatz ein:

„es bläst starker Wind und
es regnet"

$$\begin{aligned} P(A \cup B) &= P(A) + P(B) - P(A \cap B) \\ 0,9 &= 0,5 + 0,7 - P(A \cap B) \\ -0,3 &= -P(A \cap B) \\ 0,3 &= P(A \cap B) \end{aligned}$$

48. Wie berechne ich eine unbekannte Größe?

a) Die Wahrscheinlichkeit, dass ein Tag in Lagos/Nigeria ein Regentag ist, beträgt 92%. Ein Meteorologe sagt: „Die Wahrscheinlichkeit, dass n Tage in Folge Regentage sind, beträgt mindestens 20%." Für welche Werte von n ist das der Fall?

b) Ein Meteorologe sagt: „Die Wahrscheinlichkeit, dass in Jakarta/Indonesien 4 Tage in Folge Regentage sind, beträgt circa 7%." Berechnen Sie die Wahrscheinlichkeit, dass ein einzelner Tag in Jakarta/Indonesien ein Regentag ist.

Lösung

a)

$$0{,}92^n \geq 0{,}2 \qquad | \ln()$$
$$n \cdot \ln 0{,}92 \geq \ln 0{,}2 \qquad |: \ln 0{,}92$$
$$n \leq \frac{\ln 0{,}2}{\ln 0{,}92} \approx 19{,}3$$

$$\overset{0{,}92}{\rule{0pt}{0pt}}\text{—R—}\overset{0{,}92}{\rule{0pt}{0pt}}\text{—R}\cdots\text{R—}\overset{0{,}92}{\rule{0pt}{0pt}}\text{—R}$$

Die Aussage ist für maximal 19 Regentage gültig. *Hinweis:* Wird durch eine negative Zahl geteilt (der Logarithmus einer Zahl zwischen 0 und 1 ist immer negativ), dann dreht sich das Vergleichszeichen um!

b)

$$p^4 \approx 0{,}07 \qquad | \sqrt[4]{}$$
$$p \approx 0{,}51$$

$$\overset{p}{\rule{0pt}{0pt}}\text{—R—}\overset{p}{\rule{0pt}{0pt}}\text{—R—}\overset{p}{\rule{0pt}{0pt}}\text{—R—}\overset{p}{\rule{0pt}{0pt}}\text{—R}$$

Die Wahrscheinlichkeit liegt bei etwa 51%.

→ Abitur 2015/3.2e

49. Wie löse ich eine "Drei-Mindestens-Aufgabe"?

Beispiel

Wie oft muss man einen Würfel <u>mindestens</u> werfen, damit er mit einer Wahrscheinlichkeit von <u>mindestens</u> 95 % <u>mindestens</u> einmal eine Sechs anzeigt?

Lösung

Wir berechnen die Lösung immer in drei Schritten:

1. Die Wahrscheinlichkeit P(A) des Ereignisses A = „mindestens einmal eine Sechs bei n Würfen" berechnen wir mit Hilfe des Gegenereignisses $\overline{A}$ = „keine Sechs bei n Würfen":

$$P(\overline{A}) = \left(\frac{5}{6}\right)^n \quad \Rightarrow \quad P(A) = 1 - \left(\frac{5}{6}\right)^n$$

2. Für diese Wahrscheinlichkeit muss nun gelten: $P(A) \geq 0{,}95$

3. Wir berechnen also:

$$P(A) = 1 - P(\overline{A}) = 1 - \left(\tfrac{5}{6}\right)^n \geq 0{,}95 \qquad \left| + \left(\tfrac{5}{6}\right)^n - 0{,}95 \right.$$

$$0{,}05 \geq \left(\tfrac{5}{6}\right)^n \qquad \left| \ln() \right.$$

$$\ln 0{,}05 \geq n \cdot \ln\left(\tfrac{5}{6}\right) \qquad \left| : \ln\left(\tfrac{5}{6}\right) \right.$$

$$16{,}43 \approx \tfrac{\ln 0{,}05}{\ln\left(\tfrac{5}{6}\right)} \leq n$$

Nun geben wir stets die nächstliegende ganze Zahl an. Der Würfel muss also mindestens 17-mal geworfen werden. *Hinweis:* Wird durch eine negative Zahl geteilt (der Logarithmus einer Zahl zwischen 0 und 1 ist immer negativ), dann dreht sich das Vergleichszeichen um! Diese Aufgabe kann auch mit Hilfe der Binomialverteilung gelöst werden.

→ Abitur 2014/3.1d, 2015/3.2b, 2016/3.2b, 2017/4.2b

50. Wie wende ich die kombinatorischen Grundformeln an?

Hat ein Zufallsexperiment die Laplace-Eigenschaft (alle Ergebnisse sind gleich wahrscheinlich), dann können wir Wahrscheinlichkeiten durch Abzählen bestimmen:

$$P(A) = \frac{|A|}{|\Omega|} = \frac{\text{Anzahl der Ergebnisse in A}}{\text{Anzahl möglicher Ergebnisse}}$$

Bei einer großen Zahl möglicher Ergebnisse helfen die kombinatorischen Grundformeln.

Beispiel

Aus einer Urne mit n (hier: $n = 4$) unterscheidbaren Objekten ziehen wir k (hier: $k = 2$) Elemente.

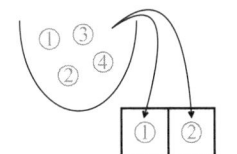

Variation mit Wiederholung (mit Reihenfolge, mit Zurücklegen)

Ergebnismenge

Formel	*im Beispiel*				
$\|\Omega\| = n^k$	$\|\Omega\| = 4^2 = 16$	11	12	13	14
		21	22	23	24
		31	32	33	34
		41	42	43	44

Fakultät

Hinweis: Werden alle Objekte gezogen (mit Reihenfolge, ohne Zurücklegen), dann gibt es $n! = n\cdot(n-1)\cdot\ldots\cdot 1$ Kombinationen (sprich: „n Fakultät"). Im Beispiel gilt: $4! = 4\cdot3\cdot2\cdot1 = 24$.
Merke: $0! = 1$

Variation ohne Wiederholung (mit Reihenfolge, ohne Zurücklegen)

im Beispiel

Ergebnismenge

Formel

$$|\Omega| = \frac{n!}{(n-k)!}$$

$$|\Omega| = \frac{4!}{(4-2)!} = \frac{4\cdot3\cdot2\cdot1}{2\cdot1} = 12$$

Taschenrechner: 4 nPr 2

	12	13	14
21		23	24
31	32		34
41	42	43	

Kombination ohne Wiederholung (ohne Reihenfolge, ohne Zurücklegen)

im Beispiel

Ergebnismenge

Formel

$$|\Omega| = \frac{n!}{k!\cdot(n-k)!} = \binom{n}{k}$$

$$|\Omega| = \binom{4}{2} = \frac{4!}{2!\cdot2!} = 6$$

Taschenrechner: 4 nCr 2

12	13	14
	23	24
		34

Beispiel

Viele Passwörter werden aufgrund der geringen Zeichenlänge von Angreifern geknackt.

a) Wie viele Passwörter lassen sich aus den 26 deutschen Großbuchstaben (ohne Umlaute) bilden, wenn sie genau 7 Stellen haben sollen?

b) Ein Computer kann pro Sekunde eine Milliarde Passwörter überprüfen. Damit ein Passwort als sicher gilt, sollte ein solcher Computer mindestens ein Jahr benötigen, damit er es knacken kann. Aus wie vielen Zeichen muss es mindestens bestehen, wenn man Kleinbuchstaben und Ziffern im Passwort ebenfalls erlaubt?

Lösung

a) Mit Zurücklegen (Zeichen dürfen mehrfach verwendet werden, z.B. **AADF**).
Mit Reihenfolge (z.B. Passwörter **ASDF** und **FDSA** sind unterschiedlich).
$n = 26$ Großbuchstaben, $k = 7$ Stellen $\Rightarrow 26^7 = 8{,}03 \cdot 10^9$ Passwörter

b) In einem Jahr schafft ein solcher Computer genau

$$10^9 \cdot \underbrace{60}_{\text{Sekunden/Minute}} \cdot \underbrace{60}_{\text{Minuten/Stunde}} \cdot \underbrace{24}_{\text{Stunden/Tag}} \cdot \underbrace{365}_{\text{Tage/Jahr}} = 3{,}15 \cdot 10^{16}$$

Passwörter. An einer Stelle haben wir $26 + 26 + 10 = 62$ mögliche Zeichen:

$$62^k \geq 3{,}15 \cdot 10^{16} \qquad |\ln()$$
$$k \cdot \ln 62 \geq \ln(3{,}15 \cdot 10^{16}) \qquad |: \ln 62$$
$$k \geq \frac{\ln(3{,}15 \cdot 10^{16})}{\ln 62} \approx 9{,}20$$

Das Passwort muss also mindestens 10 Stellen haben.

Beispiel

In einem Lager liegen 60 Monitore, von denen drei defekt sind. Ein Großkunde bestellt 10 Monitore, die von den Mitarbeitern zufällig ausgewählt werden. Mit welcher Wahrscheinlichkeit ist genau ein Monitor in dieser Lieferung defekt?

Lösung

Ohne Zurücklegen: Einen gleichen Monitor zweimal auszuwählen, ist unsinnig.
Ohne Reihenfolge: *„genau ein Monitor defekt"* (Eine Reihenfolge zu bilden, ist hier nicht notwendig.)

$n = 60$ Monitore, $k = 10$ ausgewählt $\Rightarrow |\Omega| = \binom{60}{10}$

$$|A| = \binom{57}{9} \cdot \binom{3}{1}, \quad P(A) = \frac{\binom{57}{9} \cdot \binom{3}{1}}{\binom{60}{10}} \approx 0{,}36$$

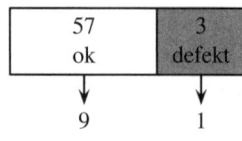

Hinweis: Man spricht hier von „hypergeometrischer Verteilung" oder dem „Lotto-Modell".

→ Abitur 2014/3.2b, 2016/1.3b, 3.2d, 2017/4.2e

51. Wie berechne ich bedingte Wahrscheinlichkeiten?

Wahrscheinlichkeit für das Ereignis A, wenn eine Zusatzinformation B vorliegt:

$$P_B(A) = \frac{P(A \cap B)}{P(B)}$$

Vorwissen (Bedingung) ⟶

Formulierungen, um B zu erkennen: wenn bekannt ist... | falls... | wenn...

Beispiel

In einer Sportart sind 20 % aller Sportler gedopt. Von einem Dopingtest ist bekannt, dass 90 % aller Dopingsünder überführt werden. Doch leider zeigt er auch bei 15 % aller nicht gedopten Sportler ein positives Ergebnis an.

a) Mit welcher Wahrscheinlichkeit ist ein Sportler gedopt und wird überführt?

b) Ein Sportler wird positiv getestet. Mit welcher Wahrscheinlichkeit hat er tatsächlich gedopt?

Lösung

Graphische Hilfsmittel für die Berechnung von bedingten Wahrscheinlichkeiten sind das Baumdiagramm und/oder eine Vierfeldertafel.

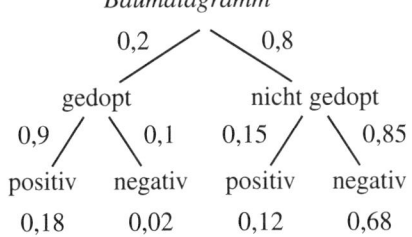

Baumdiagramm

	positiv	negativ	
gedopt	0,18	0,02	0,2
nicht gedopt	0,12	0,68	0,8
	0,3	0,7	1

Vierfeldertafel

Wir schreiben A: „Sportler ist gedopt" und B: „Test ist positiv".

a) Das Schlüsselwort und (vgl. ∩) in der Aufgabenstellung verrät, dass es sich um eine absolute Wahrscheinlichkeit handelt:

$$P(A \cap B) = P(\text{gedopt} \cap \text{positiv}) = 0,2 \cdot 0,9 = 0,18$$

⟶ Bedingung B   Ereignis A ⟶

b) Ein Sportler wird positiv getestet. Mit welcher Wahrscheinlichkeit hat er gedopt ?

$$P_B(A) = P_{\text{positiv}}(\text{gedopt}) = \frac{P(\text{gedopt} \cap \text{positiv})}{P(\text{positiv})} = \frac{0,2 \cdot 0,9}{0,2 \cdot 0,9 + 0,8 \cdot 0,15} = \frac{0,18}{0,3} = 0,6$$

→ Abitur 2014/3.1e, 3.2a, 2015/1.3b, 3.2d, 2016/1.3a, 2017/4.1b, 4.2c

52. Wie überprüfe ich zwei Ereignisse auf Unabhängigkeit?

Zwei Ereignisse A und B heißen *stochastisch unabhängig*, wenn $P(A \cap B) = P(A) \cdot P(B)$, andernfalls nennt man sie *stochastisch abhängig*.

Beispiel

Eine Modegeschäft verkauft Jeans. Dabei lassen die Kunden eine gekaufte Jeans aus zwei Gründen zurückgehen: Die Jeans ist zu weit (W) oder sie ist zu lang (L). Die Wahrscheinlichkeit für den Reklamationsgrund W beträgt 10 %, die für das gleichzeitige Auftreten beider Gründe 0,2 % und die dafür, dass mindestens einer der beiden Gründe auftritt, 11,8 %. Untersuchen Sie, ob beide Reklamationsgründe (stochastisch) unabhängig voneinander sind.

Lösung

Wir lösen die Aufgabe mit Hilfe von Schaubildern:

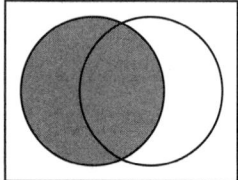 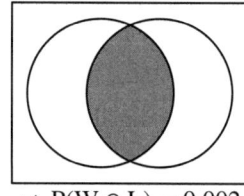 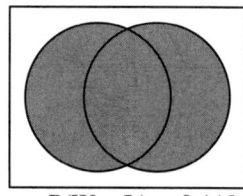

$$P(W) = 0,1 \qquad \Rightarrow P(W \cap L) = 0,002 \qquad \Rightarrow P(W \cup L) = 0,118$$

$$\begin{aligned}
\text{Additionssatz:} \quad P(W \cup L) &= P(W) + P(L) - P(W \cap L) \\
0,118 &= 0,1 + P(L) - 0,002 \\
P(L) &= 0,02 \\
\text{Unabhängigkeit:} \quad P(W) \cdot P(L) &= 0,1 \cdot 0,02 = 0,002 = P(W \cap L)
\end{aligned}$$

Die Ereignisse W und L sind somit stochastisch unabhängig.

→ Abitur 2016/1.3a

70

53. Wie arbeite ich mit einer Zufallsgröße?

- *Zufallsgröße*: Jedem Ereignis eines Zufallsexperiments wird eine Zahl X mit den Werten $k_1, k_2, \ldots, k_n$ zugeordnet.

- Die *Wahrscheinlichkeitsfunktion* f mit $f(k) = \mathrm{P}(X = k)$ gibt die Wahrscheinlichkeit an, dass X den Wert k annimmt.

- *Erwartungswert* („langfristiges Mittel"): $\mu = \mathrm{E}(X) = k_1 \cdot \mathrm{P}(X = k_1) + \ldots + k_n \cdot \mathrm{P}(X = k_n)$

- *Varianz*: $\mathrm{var}(X) = (k_1 - \mathrm{E}(X))^2 \cdot \mathrm{P}(X = k_1) + \ldots + (k_n - \mathrm{E}(X))^2 \cdot \mathrm{P}(X = k_n)$

- *Standardabweichung*: $\sigma = \sigma(X) = \sqrt{\mathrm{var}(X)}$

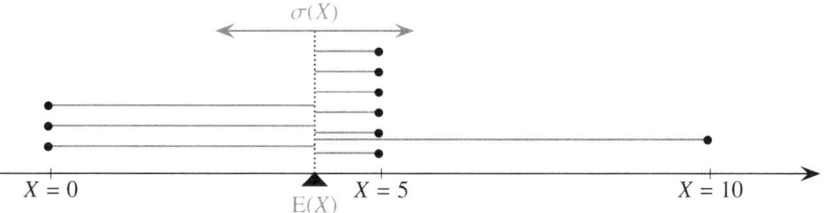

Anschaulich: Wir legen für alle Werte jeweils Kugeln im Verhältnis der Wahrscheinlichkeiten (z.B. 30 % : 60 % : 10 %) auf eine Waage.
Erwartungswert: Wert, damit die Waage im Gleichgewicht ist
Standardabweichung: ungefähres Maß für den Abstand zum Erwartungswert

- Spiel mit Gewinn X und Einsatz m:

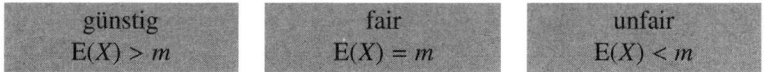

günstig	fair	unfair
$\mathrm{E}(X) > m$	$\mathrm{E}(X) = m$	$\mathrm{E}(X) < m$

Je größer die Standardabweichung $\sigma(X)$ ist, desto riskanter ist das Spiel.

Beispiel

In einer Urne liegen 2 weiße und 3 schwarze Kugeln. Wir ziehen drei Kugeln ohne Zurücklegen und notieren nacheinander die Farbe der gezogenen Kugel. Werden drei schwarze Kugeln gezogen, gewinnt der Spieler 10 €. Werden genau zwei schwarze Kugeln gezogen, gewinnt er 5 €, ansonsten gewinnt er nichts.

(a) Stellen Sie die Wahrscheinlichkeitsfunktion der Zufallsgröße X: „erspielter Gewinn" auf.

(b) Zeichnen Sie ein Säulendiagramm (Histogramm) der Wahrscheinlichkeitsfunktion.

(c) Für welchen Einsatz ist das Spiel fair?

(d) Berechnen Sie die Standardabweichung des Gewinns.

Lösung

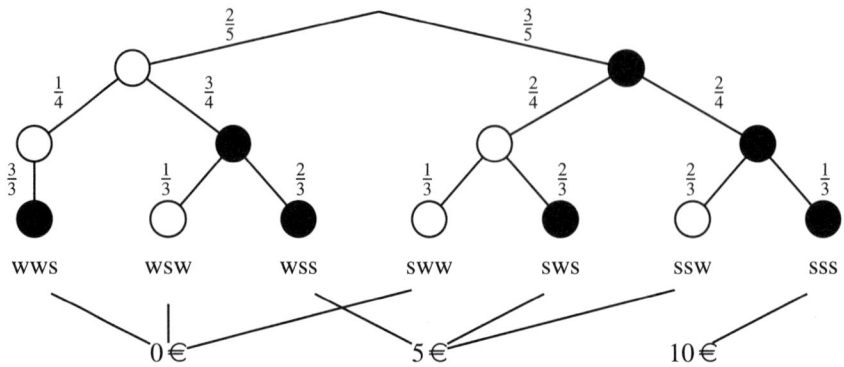

(a) Wir berechnen:

$$P(X = 0) = P(\text{wws}) + P(\text{wsw}) + P(\text{sww}) = \frac{2}{5} \cdot \frac{1}{4} \cdot \frac{3}{3} + \frac{2}{5} \cdot \frac{3}{4} \cdot \frac{1}{3} + \frac{3}{5} \cdot \frac{2}{4} \cdot \frac{1}{3} = \frac{3}{10}$$

$$P(X = 5) = P(\text{wss}) + P(\text{sws}) + P(\text{ssw}) = \frac{2}{5} \cdot \frac{3}{4} \cdot \frac{2}{3} + \frac{3}{5} \cdot \frac{2}{4} \cdot \frac{2}{3} + \frac{3}{5} \cdot \frac{2}{4} \cdot \frac{2}{3} = \frac{6}{10}$$

$$P(X = 10) = P(\text{sss}) = \frac{3}{5} \cdot \frac{2}{4} \cdot \frac{1}{3} = \frac{1}{10}$$

Somit erhalten wir

k	0	5	10
$P(X = k)$	0,3	0,6	0,1

(b) Histogramm:

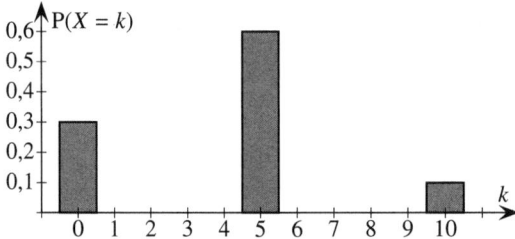

(c) $E(X) = 0 \cdot \frac{3}{10} + 5 \cdot \frac{6}{10} + 10 \cdot \frac{1}{10} = 4$. Der durchschnittliche Gewinn beträgt 4 €. Für einen Einsatz von 4 € ist das Spiel fair.

(d) Wir berechnen:

$$\text{var}(X) = (0 - 4)^2 \cdot \frac{3}{10} + (5 - 4)^2 \cdot \frac{6}{10} + (10 - 4)^2 \cdot \frac{1}{10} = 9$$

$$\sigma(X) = \sqrt{\text{var}(X)} = \sqrt{9} = 3$$

$\rightarrow$ Abitur 2014/3.2c, 2017/1.3a, 4.1c

54. Wie arbeite ich mit der Binomialverteilung?

- *Bernoulli-Kette*: n unabhängige Versuche, jeweils zwei Ergebnisse („Treffer" und „kein Treffer")

- Die Trefferzahl X einer Bernoulli-Kette mit n Versuchen und der Einzelwahrscheinlichkeit p heißt *binomialverteilt* mit den Parametern n und p. Wir schreiben $X \sim B_{n;p}$. Für die Wahrscheinlichkeit, genau k Treffer zu erzielen, gilt:

Anzahl Pfade   Anzahl „Treffer"

Anzahl „kein Treffer"

$$P(X = k) = \binom{n}{k} \cdot p^k \cdot (1-p)^{n-k}$$

P(Treffer)   P(kein Treffer)

- Das Zeichnen eines Baumdiagramms ist hier überflüssig.

- $P(X = k)$ lässt sich im Taschenrechner mit einer Taste wie $\boxed{\text{BinPD}}$ berechnen.

- $P(X \le k)$ lässt sich im Taschenrechner mit einer Taste wie $\boxed{\text{BinCD}}$ berechnen.

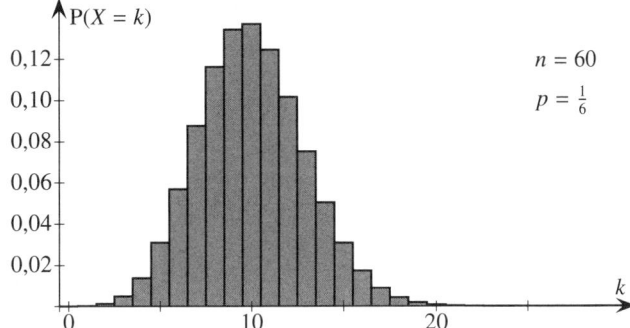

$n = 60$

$p = \frac{1}{6}$

- Für $X \sim B_{n;p}$ gilt:

$$\mu = E(X) = np, \quad \sigma = \sigma(X) = \sqrt{np(1-p)}$$

- Extremstelle ungefähr bei μ, Wendestellen ungefähr bei $\mu - \sigma$ und $\mu + \sigma$.

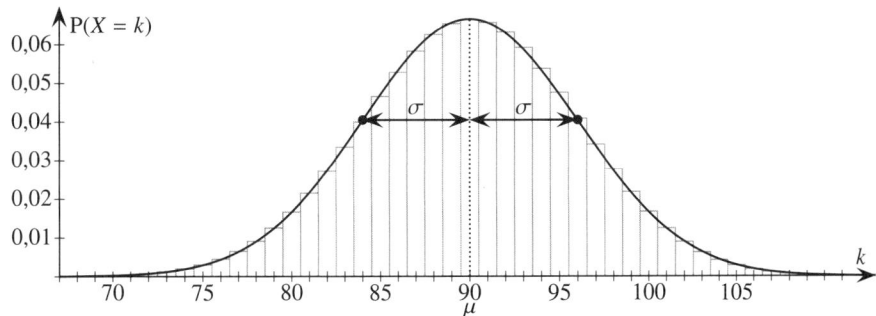

73

Beispiel

▨ Ein Würfel wird 20-mal geworfen. Die Zufallsgröße X bezeichnet die Anzahl der geworfenen Sechser. Berechnen Sie die folgenden Wahrscheinlichkeiten.

a) $P(X = 7)$ b) $P(X \leq 5)$ c) $P(X \geq 8)$ d) $P(7 \leq X \leq 13)$

Lösung

Es gilt $X \sim B_{60;\frac{1}{6}}$. Wir berechnen:

a) $P(X = 7) = B_{20;\frac{1}{6}}(7) = 0,026$

b) $P(X \leq 5) = 0,898$

c) $P(X \geq 8) = 1 - P(X \leq 7) = 0,011$

d) $P(7 \leq X \leq 13)$
  $= P(X \leq 13) - P(X \leq 6) = 0,037$

Beispiel

Das abgebildete Glücksrad wird 150-mal gedreht. Wird die gefärbte Fläche gedreht, gewinnt man. Die Zufallsgröße X gibt die Anzahl der gedrehten Gewinne an. Berechnen Sie $E(X)$ und $\sigma(X)$.

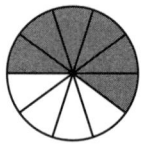

Lösung

$$E(X) = np = 150 \cdot 0,6 = 90, \qquad \sigma(X) = \sqrt{np(1-p)} = \sqrt{150 \cdot 0,6 \cdot (1 - 0,6)} = 6$$

→ Abitur 2014/3.1c, 3.2d, 2015/3.2a, 2016/3.2a, 2017/4.2a, 4.2d

55. Wie ermittle ich eine unbekannte Größe in der Binomialverteilung?

Beispiel

Ein Flugzeug hat 240 Sitze. Da durchschnittlich ein gewisser Anteil p aller Kunden das gebuchte Flugticket storniert, lässt die Fluggesellschaft 250 Kunden ein Ticket buchen.

a) Es ist $p = 6\%$. Die Anzahl der stornierten Plätze ist k. Geben Sie einen Term für P(k) an, mit dem die Wahrscheinlichkeit dafür berechnet kann, dass genau k der 250 gebuchten Tickets storniert werden. Ermitteln Sie den größten Wert dieser Wahrscheinlichkeit P(k).

b) Nun ist p unbekannt. Ermitteln Sie, für welche Werte von p die Wahrscheinlichkeit, dass der Flug überbucht ist, bei mindestens 25 % liegt.

Lösung

X: „Anzahl stornierter Flugtickets"

a) $X \sim B_{250;0,06}$. Es gilt:

$$P(k) = P(X = k) = \binom{250}{k} \cdot 0{,}06^k \cdot 0{,}94^{250-k}$$

Die Wahrscheinlichkeit P(k) ist maximal im Bereich um den Erwartungswert

$$E(X) = np = 250 \cdot 0{,}06 = 15.$$

Mit Hilfe der Taste `BinomPD` im WTR oder einer Wahrscheinlichkeitstabelle ermitteln wir den Wert für k, für den P(k) maximal ist. Durch Ausprobieren erhalten wir $k = 15$.

k	$P(X = k)$	maximal?
⋮	⋮	⋮
14	0,1052	nein
15	0,1057	ja
16	0,0990	nein
⋮	⋮	⋮

b) $X \sim B_{250;p}$. Der Flug ist überbucht, wenn $X < 10$ bzw. $X \leq 9$, d.h. wenn höchstens 9 Stornierungen vorliegen. Je größer p ist, desto mehr fällt die Wahrscheinlichkeit P($X \leq 9$). Mit Hilfe der Taste `BinomCD` im WTR oder einer Wahrscheinlichkeitstabelle ermitteln wir den Bereich für p, in dem P($X \leq 9$) > 0,25 ist. Durch Ausprobieren erhalten wir ungefähr den Bereich $p \in [0; 0{,}047]$.

p	$P(X \leq 9)$	> 0,25?
⋮	⋮	⋮
0,046	0,2830	ja
0,047	0,2588	ja
0,048	0,2359	nein
⋮	⋮	⋮

→ Abitur 2015/3.2e, 2017/4.2d

56. Was bedeuten die Sigma-Regeln?

Ein *Prognoseintervall* für eine Zufallsvariable $X \sim B_{n;p}$ liefert eine Aussage vom Typ:

„Das Ergebnis wird mit der Wahrscheinlichkeit γ im Intervall ... liegen."

Der Wert γ heißt *Sicherheitswahrscheinlichkeit*. Für $\sigma > 3$ (*Laplace-Bedingung*) lassen sich mit den *Sigma-Regeln* besondere Prognoseintervalle angeben.
Für eine Zufallsgröße $X \sim B_{n;p}$ liegen etwa

- 68,3 % aller Realisierungen innerhalb des Intervalls $[\mu - 1 \cdot \sigma; \mu + 1 \cdot \sigma]$ (1σ-Regel)

- 95,4 % aller Realisierungen innerhalb des Intervalls $[\mu - 2 \cdot \sigma; \mu + 2 \cdot \sigma]$ (2σ-Regel)

- 99,7 % aller Realisierungen innerhalb des Intervalls $[\mu - 3 \cdot \sigma; \mu + 3 \cdot \sigma]$ (3σ-Regel)

Diese Regel wird mit wachsendem n bzw. σ immer genauer.
Hinweis: Allgemein liegt ein Anteil von γ aller Realisierungen im Intervall $[\mu - z\sigma; \mu + z\sigma]$.
Die entsprechenden z-Werte können wir aus der Tabelle entnehmen.

γ	68,3 %	90 %	95 %	95,4 %	99 %	99,7 %	99,9 %
z-Wert	1	1,64	1,96	2	2,58	3	3,29

Beispiel

Ein Würfel wird 180-mal geworfen. Die Zufallsgröße X bezeichnet die Anzahl der geworfenen Sechser. Geben Sie die Prognoseintervalle zu den Wahrscheinlichkeiten 68,3 %, 95,4 % und 99,7 % an.

Lösung

Wir berechnen:

$$\mu = E(X) = np = 180 \cdot \frac{1}{6} = 30, \qquad \sigma = \sigma(X) = \sqrt{np(1-p)} = \sqrt{180 \cdot \frac{1}{6} \cdot \frac{5}{6}} = 5$$

- Prognoseintervall mit der 1σ-Regel: $[\mu - \sigma; \mu + \sigma]$, also $[25; 35]$.

- Prognoseintervall mit der 2σ-Regel: $[\mu - 2\sigma; \mu + 2\sigma]$, also $[20; 40]$.

- Prognoseintervall mit der 3σ-Regel: $[\mu - 3\sigma; \mu + 3\sigma]$, also $[15; 45]$.

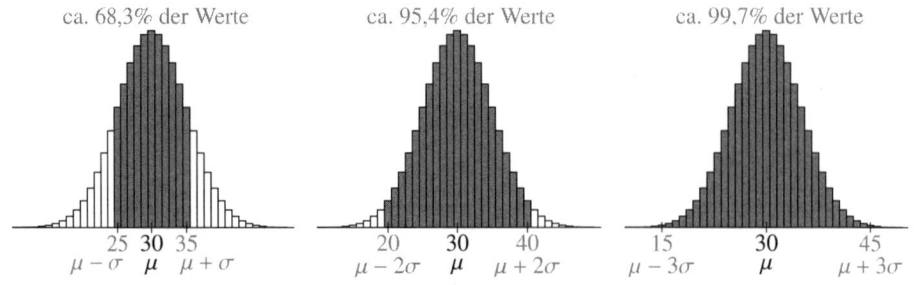

57. Wie führe ich einen Hypothesentest durch?

Ein *Hypothesentest* bzw. *Signifikanztest* ist ein Verfahren zur Überprüfung einer Nullhypothese H_0.

a) Eine Hypothese H_0 (*Nullhypothese*) ist eine Behauptung, die wir mit Hilfe einer Untersuchung ablehnen oder akzeptieren können.

b) Ein Signifikanztest besteht aus

- einer *Stichprobenlängen* und einer *Einzelwahrscheinlichkeit* p_0

- einer *Entscheidungsregel*. Wir geben damit an, für welche Werte wir H_0 annehmen bzw. ablehnen.

- einem *Signifikanzniveau* (einer *Irrtumswahrscheinlichkeit*) α.

c) Bei einem Hypothesentest können zwei verschiedene Fehler auftreten:

- *Fehler 1. Art* (α-*Fehler*): H_0 wird abgelehnt, obwohl H_0 wahr ist.

- *Fehler 2. Art* (β-*Fehler*): H_0 wird akzeptiert, obwohl H_0 falsch ist.

Bei der Auswertung eines Tests können verschiedene Fälle eintreten. Je nachdem, ob H_0 wahr (●) oder falsch (○) ist und ob das Versuchsergebnis im *Annahmebereich* A (☐) oder *Ablehnungsbereich* $\overline{A}$ (▨) liegt.

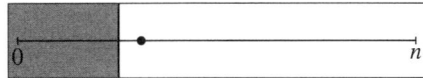

H_0 ist wahr.
Versuchsergebnis liegt in A.
⇒ Die Aussage wird zu Recht akzeptiert.

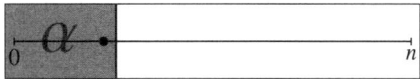

H_0 ist wahr.
Versuchsergebnis liegt in $\overline{A}$.
⇒ Die Aussage wird fälschlicherweise abgelehnt.
Es gilt: P(*Fehler 1. Art*) ≤ α

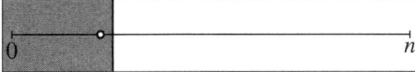

H_0 ist falsch.
Versuchsergebnis liegt in $\overline{A}$.
⇒ Die Aussage wird zu Recht abgelehnt.

H_0 ist falsch.
Versuchsergebnis liegt in A.
⇒ Die Aussage wird fälschlicherweise akzeptiert.
Es gilt: P(*Fehler 2. Art*) = β

Je nachdem, wo der Ablehnungsbereich liegt, sprechen wir von einem *links-/rechtsseitigen Test* oder von einem *zweiseitigen Test*.

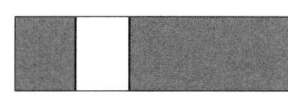

linksseitiger Test   rechtsseitiger Test   zweiseitiger Test

Einseitiger Test

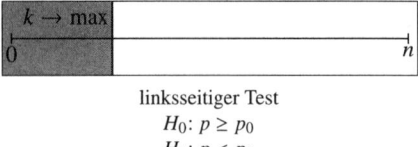

linksseitiger Test	rechtsseitiger Test
H_0: $p \geq p_0$	H_0: $p \leq p_0$
H_1: $p < p_0$	H_1: $p > p_0$
finde k maximal, so dass $P(X \leq k) \leq \alpha$	finde k minimal, so dass $P(X \geq k) \leq \alpha$

Beispiel

Der Hersteller eines Glücksspielautomaten gibt an, dass man in mindestens 30 % aller Spiele einen Gewinn erzielt. Um diese Aussage zu überprüfen, testen wir die Nullhypothese

H_0: „In mindestens 30 % aller Spiele wird ein Gewinn erzielt."

auf Basis von 80 Spielen auf einem Signifikanzniveau von 5 %. Geben Sie die Entscheidungsregel an.

Lösung

Linksseitiger Test mit $n = 80$ (Stichprobenlänge), $p_0 = 0{,}3$ (Einzelwahrscheinlichkeit) und $\alpha = 0{,}05$ (Signifikanzniveau).

1. Nullhypothese H_0: $p \geq 0{,}3$.

2. Alternativhypothese H_1: $p < 0{,}3$.

3. X: „Anzahl gewonnener Spiele". $X \sim B_{80;0,3}$.

4. Wir stellen eine Tabelle mit den Werten der kumulativen Wahrscheinlichkeitsfunktion auf und suchen den *maximalen* Wert für k, so dass $P(X \leq k) \leq 0{,}05$. Dabei erhalten wir $k = 16$.

k	$P(X \leq k)$	$\leq 0{,}05$?
$\vdots$	$\vdots$	$\vdots$
14	0,0079	ja
15	0,0161	ja
16	0,0302	ja
17	0,0531	nein
18	0,0873	nein
$\vdots$	$\vdots$	$\vdots$

5. Ablehnungsbereich: $\overline{A} = \{0, 1, \dots, 16\}$

6. Annahmebereich: $A = \{17, 18, \dots, 80\}$

Zweiseitiger Test

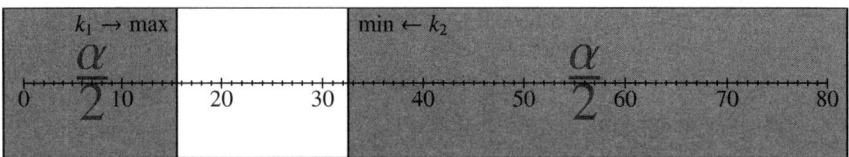

H_0: $p = p_0$
H_1: $p \neq p_0$
finde k_1 maximal, so dass $P(X \leq k_1) \leq \frac{\alpha}{2}$ und k_2 minimal, so dass $P(X \geq k_2) \leq \frac{\alpha}{2}$

58. Wie wähle ich die richtige Lösungsmethode?

Die erste Idee beim Lösen von Stochastik-Aufgaben ist stets ein Baumdiagramm. Wenn wir damit zu keiner Lösung kommen, können wir davon ausgehend anhand verschiedener Kriterien zur richtigen Methode kommen.

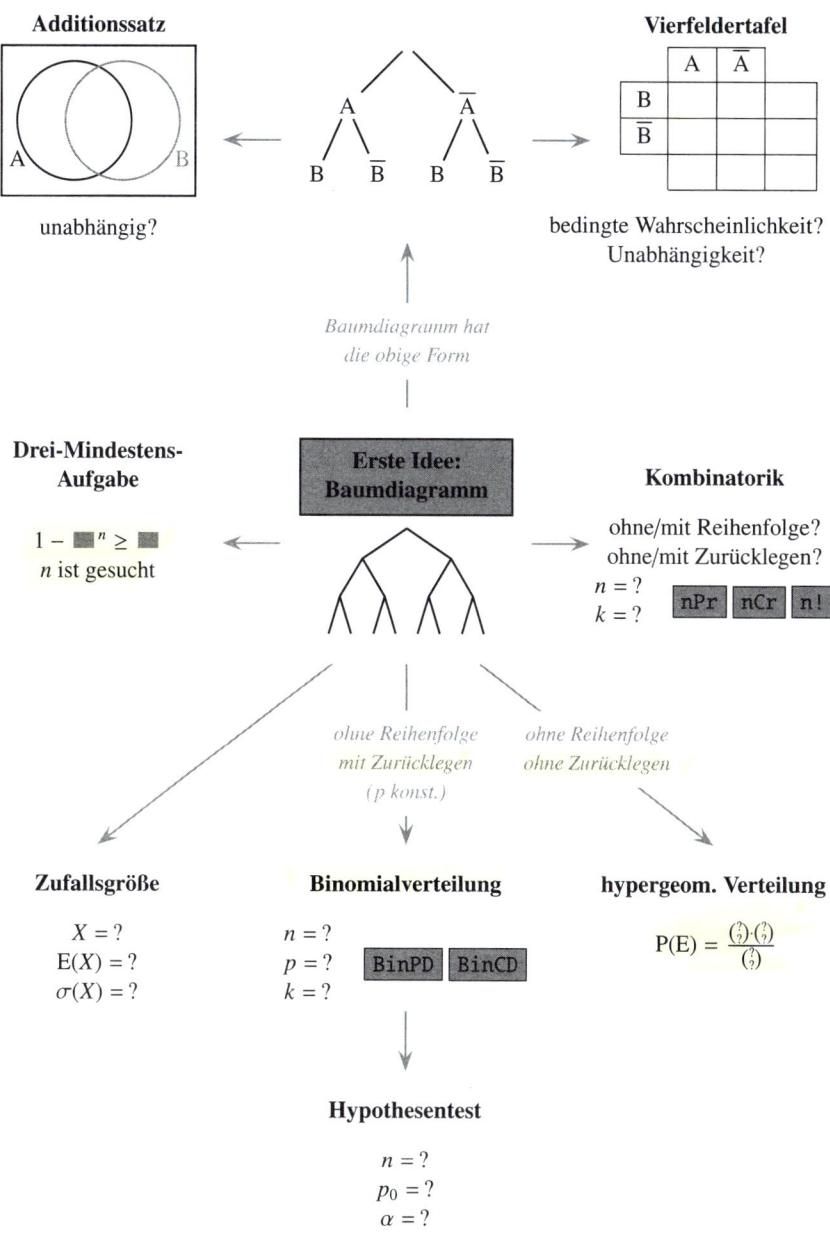

79

Analytische Geometrie

59. Wie rechne ich mit Punkten und Vektoren?

- Ein *Vektor* $\vec{a} = \begin{pmatrix} a_1 \\ a_2 \\ a_3 \end{pmatrix}$ besteht aus drei Komponenten.

- Für die Punkte $A(a_1 \mid a_2 \mid a_3)$ und $B(b_1 \mid b_2 \mid b_3)$ gilt:

$$\text{\textit{Ortsvektor}}\ \overrightarrow{OA} = \begin{pmatrix} a_1 \\ a_2 \\ a_3 \end{pmatrix} \qquad\qquad \text{\textit{Richtungsvektor}}\ \overrightarrow{AB} = \begin{pmatrix} b_1 - a_1 \\ b_2 - a_2 \\ b_3 - a_3 \end{pmatrix}$$

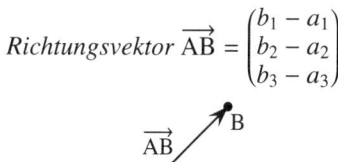

Beispiel

Es ist das Viereck ABCD mit den Punkten $A(3 \mid 10 \mid 0)$, $B(10 \mid 11 \mid 0)$, $C(11 \mid 4 \mid 10)$, $D(4 \mid 3 \mid 10)$ gegeben.

(a) Berechnen Sie die Vektoren $\overrightarrow{AB}$, $\overrightarrow{BC}$, $\overrightarrow{CD}$ und $\overrightarrow{DA}$.

(b) Begründen Sie, dass ABCD ein Parallelogramm ist.

Lösung

(a) $\overrightarrow{AB} = \begin{pmatrix} 7 \\ 1 \\ 0 \end{pmatrix}$, $\overrightarrow{BC} = \begin{pmatrix} 1 \\ -7 \\ 10 \end{pmatrix}$, $\overrightarrow{CD} = \begin{pmatrix} -7 \\ -1 \\ 0 \end{pmatrix}$, $\overrightarrow{DA} = \begin{pmatrix} -1 \\ 7 \\ -10 \end{pmatrix}$

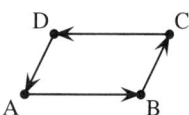

(b) ABCD ist ein Parallelogramm, denn $\overrightarrow{AB} = \overrightarrow{DC}$ und $\overrightarrow{AD} = \overrightarrow{BC}$.

→ Abitur 2015/3.1d, 2017/3.1a

60. Wie berechne ich einen Mittelpunkt?

Für den *Mittelpunkt* M der Strecke PQ gilt:

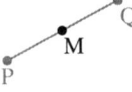

$$\overrightarrow{OM} = \frac{1}{2} \cdot (\overrightarrow{OP} + \overrightarrow{OQ}) \quad \text{bzw.} \quad M\left(\frac{x_P + x_Q}{2} \,\middle|\, \frac{y_P + y_Q}{2} \,\middle|\, \frac{z_P + z_Q}{2}\right)$$

Beispiel

Eine Strecke AB hat die Eckpunkte A(2 | 4 | 0) und B(4 | 0 | 2). Berechnen Sie ihren Mittelpunkt M.

Lösung

Wir berechnen $\overrightarrow{OA} = \begin{pmatrix} 2 \\ 4 \\ 0 \end{pmatrix}$, $\overrightarrow{OB} = \begin{pmatrix} 4 \\ 0 \\ 2 \end{pmatrix}$, $\overrightarrow{OM} = \frac{1}{2} \cdot (\overrightarrow{OA} + \overrightarrow{OB}) = \begin{pmatrix} 3 \\ 2 \\ 1 \end{pmatrix} \Rightarrow M(3 \mid 2 \mid 1).$

→ Abitur 2015/3.1e, 2016/1.2a, 2017/3.1a

61. Wie berechne ich die Länge eines Vektors?

Der *Abstand* $d = \overline{PQ}$ zweier Punkte $P(p_1 \mid p_2 \mid p_3)$ und $Q(q_1 \mid q_2 \mid q_3)$ ist die Länge des Vektors $\overrightarrow{PQ}$:

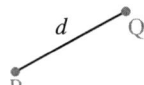

$$d = \overline{PQ} = |\overrightarrow{PQ}| = \sqrt{(q_1 - p_1)^2 + (q_2 - p_2)^2 + (q_3 - p_3)^2}$$

Beispiel

Berechnen Sie den Abstand der Punkte P(1 | 2 | 4) und Q(3 | 5 | −2).

Lösung

$$d = \overline{PQ} = \sqrt{(3 - 1)^2 + (5 - 2)^2 + (-2 - 4)^2} = \sqrt{2^2 + 3^2 + (-6)^2} = \sqrt{49} = 7\,\text{LE}$$

→ Abitur 2014/2.1be, 2015/3.1a, 2016/3.1cd, 2017/1.2a, 3.1e, 3.2b

62. Wie untersuche ich Vektoren auf lineare Unabhängigkeit?

- Zwei Vektoren $\vec{a}$ und $\vec{b}$ heißen *linear unabhängig*, wenn $\vec{b}$ kein Vielfaches von $\vec{a}$ ist, d.h. wenn es kein $k \neq 0$ gibt, so dass $\vec{b} = k \cdot \vec{a}$. *Alternative: wenn das lineare Gleichungssystem $x \cdot \vec{a} + y \cdot \vec{b} = \vec{0}$ nur die triviale Lösung $x = y = 0$ hat*. Andernfalls heißen sie *linear abhängig (kollinear)*.

- Drei Vektoren $\vec{a}$, $\vec{b}$ und $\vec{c}$ heißen *linear unabhängig*, sich keiner der Vektoren als Linearkombination der beiden anderen darstellen lässt, d.h. wenn das lineare Gleichungssystem $x \cdot \vec{a} + y \cdot \vec{b} + z \cdot \vec{c} = \vec{0}$ nur die triviale Lösung $x = y = z = 0$ hat. Andernfalls heißen sie *linear abhängig (komplanar)*.

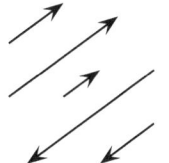  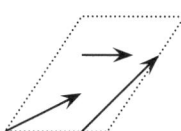 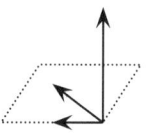

(a) zwei linear abhängige Vektoren   (b) zwei linear unabhängige Vektoren   (c) drei linear abhängige Vektoren   (d) drei linear unabhängige Vektoren

Beispiel

Es sind die Vektoren $\vec{a} = \begin{pmatrix} 4 \\ -1 \\ 2 \end{pmatrix}$, $\vec{b} = \begin{pmatrix} -1 \\ 2 \\ 1 \end{pmatrix}$ und $\vec{c} = \begin{pmatrix} 5 \\ 4 \\ 7 \end{pmatrix}$ gegeben. Begründen Sie rechnerisch, dass $\vec{a}$, $\vec{b}$ und $\vec{c}$ linear abhängig sind.

Lösung

$$
\begin{array}{rrrrrrl}
\text{I}: & 4x & - & y & + & 5z & = 0 \\
\text{II}: & -x & + & 2y & + & 4z & = 0 \quad | \cdot 4\; + \\
\text{III}: & 2x & + & y & + & 7z & = 0 \quad | \cdot (-2)\; + \\
\hline
4 \cdot \text{II} + \text{I} = \text{II}': & & & 7y & + & 21z & = 0 \quad | \cdot 3 \\
(-2) \cdot \text{III} + \text{I} = \text{III}': & & & -3y & - & 9z & = 0 \quad | \cdot 7\; + \\
\hline
7 \cdot \text{III}' + 3 \cdot \text{II}' = \text{III}'': & & & & & 0 & = 0
\end{array}
$$

Da die Zeile III'' verschwindet, ist das LGS mehrdeutig lösbar. Die Vektoren sind linear abhängig.

$\rightarrow$ Abitur 2014/2.1a

63. Wie untersuche ich die Lage zweier Vektoren?

- Zwei Vektoren $\vec{a}$ und $\vec{b}$ sind parallel, wenn sie Vielfache sind, d.h. wenn es ein k gibt, so dass $\vec{b} = k \cdot \vec{a}$.

- Die Verknüpfung

$$\vec{a} \cdot \vec{b} = a_1 b_1 + a_2 b_2 + a_3 b_3$$

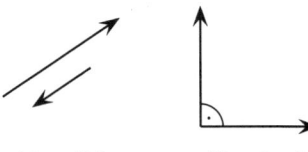

(a) parallel   (b) senkrecht

heißt *Skalarprodukt* der beiden Vektoren $\vec{a}$ und $\vec{b}$. Gilt $\vec{a} \cdot \vec{b} = 0$, dann liegen die Vektoren senkrecht/orthogonal zueinander.

Beispiel

Es sind die Vektoren $\vec{a} = \begin{pmatrix} 1 \\ c \\ 4 \end{pmatrix}$ und $\vec{b} = \begin{pmatrix} c \\ 4 \\ -8 \end{pmatrix}$ gegeben.

a) Prüfen Sie, ob $\vec{a}$ und $\vec{b}$ für den Wert $c = -2$ parallel zueinander sind.

b) Für welchen Wert von c stehen $\vec{a}$ und $\vec{b}$ senkrecht zueinander?

Lösung

a) Wir prüfen, ob es ein k gibt, so dass $\vec{b} = k \cdot \vec{a}$:

$$\vec{b} = k \cdot \vec{a} \Rightarrow \begin{pmatrix} -2 \\ 4 \\ -8 \end{pmatrix} = k \cdot \begin{pmatrix} 1 \\ -2 \\ 4 \end{pmatrix} \Rightarrow \begin{array}{llll} \text{I}: & -2 = k & \Rightarrow k = -2 \\ \text{II}: & 4 = -2k & \Rightarrow k = -2 \\ \text{III}: & -8 = 4k & \Rightarrow k = -2 \end{array}$$

Somit sind $\vec{a}$ und $\vec{b}$ parallel.

b) Es gilt: $\vec{a} \cdot \vec{b} = 1 \cdot c + c \cdot 4 + 4 \cdot (-8) = 0 \Rightarrow 5c = 32 \Rightarrow c = \frac{32}{5} = 6{,}4$

→ Abitur 2015/1.2b

64. Wie stelle ich eine Gerade auf?

Eine Gerade ist durch einen *Stützvektor* (= Ortsvektor des *Aufhängepunktes*) und einen *Richtungsvektor* definiert, z.B.:

$$g: \vec{x} = \begin{pmatrix} x_1 \\ x_2 \\ x_3 \end{pmatrix} = \begin{pmatrix} 4 \\ 0 \\ 0 \end{pmatrix} + t \cdot \begin{pmatrix} -2 \\ 2 \\ 1 \end{pmatrix}, \quad t \in \mathbb{R}$$

Stützvektor ⟶   ⟵ Richtungsvektor

Dabei entspricht jeder Wert von $t \in \mathbb{R}$ einem eigenen Punkt P_t auf der Geraden. Um eine Gerade aus gegebenen Informationen aufzustellen, müssen wir stets einen Aufhängepunkt und einen Richtungsvektor ermitteln.
Besondere Geraden sind:

$$\vec{x} = \begin{pmatrix} 0 \\ 0 \\ 0 \end{pmatrix} + t \cdot \begin{pmatrix} 1 \\ 0 \\ 0 \end{pmatrix} \qquad \vec{x} = \begin{pmatrix} 0 \\ 0 \\ 0 \end{pmatrix} + t \cdot \begin{pmatrix} 0 \\ 1 \\ 0 \end{pmatrix} \qquad \vec{x} = \begin{pmatrix} 0 \\ 0 \\ 0 \end{pmatrix} + t \cdot \begin{pmatrix} 0 \\ 0 \\ 1 \end{pmatrix}$$

$$y = z = 0 \qquad\qquad x = z = 0 \qquad\qquad x = y = 0$$

$$x\text{-Achse} \qquad\qquad y\text{-Achse} \qquad\qquad z\text{-Achse}$$

Beispiel

Es sind die Punkte A(4 | 0 | 0) und B(2 | 2 | 1) gegeben.

a) Geben Sie die Gleichung der Geraden an, die durch die Punkte A und B verläuft.

b) Untersuchen Sie rechnerisch, ob der Punkt P(3 | 1 | 1) auf der Geraden liegt.

Lösung

a) Zunächst berechnen wir den Richtungsvektor $\overrightarrow{AB}$. Dann wählen wir z.B. A als Aufhängepunkt, und setzen den Richtungsvektor in die Gerade ein. Wir erhalten:

$$\overrightarrow{AB} = \begin{pmatrix} 2 \\ 2 \\ 1 \end{pmatrix} - \begin{pmatrix} 4 \\ 0 \\ 0 \end{pmatrix} = \begin{pmatrix} -2 \\ 2 \\ 1 \end{pmatrix} \quad \Rightarrow \quad g: \vec{x} = \begin{pmatrix} 4 \\ 0 \\ 0 \end{pmatrix} + t \cdot \begin{pmatrix} -2 \\ 2 \\ 1 \end{pmatrix}, \quad t \in \mathbb{R}$$

Hinweis: Auch B könnte als Aufhängepunkt verwendet werden. Auch Vielfache des Richtungsvektors könnten verwendet werden.

b) Wir setzen P mit der Gerade gleich und erhalten:

$$\begin{pmatrix} 3 \\ 1 \\ 1 \end{pmatrix} = \begin{pmatrix} 4 \\ 0 \\ 0 \end{pmatrix} + t \cdot \begin{pmatrix} -2 \\ 2 \\ 1 \end{pmatrix} \Rightarrow \begin{array}{llll} \text{I}: & 3 = 4 - 2t & \Rightarrow t = 0{,}5 \\ \text{II}: & 1 = 2t & \Rightarrow t = 0{,}5 & \Rightarrow P \notin g \\ \text{III}: & 1 = t & \Rightarrow t = 1 \end{array}$$

→ Abitur 2014/2.2ab, 2015/1.2a, 2016/1.2a

65. Wie berechne ich die Spurpunkte einer Geraden?

Die *Spurpunkte* einer Geraden sind ihre Schnittpunkte mit den Koordinatenebenen.

- Spurpunkt mit der xy-Ebene: Wir setzen $z = 0$.

- Spurpunkt mit der xz-Ebene: Wir setzen $y = 0$.

- Spurpunkt mit der yz-Ebene: Wir setzen $x = 0$.

Beispiel

Berechnen Sie die Spurpunkte der Geraden

$$g : \vec{x} = \begin{pmatrix} 4 \\ 0 \\ 0 \end{pmatrix} + t \cdot \begin{pmatrix} -2 \\ 2 \\ 1 \end{pmatrix}, \quad t \in \mathbb{R}$$

mit den Koordinatenebenen.

Lösung

- Spurpunkt mit der xy-Ebene ($z = 0$): III: $0 + t = 0 \Rightarrow t = 0 \Rightarrow S_{12}(4 \mid 0 \mid 0)$.

- Spurpunkt mit der xz-Ebene ($y = 0$): II: $0 + 2t = 0 \Rightarrow t = 0 \Rightarrow S_{13} = S_{12}$.

- Spurpunkt mit der yz-Ebene ($x = 0$): I: $4 - 2t = 0 \Rightarrow t = 2 \Rightarrow S_{23}(0 \mid 4 \mid 2)$

66. Wie untersuche ich die Lage zweier Geraden?

Zwei Geraden heißen

- *parallel*, wenn ihre Richtungsvektoren Vielfache sind. Besitzen die Ger⸱⸱en zudem einen gemeinsamen Punkt, dann heißen sie *identisch*, ansonsten *echt ⸱⸱llel*.

- *windschief*, wenn sie nicht parallel sind und keinen gemeinsamen ⸱⸱⸱kt besitzen.

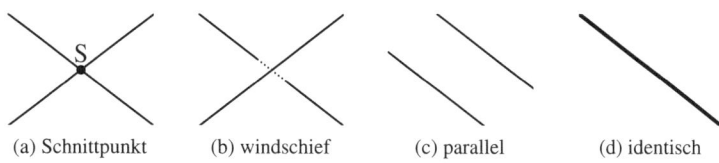

(a) Schnittpunkt   (b) windschief   (c) parallel   (d) identisch

---

Beispiel

Es sind die Geraden g_1, g_2 und g_3 gegeben:

$$g_1: \vec{x} = \begin{pmatrix} 4 \\ -2 \\ 1 \end{pmatrix} + r \cdot \begin{pmatrix} -3 \\ 0 \\ 1 \end{pmatrix}, \quad g_2: \vec{x} = \begin{pmatrix} 6 \\ 0 \\ 2 \end{pmatrix} + s \cdot \begin{pmatrix} 5 \\ 2 \\ 0 \end{pmatrix}, \quad g_3: \vec{x} = \begin{pmatrix} 0 \\ 0 \\ 6 \end{pmatrix} + t \cdot \begin{pmatrix} 3 \\ 0 \\ -1 \end{pmatrix}, \quad r, s, t \in \mathbb{R}$$

Wie liegen

    a) g_1 und g_2 b) g_1 und g_3 c) g_2 und g_3

zueinander? Entscheiden Sie durch Rechnung.

Lösung

Wir setzen die Geraden gleich und berechnen jeweils die Lösung eines linearen Gleichungssystems.

a) $g_1 = g_2 \Rightarrow$
$$\begin{aligned} \text{I}: \quad & 4 - 3r = 6 + 5s && \Rightarrow 1 = 1 \ \text{(wahre Aussage)} \\ \text{II}: \quad & -2 = 2s && \Rightarrow s = -1 \\ \text{III}: \quad & 1 + r = 2 && \Rightarrow r = 1 \end{aligned}$$
Wir setzen z.B. $r = 1$ in g_1 ein und erhalten den Schnittpunkt P(1 | −2 | 2).

b) $g_1 = g_3 \Rightarrow$ II: $-2 + 0r = 0 + 0t$ (falsche Aussage). Die Richtungsvektoren sind Vielfache, also sind g_1 und g_3 echt parallel zueinander.

c) $g_2 = g_3 \Rightarrow$
$$\begin{aligned} \text{I}: \quad & 6 + 5s = 3t && \Rightarrow 6 = 12 \ \text{(falsche Aussage)} \\ \text{II}: \quad & 2s = 0 && \Rightarrow s = 0 \\ \text{III}: \quad & 2 = 6 - t && \Rightarrow t = 4 \end{aligned}$$
Die Richtungsvektoren sind keine Vielfachen, also sind g_2 und g_3 windschief.

$\rightarrow$ Abitur 2014/2.1a, 2.2a

67. Wie untersuche ich eine Geradenschar?

Ist eine Gerade von einem (Schar-)Parameter, z.B. a abhängig, so nennt man sie *Geradenschar*. Für jeden Wert von a ergibt sich eine eigene (Schar-)Gerade.

Beispiel

Es ist für $a \in \mathbb{R}$ eine Geradenschar g_a und die Gerade h gegeben:

$$g_a : \vec{x} = \begin{pmatrix} 1 \\ 1 \\ 3 \end{pmatrix} + t \cdot \begin{pmatrix} a-1 \\ 1 \\ -1 \end{pmatrix}, \qquad h : \vec{x} = \begin{pmatrix} 0 \\ 3 \\ 3 \end{pmatrix} + s \cdot \begin{pmatrix} 1 \\ -2 \\ 4 \end{pmatrix}, \quad r, s \in \mathbb{R}$$

a) Bestimmen Sie die Schargerade für $a = -1$.

b) Ermitteln Sie, für welchen Wert von a die Schargerade g_a den Punkt P(4 | 2 | 2) enthält.

c) Ermitteln Sie, für welchen Wert von a die Schargerade g_a parallel zur yz-Ebene verläuft.

Lösung

(a) Wir setzen den Wert $a = -1$ in die Geradenschar ein:

$$g_{-1} : \vec{x} = \begin{pmatrix} 1 \\ 1 \\ 3 \end{pmatrix} + t \cdot \begin{pmatrix} -2 \\ 1 \\ -1 \end{pmatrix}, \quad t \in \mathbb{R}$$

(b) Wir setzen den Punkt P(4 | 2 | 2) in die Geradenschar g_a ein:

$$\begin{pmatrix} 4 \\ 2 \\ 2 \end{pmatrix} = \begin{pmatrix} 1 \\ 1 \\ 3 \end{pmatrix} + t \cdot \begin{pmatrix} a-1 \\ 1 \\ -1 \end{pmatrix} \Rightarrow \begin{matrix} \text{I}: & 4 & = & 1 + t(a-1) & \Rightarrow a = 4 \\ \text{II}: & 2 & = & 1 + t & \Rightarrow t = 1 \\ \text{III}: & 2 & = & 3 - t & \Rightarrow t = 1 \end{matrix}$$

(c) Die x-Koordinate des Richtungsvektors von g_a muss 0 sein. I: $a - 1 = 0 \Rightarrow a = 1$.

→ Abitur 2014/2.1a

68. Wie stelle ich eine Ebene in Parameterform auf?

Eine Ebene ist durch einen *Stützvektor* (= Ortsvektor des *Aufhängepunktes*) und zwei *Richtungsvektoren* definiert, z.B.

Stützvektor ⟶

$$E: \vec{x} = \begin{pmatrix} x_1 \\ x_2 \\ x_3 \end{pmatrix} = \begin{pmatrix} 4 \\ 0 \\ 0 \end{pmatrix} + s \cdot \begin{pmatrix} -1 \\ 1 \\ 0 \end{pmatrix} + t \cdot \begin{pmatrix} -2 \\ 2 \\ 1 \end{pmatrix}, \quad s, t \in \mathbb{R}$$

Richtungsvektor ⟶   ↖ Richtungsvektor

Jeder Kombination von (s, t) entspricht ein eigener Punkt auf der Ebene. Um eine Ebene aus gegebenen Informationen aufzustellen, müssen wir stets einen Aufhängepunkt und zwei Richtungsvektoren ermitteln.

Beispiel

Es sind die Punkte A(1 | 2 | 1), B(4 | 3 | 3), C(2 | 0 | 2) und D(7 | −3 | 5) gegeben.

a) Stellen Sie die Ebene E auf, die durch die Punkte A, B und C verläuft.

b) Entscheiden Sie rechnerisch, ob der Punkt D auf der Ebene E liegt.

c) Berechnen Sie den Spurpunkt der Ebene E mit der y-Achse.

Lösung

a)

$$\overrightarrow{AB} = \begin{pmatrix} 4 - 1 \\ 3 - 2 \\ 3 - 1 \end{pmatrix} = \begin{pmatrix} 3 \\ 1 \\ 2 \end{pmatrix}, \quad \overrightarrow{AC} = \begin{pmatrix} 2 - 1 \\ 0 - 2 \\ 2 - 1 \end{pmatrix} = \begin{pmatrix} 1 \\ -2 \\ 1 \end{pmatrix} \quad \Rightarrow \quad E_{ABC}: \vec{x} = \begin{pmatrix} 1 \\ 2 \\ 1 \end{pmatrix} + s \cdot \begin{pmatrix} 3 \\ 1 \\ 2 \end{pmatrix} + t \cdot \begin{pmatrix} 1 \\ -2 \\ 1 \end{pmatrix}$$

b) Nun setzen wir den Punkt D koordinatenweise in die Ebene ein und erhalten:

$$\begin{pmatrix} 7 \\ -3 \\ 5 \end{pmatrix} = \begin{pmatrix} 1 \\ 2 \\ 1 \end{pmatrix} + s \cdot \begin{pmatrix} 3 \\ 1 \\ 2 \end{pmatrix} + t \cdot \begin{pmatrix} 1 \\ -2 \\ 1 \end{pmatrix} \Rightarrow \begin{array}{lrcl} \text{I}: & 7 & = & 1 + 3s + t \\ \text{II}: & -3 & = & 2 + s - 2t \\ \text{III}: & 5 & = & 1 + 2s + t \end{array}$$

Wir berechnen z.B. I − III: $s = 2$. Dann setzen wir $s = 2$ in I ein und erhalten $1 + 3 \cdot 2 + t = 7 \Rightarrow t = 0$. Nun setzen wir $s = 2$ und $t = 0$ in II ein und erhalten $2 + 2 - 2 \cdot 0 = 4 \neq 3$. Somit liegt der Punkt D nicht auf der Ebene E_{ABC}.

c) Wir setzen $x = 0$ und $z = 0$ und erhalten:

$$\begin{array}{l} x = 0 \\ z = 0 \end{array} \Rightarrow \begin{array}{llcl} \text{I}: & 0 & = & 1 + 3s + t \\ \text{III}: & 0 & = & 1 + 2s + t \end{array} \Rightarrow s = 0, t = -1$$

Diese Werte setzen wir in die Ebene E ein und erhalten den Spurpunkt S(0 | 4 | 0).

→ Abitur 2016/1.2b

69. Wie stelle ich eine Ebene in Koordinatenform auf?

Die Verknüpfung

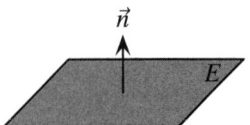

$$\vec{n} = \vec{a} \times \vec{b} = \begin{pmatrix} a_2 b_3 - a_3 b_2 \\ a_3 b_1 - a_1 b_3 \\ a_1 b_2 - a_2 b_1 \end{pmatrix}$$

heißt *Vektorprodukt (Kreuzprodukt)* und liefert einen Vektor $\vec{n}$, der senkrecht auf $\vec{a}$ und $\vec{b}$ steht.

Alle Ebenen, die senkrecht zu dem Vektor $\vec{n}$ stehen, sind in *Koordinatenform* gegeben durch:

$$E : \ n_1 x + n_2 y + n_3 z = d$$

- Zwei Ebenen sind parallel, wenn ihre Normalenvektoren Vielfache sind.

- Zwei Ebenen stehen senkrecht zueinander, wenn ihre Normalenvektoren senkrecht zueinander stehen.

- Besondere Ebenen sind:

$$1x+0y+0z = 0 \qquad 0x + 1y+0z = 0 \qquad 0x + 0y + 1z = 0$$
$$yz\text{-Ebene} \qquad\qquad xz\text{-Ebene} \qquad\qquad xy\text{-Ebene}$$

Beispiel

Es sind die Punkte A(3 | 1 | −1), B(5 | 4 | 3) und C(7 | 6 | 6) gegeben.

a) Berechnen Sie einen Vektor $\vec{n}$, der zu den Vektoren $\vec{a} = \overrightarrow{AB}$ und $\vec{b} = \overrightarrow{AC}$ senkrecht ist.

b) Die Ebene E enthält die Punkte A, B und C. Stellen Sie eine Koordinatengleichung von E auf.

c) Berechnen Sie den Spurpunkt der Ebene mit der z-Achse.

Lösung

a) Wir berechnen $\vec{a} = \overrightarrow{AB} = \begin{pmatrix} 2 \\ 3 \\ 4 \end{pmatrix}$ und $\vec{b} = \overrightarrow{AC} = \begin{pmatrix} 4 \\ 5 \\ 7 \end{pmatrix}$.

Dann gilt für den senkrechten Vektor:

$$\vec{n} = \vec{a} \times \vec{b} = \begin{pmatrix} 3 \cdot 7 - 4 \cdot 5 \\ 4 \cdot 4 - 2 \cdot 7 \\ 2 \cdot 5 - 3 \cdot 4 \end{pmatrix} = \begin{pmatrix} 1 \\ 2 \\ -2 \end{pmatrix}$$

Rechenhilfe:

```
2 ——— 4
3 ⤬ 5      = 1
4 ⤬ 7      = 2
2 ⤬ 4      = -2
3     5
4 ——— 7
```

b) Für die Ebene E gilt: $1 \cdot x + 2 \cdot y - 2 \cdot z = c$. Nun setzen wir z.B. den Punkt A ein und erhalten: $1 \cdot 3 + 2 \cdot 1 - 2 \cdot (-1) = c \Rightarrow c = 7 \Rightarrow E: x + 2y - 2z = 7$

c) Wir setzen $x = y = 0$ und erhalten: $-2z = 7 \Rightarrow z = -3{,}5 \Rightarrow$ Spurpunkt S(0 | 0 | −3,5)

→ Abitur 2014/2.1c, 2.2c, 2015/3.1b, 2016/3.1a, 2017/1.2b, 3.2c

70. Wie untersuche ich die Lage einer Gerade und einer Ebene?

- Eine Gerade und eine Ebene können auf drei verschiedene Arten zueinander liegen.
- Eine Gerade mit Richtungsvektor $\vec{v}$ und eine Ebene mit Normalenvektor $\vec{n}$ sind
  - *parallel*, wenn $\vec{v} \cdot \vec{n} = 0$;
  - *senkrecht*, wenn $\vec{v}$ und $\vec{n}$ Vielfache sind.

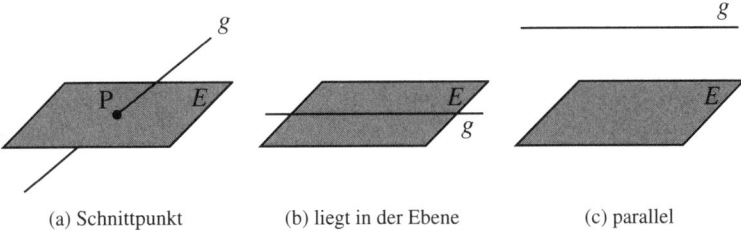

(a) Schnittpunkt   (b) liegt in der Ebene   (c) parallel

Beispiel

Berechnen Sie den Schnittpunkt der Geraden g und der Ebene E.

$$g: \vec{x} = \begin{pmatrix} 2 \\ 4 \\ -2 \end{pmatrix} + r \cdot \begin{pmatrix} 1 \\ 0 \\ 1 \end{pmatrix}, \quad E: x - 2y + 3z = 0, \quad r \in \mathbb{R}$$

Lösung

Zunächst stellen wir die einzelnen Koordinaten von g dar: $x = 2 + r$, $y = 4$, $z = -2 + r$. Diese setzen wir in E ein:

$$(2 + r) - 2 \cdot 4 + 3 \cdot (-2 + r) = 0 \Rightarrow 4r - 12 = 0 \Rightarrow r = 3$$

Dann setzen wir $r = 3$ in g ein und erhalten den Schnittpunkt P(5 | 4 | 1). Gibt es eine eindeutige Lösung für r, dann gibt es einen Schnittpunkt. Gibt es mehrere Lösungen für r, dann ist g die Schnittgerade. Ergibt sich in der Gleichungskette eine falsche Aussage, dann verlaufen g und E echt parallel.

Sind Schnittpunkte der Ebenen mit den Koordinatenachsen zu bestimmen, dann gilt:

- Spurpunkt mit der x-Achse: Wir setzen $y = z = 0$.
- Spurpunkt mit der y-Achse: Wir setzen $x = z = 0$.
- Spurpunkt mit der z-Achse: Wir setzen $x = y = 0$.

→ Abitur 2014/2.1c, 2015/3.1c, 2016/3.1d, 2017/1.2a

71. Wie berechne ich den Abstand eines Punktes zu einer Geraden?

Den Abstand eines Punktes P zu einer Geraden g berechnen wir in drei Schritten.

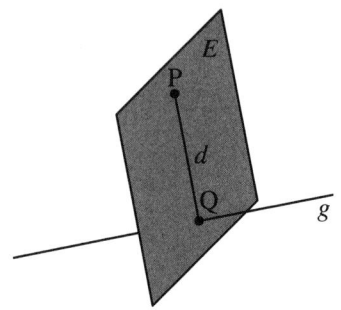

1. Wir stellen eine Ebene E auf, die auf g senkrecht steht und durch P verläuft.

2. Wir berechnen den Schnittpunkt Q der Ebene E mit der Gerade g.

3. Der Abstand ist gleich der Länge $\overline{PQ}$.

Beispiel

Berechnen Sie den Abstand des Punktes P(0 | 0 | 2) zur Geraden g: $\vec{x} = \begin{pmatrix} -2 \\ 8 \\ 9 \end{pmatrix} + t \cdot \begin{pmatrix} 2 \\ 3 \\ 2 \end{pmatrix}$.

Lösung

Wir stellen die Ebene E auf, die senkrecht zu g ist:

$$E: \ 2x + 3y + 2z = d$$

Zudem muss sie den Punkt P enthalten:

$$2 \cdot 0 + 3 \cdot 0 + 2 \cdot 2 = d \Rightarrow d = 4 \Rightarrow E: \ 2x + 3y + 2z = 4$$

Dann berechnen wir den Schnittpunkt Q der Ebene E mit der Geraden g:

$$2(-2 + 2t) + 3(8 + 3t) + 2(9 + 2t) = 4 \Rightarrow t = -2 \Rightarrow Q(-6 \,|\, 2 \,|\, 5)$$

Schließlich berechnen wir die Länge der Strecke PQ durch:

$$d(\mathrm{P}, g) = \overline{PQ} = \sqrt{(-6 - 0)^2 + (2 - 0)^2 + (5 - 2)^2} = \sqrt{49} = 7\,\mathrm{LE}$$

72. Wie berechne ich den Abstand eines Punktes/einer Geraden zu einer Ebene?

Hesse'sche Normalform E_H der Ebene E:

$$E_H: \frac{n_1}{|\vec{n}|}x + \frac{n_2}{|\vec{n}|}y + \frac{n_3}{|\vec{n}|}z - \frac{d}{|\vec{n}|} = 0$$

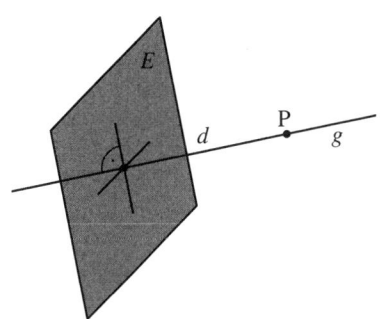

- $\vec{n}$: der Richtungsvektor einer zu E senkrechten Geraden g

- $\frac{|d|}{|\vec{n}|}$: der Abstand der Ebene vom Koordinatenursprung

Um den Abstand $d(P, E)$ eines Punktes $P(p_1 \mid p_2 \mid p_3)$ zu einer Ebene $E: n_1x + n_2y + n_3z = d$ zu ermitteln, setzen wir P in die linke Seite der Hesse'schen Normalform ein und berechnen den Betrag dieses Wertes:

$$d(P, E) = \frac{|n_1x + n_2y + n_3z - d|}{|\vec{n}|}$$

Beispiel

Es ist die Ebene $E: x - 2y + 2z = 4$ gegeben.

(a) Geben Sie die Hesse'sche Normalform der Ebene E an.

(b) Berechnen Sie den Abstand des Punktes $P(-1 \mid 3 \mid 1)$ zur Ebene E.

Lösung

(a) $|\vec{n}| = \sqrt{1^2 + (-2)^2 + 2^2} = \sqrt{9} = 3 \Rightarrow E_H: \frac{1}{3}x - \frac{2}{3}y + \frac{2}{3}z - \frac{4}{3} = 0$

(b) P in E_H einsetzen: $d = |\frac{1}{3} \cdot (-1) - \frac{2}{3} \cdot 3 + \frac{2}{3} \cdot 1 - \frac{4}{3}| = 3\,\text{LE}$

Um den Abstand einer Geraden zu einer parallelen Ebene zu bestimmen, wählen wir einfach einen Punkt auf der Geraden und bestimmen seinen Abstand zur Ebene.

$\rightarrow$ Abitur 2014/2.2c, 2015/3.1e, 2016/3.1d

73. Wie berechne ich den Abstand zweier windschiefer Geraden?

Den Abstand zweier windschiefer Geraden g und h berechnen wir in zwei Schritten.

1. Wir stellen eine Ebene E auf, die g enthält und parallel zu h verläuft.

2. Wir berechnen den Abstand des Aufhängepunktes von h zur Ebene E.

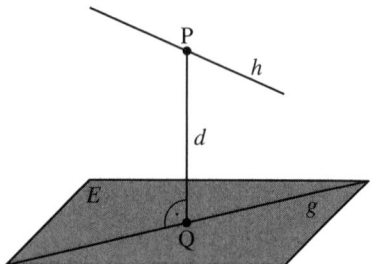

Beispiel

Berechnen Sie den Abstand der windschiefen Geraden g und h mit:

$$g:\ \vec{x} = \begin{pmatrix} 1 \\ 2 \\ 3 \end{pmatrix} + s \cdot \begin{pmatrix} 1 \\ -1 \\ -4 \end{pmatrix}, \qquad h:\ \vec{x} = \begin{pmatrix} 4 \\ -3 \\ -4 \end{pmatrix} + t \cdot \begin{pmatrix} 2 \\ 1 \\ -2 \end{pmatrix}$$

Lösung

Wir bezeichnen die Richtungsvektoren der Geraden g und h mit $\vec{u}$ und $\vec{v}$ und bestimmen die Ebene E mit Aufhängepunkt Q(1 | 2 | 3) und Richtungsvektor $\vec{n} = \vec{u} \times \vec{v}$. Diese Ebene ist zur Geraden h parallel:

$$\vec{n} = \begin{pmatrix} -1 \cdot (-2) - (-4) \cdot 1 \\ -4 \cdot 2 - 1 \cdot (-2) \\ 1 \cdot 1 - (-1) \cdot 2 \end{pmatrix} = \begin{pmatrix} 6 \\ -6 \\ 3 \end{pmatrix} \Rightarrow E: 6x - 6y + 3z = c$$

Dann setzen wir Q in E ein:

$$6 \cdot 1 - 6 \cdot 2 + 3 \cdot 3 = c \Rightarrow c = 3$$

Wir erhalten E: $6x - 6y + 3z = 3$. Nun berechnen wir

$$|\vec{n}| = \sqrt{6^2 + (-6)^2 + 3^2} = \sqrt{81} = 9$$

und erhalten:

$$E_H:\ \frac{6}{9}x - \frac{6}{9}y + \frac{3}{9}z - \frac{3}{9} = 0 \text{ bzw. } E_H:\ \frac{2}{3}x - \frac{2}{3}y + \frac{1}{3}z - \frac{1}{3} = 0$$

Schließlich bestimmen wir den Abstand des Punktes P(4 | −3 | −4) zur Ebene E:

$$d = \left| \frac{2}{3} \cdot 4 - \frac{2}{3} \cdot (-3) + \frac{1}{3} \cdot (-4) - \frac{1}{3} \right| = 3\,\text{LE}$$

74. Wie untersuche ich eine Ebenenschar?

| Ist eine Ebene von einem (Schar-)Parameter, z.B. a abhängig, so nennt man sie *Ebenenschar*. Für jeden Wert von a ergibt sich eine eigene (Schar-)Ebene.

Beispiel

Es ist die Ebenenschar E_a: $x + 2ay + (1 - a)z = 4$ gegeben. Ermitteln Sie denjenigen Wert von a, so dass

a) die Ebene den Punkt P(2 | 5 | 6) enthält.

b) die Ebene parallel zu einer Koordinatenachse verläuft.

c) die Ebene senkrecht zu dem Vektor $\vec{n} = \begin{pmatrix} 1 \\ -4 \\ 3 \end{pmatrix}$ verläuft.

Lösung

a) Wir setzen P in die Ebene ein: $2 + 2a \cdot 5 + (1 - a) \cdot 6 = 4 \Rightarrow a = -1$.

b) Genau eine Koordinate muss den Wert 0 annehmen. Dies ist für $a_1 = 0$ bzw. $a_2 = 1$ der Fall.

c) Es muss gelten:

$$\begin{pmatrix} 1 \\ 2a \\ 1-a \end{pmatrix} = k \cdot \begin{pmatrix} 1 \\ -4 \\ 3 \end{pmatrix} \Rightarrow \begin{matrix} \text{I}: & 1 & = & k & \Rightarrow k = 1 \\ \text{II}: & 2a & = & -4k & \Rightarrow a = -2 \\ \text{III}: & 1-a & = & 3k & \Rightarrow a = -2 \end{matrix}$$

→ Abitur 2015/1.2c, 2016/3.1c

95

75. Wie spiegele ich geometrische Objekte?

Wird ein Punkt $P(p_1 \mid p_2 \mid p_3)$ an einem Punkt (*Zentrum*) Z gespiegelt, dann ist der *Bildpunkt* P′ durch $\overrightarrow{OP'} = \overrightarrow{OZ} + \overrightarrow{PZ}$ gegeben. Wir sagen dann: „P und P′ sind *symmetrisch zum Zentrum Z.*"

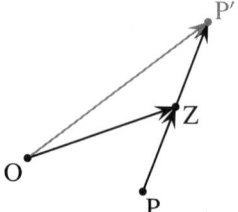

Beispiel

Der Punkt P(5 | 2 | 0) wird an einem der angegebenen geometrischen Objekte gespiegelt. Berechnen Sie die Koordinaten des Bildpunktes P′.

a) Z(3 | −2 | 6)
b) $g: \vec{x} = \begin{pmatrix} -1 \\ 5 \\ 6 \end{pmatrix} + t \cdot \begin{pmatrix} -1 \\ 2 \\ 1 \end{pmatrix}$
c) $E: 4x − 3y + z = −12$

Lösung

a) Wir berechnen:

$$\overrightarrow{OZ} = \begin{pmatrix} 3 \\ -2 \\ 6 \end{pmatrix}, \quad \overrightarrow{PZ} = \begin{pmatrix} -2 \\ -4 \\ 6 \end{pmatrix} \Rightarrow \overrightarrow{OP'} = \begin{pmatrix} 3 \\ -2 \\ 6 \end{pmatrix} + \begin{pmatrix} -2 \\ -4 \\ 6 \end{pmatrix} = \begin{pmatrix} 1 \\ -6 \\ 12 \end{pmatrix} \Rightarrow P'(1 \mid -6 \mid 12)$$

b) Wir stellen eine Ebene E auf, die senkrecht zu g liegt. $E: -x + 2y + z = c$. Zudem muss sie den Punkt P enthalten:

$$-1 \cdot 5 + 2 \cdot 2 + 0 \cdot 0 = c \Rightarrow c = -1 \Rightarrow E: \ -x + 2y + z = -1$$

Dann berechnen wir den Schnittpunkt F der Ebene E mit der Geraden g:

$$-(-1 - t) + 2(5 + 2t) + (6 + t) = -1 \Rightarrow t = -3 \Rightarrow F(2 \mid -1 \mid 3)$$

Somit erhalten wir:

$$\overrightarrow{OF} = \begin{pmatrix} 2 \\ -1 \\ 3 \end{pmatrix}, \quad \overrightarrow{PF} = \begin{pmatrix} -3 \\ -3 \\ 3 \end{pmatrix} \Rightarrow \overrightarrow{OP'} = \begin{pmatrix} 2 \\ -1 \\ 3 \end{pmatrix} + \begin{pmatrix} -3 \\ -3 \\ 3 \end{pmatrix} = \begin{pmatrix} -1 \\ -4 \\ 6 \end{pmatrix} \Rightarrow P'(-1 \mid -4 \mid 6)$$

c) Wir setzen einen allgemeinen Punkt $F_t(5 + 4t \mid 2 - 3t \mid t)$ auf der Lotgerade in die Ebene ein: $4(5 + 4t) - 3(2 - 3t) + t = -12 \Rightarrow t = -1$. Somit erhalten wir den Lotfußpunkt F(1 | 5 | −1). Dann gilt:

$$\overrightarrow{OF} = \begin{pmatrix} 1 \\ 5 \\ -1 \end{pmatrix}, \quad \overrightarrow{PF} = \begin{pmatrix} -4 \\ 3 \\ -1 \end{pmatrix} \Rightarrow \overrightarrow{OP'} = \begin{pmatrix} 1 \\ 5 \\ -1 \end{pmatrix} + \begin{pmatrix} -4 \\ 3 \\ -1 \end{pmatrix} = \begin{pmatrix} -3 \\ 8 \\ -2 \end{pmatrix} \Rightarrow P'(-3 \mid 8 \mid -2)$$

76. Wie berechne ich Winkel?

Schneiden sich

- zwei Vektoren $\vec{u}$ und $\vec{v}$, so gilt für ihren eingeschlossenen Winkel:

$$\cos \alpha = \frac{\vec{u} \cdot \vec{v}}{|\vec{u}| \cdot |\vec{v}|}, \quad \alpha \in [0°; 180°]$$

Hinweis: zwei Geraden $\rightarrow$ Richtungsvektoren, zwei Ebenen $\rightarrow$ Normalenvektoren

- eine Gerade und eine Ebene, so gilt für ihren Schnittwinkel

$$\sin \alpha = \frac{\vec{v} \cdot \vec{n}}{|\vec{v}| \cdot |\vec{n}|}, \quad \alpha \in [0°; 90°]$$

wobei $\vec{v}$ den Richtungsvektor der Geraden und $\vec{n}$ den Normalenvektor der Ebene bezeichnet.

Beispiel

Berechnen Sie den Winkel zwischen

a) den Vektoren $\vec{u} = \begin{pmatrix} -1 \\ -1 \\ 5 \end{pmatrix}$ und $\vec{v} = \begin{pmatrix} 2 \\ 0 \\ 1 \end{pmatrix}$;

b) der Geraden $g: \vec{x} = \begin{pmatrix} 3 \\ 1 \\ -1 \end{pmatrix} + t \cdot \begin{pmatrix} -2 \\ 4 \\ 5 \end{pmatrix}$ und der Ebene $E: 5x - y + z = 11$.

Lösung

a) Wir berechnen:

$$
\begin{aligned}
\vec{u} \cdot \vec{v} &= (-1) \cdot 2 + (-1) \cdot 0 + 5 \cdot 1 = 3 \\
|\vec{u}| &= \sqrt{(-1)^2 + (-1)^2 + 5^2} = \sqrt{27} \\
|\vec{v}| &= \sqrt{2^2 + 0^2 + 1^2} = \sqrt{5} \\
\cos \alpha &= \frac{3}{\sqrt{27} \cdot \sqrt{5}} \approx 0{,}27 \Rightarrow \alpha = \cos^{-1}(0{,}27) \approx 75{,}04°
\end{aligned}
$$

b) Wir ermitteln $\vec{v} = \begin{pmatrix} -2 \\ 4 \\ 5 \end{pmatrix}$ und $\vec{n} = \begin{pmatrix} 5 \\ -1 \\ 1 \end{pmatrix}$. Dann berechnen wir:

$$
\begin{aligned}
\vec{v} \cdot \vec{n} &= (-2) \cdot 5 + 4 \cdot (-1) + 5 \cdot 1 = -9 \\
|\vec{v}| &= \sqrt{(-2)^2 + 4^2 + 5^2} = \sqrt{45} \\
|\vec{n}| &= \sqrt{5^2 + (-1)^2 + 1^2} = \sqrt{27} \\
\sin \alpha &= \frac{9}{\sqrt{45} \cdot \sqrt{27}} \approx 0{,}27 \Rightarrow \alpha = \sin^{-1}(0{,}27) \approx 14{,}96°
\end{aligned}
$$

$\rightarrow$ Abitur 2014/2.1b, 2.2bd, 2015/3.1c, 2016/3.1ab, 2017/3.1b, 3.2a

77. Wie berechne ich Flächen- und Volumeninhalte?

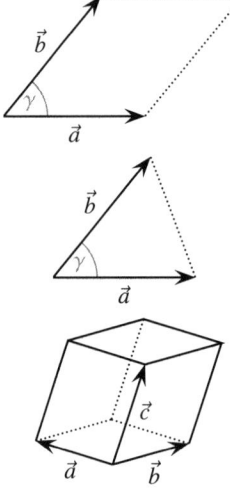

- Fläche eines Parallelogramms:

$$A = |\vec{a} \times \vec{b}| = |\vec{a}| \cdot |\vec{b}| \cdot \sin \gamma$$

- Fläche eines Dreiecks:

$$A = \frac{1}{2} \cdot |\vec{a} \times \vec{b}| = \frac{1}{2} \cdot |\vec{a}| \cdot |\vec{b}| \cdot \sin \gamma$$

- Volumen eines Spats:

$$A = |(\vec{a} \times \vec{b}) \cdot \vec{c}|$$

- Volumen einer dreiseitigen Pyramide:

$$A = \frac{1}{6} \cdot |(\vec{a} \times \vec{b}) \cdot \vec{c}|$$

Beispiel

Es sind die beiden Vektoren $\vec{a} = \begin{pmatrix} 2 \\ 3 \\ 4 \end{pmatrix}$ und $\vec{b} = \begin{pmatrix} 4 \\ 5 \\ 7 \end{pmatrix}$ gegeben. Berechnen Sie den Flächeninhalt des von den Vektoren $\vec{a}$ und $\vec{b}$ aufgespannten Parallelogramms.

Lösung

Wir berechnen zuerst $\vec{a} \times \vec{b} = \begin{pmatrix} 3 \cdot 7 - 4 \cdot 5 \\ 4 \cdot 4 - 2 \cdot 7 \\ 2 \cdot 5 - 3 \cdot 4 \end{pmatrix} = \begin{pmatrix} 1 \\ 2 \\ -2 \end{pmatrix}$. Dann erhalten wir:

$$A = |\vec{a} \times \vec{b}| = \sqrt{1^2 + 2^2 + (-2)^2} = \sqrt{9} = 3 \, \text{FE}$$

→ Abitur 2014/2.1b, 2017/1.2a

Teil II.

Originale Abituraufgaben

Zentrale schriftliche Abiturprüfung 2014

Mathematik

Kurs auf erhöhtem Anforderungsniveau

				Aufgaben ab Seite	Lösungen ab Seite
mit Hilfsmittel	Teil 1	1 von 2	1.1 Analysis (Hosentasche)	104	141
			1.2 Analysis (Optikerlogo)	106	146
	Teil 2	1 von 2	2.1 Analytische Geometrie (Installation)	107	151
			2.2 Analytische Geometrie (Skigebiet)	108	155
	Teil 3	1 von 2	3.1 Stochastik (Abstandsspiel)	109	159
			3.2 Stochastik (Förderverein)	111	163

Zugelassene Hilfsmittel: Nachschlagewerk zur Rechtschreibung der deutschen Sprache

Formelsammlung, die an der Schule eingeführt ist

Taschenrechner, die nicht programmierbar und nicht grafikfähig sind und nicht über die Möglichkeiten der numerischen Differenziation oder Integration oder dem automatisierten Lösen von Gleichungen verfügen.

Gesamtbearbeitungszeit: 270 Minuten inklusive Lese- und Auswahlzeit

90 Minuten pro Aufgabenteil

Analysis: Wählen Sie eine der beiden Aufgaben 1.1 **oder** 1.2 zur Bearbeitung aus.

Analytische Geometrie: Wählen Sie eine der beiden Aufgaben 2.1 **oder** 2.2 zur Bearbeitung aus.

Stochastik: Wählen Sie eine der beiden Aufgaben 3.1 **oder** 3.2 zur Bearbeitung aus.

1.1 Analysis (Hosentasche)

Gegeben ist die Funktionsschar f_a mit $f_a(x) = (ax + 1)e^{-ax}$; $x \in \mathbb{R}$; $a \in \mathbb{R}$.
Die Graphen dieser Funktionsschar f_a sind G_a.

a) 3 BE. Ermitteln Sie die Nullstellen von f_a in Abhängigkeit von a. ⑧
   Bestimmen Sie den Wert des Parameters a, für den die Scharfunktion keine Nullstelle ㉒
   hat, und geben Sie die zugehörige Funktionsgleichung an. ㊱

b) 4 BE. Geben Sie das Verhalten der Funktionswerte von f_a für $x \to +\infty$ und $x \to -\infty$ in ㉑
   Abhängigkeit von a ($a \neq 0$) an.

c) 10 BE. Weisen Sie nach, dass alle Graphen G_a ($a \neq 0$) den lokalen Extrempunkt E(0 | 1) ⑦
   haben. Ohne Herleitung dürfen Sie verwenden: $f_a''(x) = e^{-ax}(a^3 x - a^2)$. ㉝
   Alle Wendepunkte der Graphen G_a ($a \neq 0$) liegen auf einem parallel zur x-Achse verlau- ㉞
   fenden Graphen einer Funktion g. Geben Sie die Funktionsgleichung von g an. Auf die
   Untersuchung der hinreichenden Bedingung kann verzichtet werden.

d) 3 BE. Zeigen Sie, dass $F_a(x) = \left(-x - \frac{2}{a}\right) \cdot e^{-ax}$; $x \in \mathbb{R}$; $a \in \mathbb{R}$; $a \neq 0$ eine Stammfunktion ㉔
   von f_a ist. ㊵

e) 15 BE. In der Anlage sind zwei Graphen der Funktionsschar f_a dargestellt. ⑲
   Begründen Sie, dass es sich dabei um die Graphen G_2 und G_{-2} handelt und beschriften ㊱
   Sie die Graphen in der Anlage. ㊶
   Eine Bekleidungsfirma möchte Gesäßtaschen von Jeans wie unten abgebildet besticken. ㊷
   Zur Modellierung des Motivs werden die Graphen G_2 und G_{-2} genutzt (vgl. Anlage). Der
   untere Rand des Motivs soll ebenfalls durch 2 Graphen dargestellt werden, so dass die x-
   bzw. y-Achse Symmetrieachsen des Motivs sind. Geben Sie jeweils eine Funktionsgleichung an und zeichnen Sie die Graphen möglichst vollständig in der Anlage.
   Der in der Abbildung schraffiert dargestellte Teil des Motivs soll bestickt werden. Berechnen Sie die Größe dieser Fläche im Intervall $[-3; 3]$.

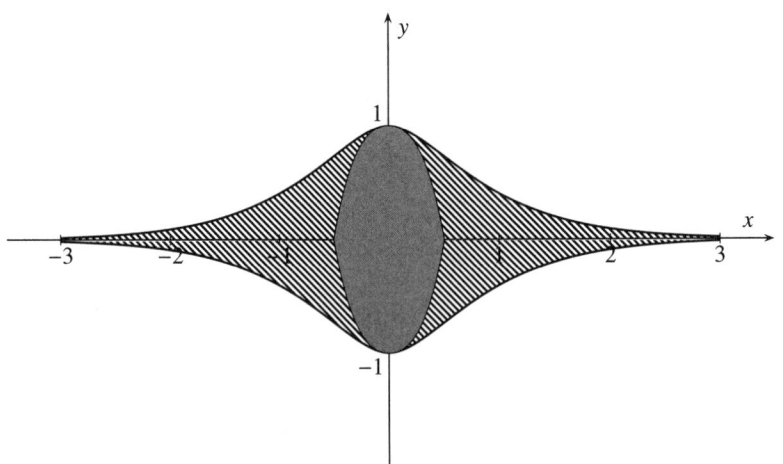

Abbildung zu den Teilaufgaben e) und f)

f) 5 BE. Der Teil der in der Abbildung grau gefärbten Fläche, der oberhalb der x-Achse ⑪
liegt, soll nun durch den Graphen einer quadratischen Funktion p mit der Gleichung ㉚
$p(x) = -bx^2 + c$ $(b, c \in \mathbb{R})$ so dargestellt werden, dass die Größe dieser Teilfläche unverändert $(e - 2)$ FE beträgt. Der lokale Extrempunkt bleibt der Punkt E(0 | 1). Ermitteln Sie den Wert für c und stellen Sie eine Gleichung auf, aus der b berechnet werden kann.

→ Lösungen ab Seite 141

Anlage zu Aufgabe 1.1: Hosentasche

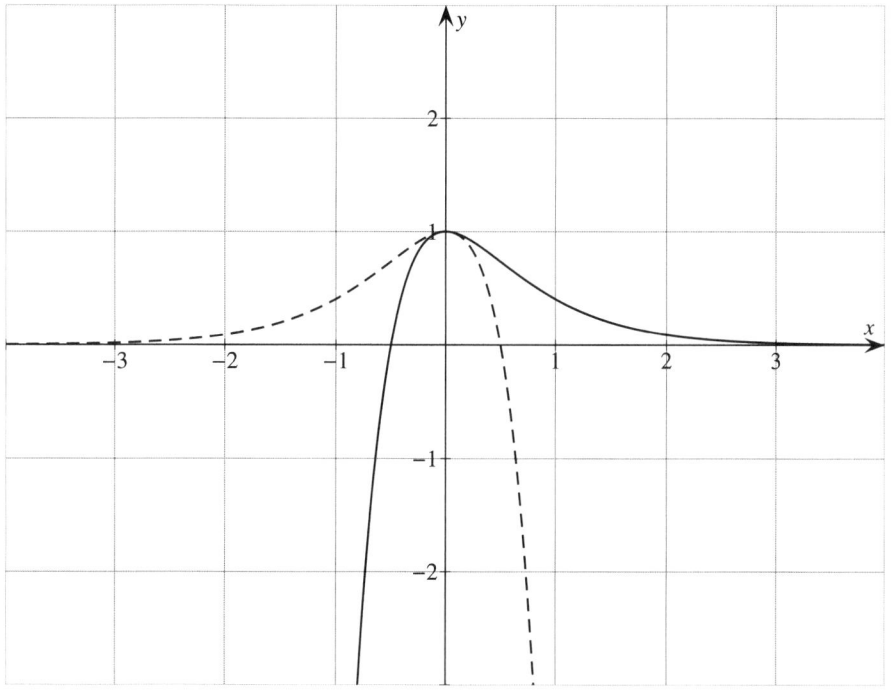

1.2 Analysis (Optikerlogo)

Gegeben sind die Funktionen f_a mit der Gleichung $f_a(x) = \sqrt{ax} - \frac{1}{2}x^2$; $a \in \mathbb{R}$; $a > 0$.
Die Graphen dieser Funktionen sind G_a.

a) 8 BE. Geben Sie den Definitionsbereich sowie das Verhalten der Funktionswerte von f_a für $x \to +\infty$ an. Jede Funktion f_a besitzt genau zwei Nullstellen. Berechnen Sie diese. $\boxed{8}$ $\boxed{17}$

b) 14 BE. Zeigen Sie, dass die Ableitungsfunktionen f'_a die Gleichung $\boxed{21}$ $\boxed{22}$

$$f'_a(x) = \frac{a}{2\sqrt{ax}} - x$$

$\boxed{24}$ $\boxed{33}$ $\boxed{36}$

haben.
Begründen Sie, dass ein möglicher lokaler Extrempunkt von G_a immer ein Hochpunkt des Graphen ist.
Bestimmen Sie für $a = 4$ die Koordinaten des zugehörigen Hochpunktes.

c) 5 BE. Es existiert genau ein Graph G_a, dessen Tangente im Punkt $(1 \mid f_a(1))$ mit den beiden Koordinatenachsen ein gleichschenkliges Dreieck einschließt. Ermitteln Sie den zugehörigen Parameterwert a. $\boxed{26}$ $\boxed{36}$

d) 8 BE. Ein Optiker hat eine Werbefirma damit beauftragt, ein Logo für sein Geschäft anzufertigen. Die Werbefirma hat ein brillenähnliches Logo entworfen, für das sie unter anderem im Intervall $[0; 2]$ den Graphen G_2 und im Intervall $[0; 3]$ den durch Spiegelung von G_2 an der x-Achse entstehenden Graphen K verwendet hat (siehe Abbildung). Geben Sie eine Gleichung für die zu K gehörende Funktion k an. Berechnen Sie die von G_2 und K im I. und IV. Quadranten eingeschlossene Fläche, die einem Brillenglas entspricht, und geben Sie diese in Quadratmetern an (1 LE = 0,5 m). $\boxed{5}$ $\boxed{19}$ $\boxed{41}$ $\boxed{42}$

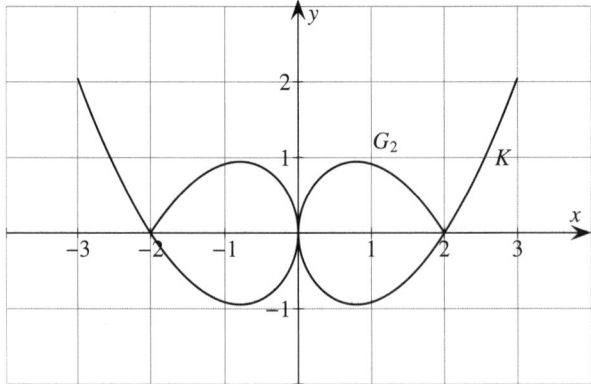

e) 5 BE. Bestimmen Sie die Gleichungen der beiden Funktionen, deren Graphen im Intervall $[-3; 0]$ bzw. $[-2; 0]$ das Logo zu einer symmetrischen „Brille" vervollständigen. Begründen Sie am Beispiel von G_2 und K, dass die modellhaften „Brillengläser" im Koordinatenursprung keinen „Knick" haben, das heißt, dass die Graphen im Übergangspunkt eine gemeinsame Tangente besitzen. $\boxed{19}$ $\boxed{21}$

→ Lösungen ab Seite 146

2.1 Analytische Geometrie (Installation)

Ein Künstler bereitet für eine Ausstellung im Freien eine Installation vor. Dafür hat er fünf verschieden große, dreieckige Segeltücher hergestellt. In den Punkten A(5 | 3 | 1) und B(−3 | 7 | 9) des Geländes sollen jeweils zwei Ecken aller fünf Segeltücher befestigt werden. Die jeweils dritte Ecke der fünf Segeltücher soll in verschiedenen Punkten der Schar $C_k(2 + k \mid -3 + 4k \mid 10 - k)$ mit $k \in \mathbb{R}$ so angebracht werden, dass die Tücher straff gespannt sind und fünf ebene Dreiecke bilden. Um die dritte Ecke der Tücher jeweils im Punkt C_k zu befestigen, wird ein Seil gespannt. Dieses Seil wird durch die Gerade g beschrieben (s. Abb.). Es gilt: 1 m = 1 LE.

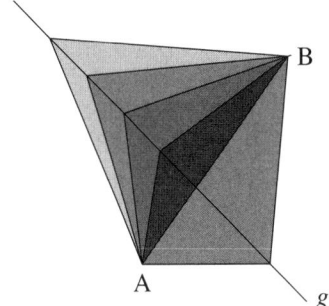

Abb.: Ansicht der Installation von oben
(nicht maßstabsgetreu)

a) 6 BE. Geben Sie eine Gleichung für g, auf der alle Punkte C_k liegen, an. [64]
   Zeigen Sie, dass die Gerade durch A und B und die Gerade g windschief sind.

b) 10 BE. Ein Segeltuch wird in A, B und im Punkt C_0 befestigt. [61]
   Zeigen Sie, dass dieses Segeltuch die Form eines gleichschenkligen Dreiecks hat. [76]
   Bestimmen Sie die Größe der Basiswinkel. [77]
   Berechnen Sie die Fläche des Segeltuchs in m^2.

c) 6 BE. In der Ebene, zu der A und B symmetrisch liegen, sollen Stahlschnüre zwischen [69]
   den Segeltüchern gespannt werden. An den Stahlschnüren sind farbige Strahler befestigt, [70]
   um die Segeltücher abends anzuleuchten. [75]
   Geben Sie eine Gleichung der Ebene E, in der die Stahlschnüre liegen, in Koordinatenform an.
   Zeigen Sie, dass alle Stahlschnüre am Seil aus Aufgabe a) befestigt werden können.

d) 3 BE. Begründen Sie, dass alle fünf Segeltücher die Form eines gleichschenkligen Dreiecks haben. [75]

e) 5 BE. Bestimmen Sie die Koordinaten des Punktes C_k, an dem das Segeltuch mit der [39]
   kleinstmöglichen Fläche befestigt werden müsste. [77]

→ Lösungen ab Seite 151

2.2 Analytische Geometrie (Skigebiet)

In einem Skigebiet werden die Pisten und Wege in den betrachteten Abschnitten als geradlinig verlaufend sowie Objekte als Punkte angenommen. Es gilt 1 LE = 100 m.
Zwei Skipisten werden durch Teile der Geraden g und h modelliert.
Die Gerade g hat die Gleichung

$$\vec{x} = \begin{pmatrix} -2 \\ 11 \\ 15 \end{pmatrix} + r \begin{pmatrix} -2 \\ -2 \\ -1 \end{pmatrix}; \quad r \in \mathbb{R}.$$

Die Gerade h verläuft durch die Punkte $P_1(-2 \mid 8 \mid 13{,}5)$ und $P_2(-4 \mid 12 \mid 15{,}5)$. Zwischen der Bezeichnung von Gerade und entsprechender Piste wird nicht unterschieden. Im Punkt $K(0 \mid 7 \mid 15{,}75)$ ist eine Kamera installiert, die Bilder vom Skigebiet sendet.

a) 5 BE. Geben Sie eine Gleichung für die Gerade h an. Beide Geraden treffen in einem $\boxed{64}$
Punkt Q aufeinander. Berechnen Sie die Koordinaten dieses Punktes Q. $\boxed{66}$

b) 8 BE. Ein Skifahrer startet im Punkt P_2 und fährt die Piste h hinunter. Nach 20 Sekunden $\boxed{5}$
passiert er den Punkt $P_3(-3{,}5 \mid 11 \mid 15)$. Zeigen Sie, dass P_3 auf der Piste h liegt. Berech- $\boxed{64}$
nen Sie die durchschnittliche Geschwindigkeit, mit der er in den letzten 20 Sekunden $\boxed{74}$
unterwegs war. Bestimmen Sie die Größe des Neigungswinkels der Piste h gegenüber
einer horizontalen Ebene.

c) 9 BE. Ermitteln Sie eine Koordinatengleichung der Ebene E, in der die Pisten g und h $\boxed{69}$
liegen. [Zur Kontrolle: $E : -y + 2z = 19$] $\boxed{70}$
Weisen Sie nach, dass die geradlinige Bahn $\boxed{72}$

$$b : \vec{x} = \begin{pmatrix} -3{,}75 \\ 12 \\ 15{,}75 \end{pmatrix} + m \begin{pmatrix} 5 \\ 2 \\ 1 \end{pmatrix}; \quad m \in \mathbb{R}$$

eines Skilifts parallel zu E verläuft. Berechnen Sie den Abstand des Skilifts zur Ebene E.

d) 4 BE. Die Kamera im Punkt K hat bei einem Schwenk über das Skigebiet zu zwei ver- $\boxed{76}$
schiedenen Zeitpunkten die Punkte P_1 und P_2 erfasst.
Berechnen Sie die Größe des Winkels P_1KP_2.

e) 4 BE. Zur Beschneiung der Pisten g und h soll in einem Punkt S eine Schneekanone auf- $\boxed{59}$
gestellt werden. S soll neben den Pisten in der Ebene E aus Teilaufgabe c) liegen und zu $\boxed{61}$
beiden Pisten den gleichen Abstand haben.
Beschreiben Sie einen Lösungsweg zur Ermittlung der Koordinaten eines möglichen
Punktes S.

→ Lösungen ab Seite 155

3.1 Stochastik (Abstandsspiel)

Nebenstehend sind die Netze zweier Würfel W_1 und W_2 abgebildet. W_1 ist ein üblicher Laplace-Würfel, W_2 ist durch Neubeschriftung aus einem solchen entstanden. Das Abstandsspiel hat folgende Regeln:

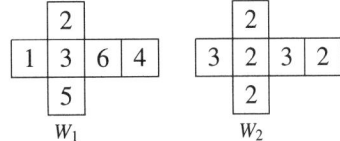

- Einer der beiden Würfel wird zweimal geworfen.

- Es wird die Differenz der beiden Würfelergebnisse so gebildet, dass sie nicht negativ ist.

- Diese Zahl – also der Abstand der Würfelergebnisse – ist das Ergebnis des Spiels.

Beispiele:

„2" und „6" gewürfelt, Ergebnis: $6 - 2 = 4$ (der Abstand von 2 und 6);

„2" und „2" gewürfelt, Ergebnis: $2 - 2 = 0$ (der Abstand von 2 und 2).

a) 10 BE. Bestimmen Sie sowohl für den Würfel W_1 als auch für den Würfel W_2 die Wahrscheinlichkeiten der folgenden Ereignisse bei diesem Abstandsspiel: 46

A: Das Ergebnis beträgt 0.

B: Das Ergebnis ist ungerade. (Hinweis: Null ist eine gerade Zahl.)

[*Zur Kontrolle*: Für den Würfel W_1 gilt $P(A) = \frac{1}{6}$, für W_2 gilt $P(A) = \frac{5}{9}$.]

b) 2 BE. René spielt mit dem Würfel W_2. Er würfelt einen Pasch (d.h., beide Würfel zeigen die gleiche Augenzahl), erzielt also das Ergebnis 0. 46 51
Marie spielt mit W_1. Bestimmen Sie die Wahrscheinlichkeit dafür, dass sie bei diesem Abstandsspiel ein größeres Ergebnis als René erzielt.

c) 6 BE. Mit dem Würfel W_1 wird zehnmal das Abstandsspiel gespielt. 53 54
Bestimmen Sie die Wahrscheinlichkeit der folgenden beiden Ereignisse:

C: Das Ergebnis 0 ergibt sich genau fünfmal.

D: Das Ergenis 0 ergibt sich mindestens dreimal.

d) 4 BE. Bestimmen Sie die Mindestanzahl der Spiele, die mit W_1 durchgeführt werden müssen, damit mit einer Wahrscheinlichkeit von über 99% das Ergebnis 0 mindestens einmal erzielt wird. 49

e) 4 BE. René ergreift zufällig einen der beiden Würfel und spielt einmal das Abstandsspiel. Das Ergebnis ist 0. Bestimmen Sie unter dieser Bedingung die Wahrscheinlichkeit dafür, dass er den Würfel W_1 gegriffen hat. 51

f) 4 BE. Auf einer bestimmten Anzahl der Seiten des Würfels W_1, auf denen nicht „6" steht, wird die Aufschrift mit „0" überschrieben. Mit diesem neuen Würfel W_1 wird fünfmal das Abstandsspiel gespielt. Die Wahrscheinlichkeit dafür, dass dann für die Differenz der gewürfelten Augenzahlen nicht ein einziges Mal das Ergebnis 6 erreicht wird, beträgt ungefähr 40%. 48 53 54
Bestimmen Sie die Anzahl der überschriebenen Seiten.

→ Lösungen ab Seite 159

Anlage zur Aufgabe 3.1: „Abstandsspiel"

Summierte Binomialverteilung

Gerundet auf vier Nachkommastellen, weggelassen ist „0", alle freien Plätze enthalten 1,0000. Wird die Tabelle „von unten" gelesen ($p > 0,5$), ist der richtige Wert 1− (abgelesener Wert).

n	k	0,05	0,10	$\frac{1}{6}$	0,20	0,25	0,30	$\frac{1}{3}$	0,40	0,45	0,50	k	n
5	0	7738	5905	4019	3277	2373	1681	1317	0778	0503	0313	4	5
	1	9774	9185	8038	7373	6328	5282	4609	3370	2562	1875	3	
	2	9988	9914	9645	9421	8965	8369	7901	6826	5931	5000	2	
	3		9995	9967	9933	9844	9692	9547	9130	8688	8125	1	
	4			9999	9997	9990	9976	9959	9898	9815	9688	0	
10	0	5987	3487	1615	1074	0563	0282	0173	0060	0025	0010	9	10
	1	9139	7361	4845	3758	2440	1493	1040	0464	0233	0107	8	
	2	9885	9298	7752	6778	5256	3828	2991	1673	0996	0547	7	
	3	9990	9872	9303	8791	7759	6496	5593	3823	2660	1719	6	
	4	9999	9984	9845	9672	9219	8497	7869	6331	5044	3770	5	
	5		9999	9976	9936	9803	9527	9234	8338	7384	6230	4	
	6			9997	9991	9965	9894	9803	9452	8980	8281	3	
	7				9999	9996	9984	9966	9877	9726	9453	2	
	8						9999	9996	9983	9955	9893	1	
	9								9999	9997	9990	0	
15	0	4633	2059	0649	0352	0134	0047	0023	0005	0001	0000	14	15
	1	8290	5490	2596	1671	0802	0353	0194	0052	0017	0005	13	
	2	9638	8159	5322	3980	2361	1268	0794	0271	0107	0037	12	
	3	9945	9444	7685	6482	4613	2969	2092	0905	0424	0176	11	
	4	9994	9873	9102	8358	6865	5155	4041	2173	1204	0592	10	
	5	9999	9978	9726	9389	8516	7216	6184	4032	2608	1509	9	
	6		9997	9934	9819	9434	8689	7970	6098	4522	3036	8	
	7			9987	9958	9827	9500	9118	7869	6535	5000	7	
	8			9998	9992	9958	9848	9682	9050	8182	6964	6	
	9				9999	9992	9963	9915	9662	9231	8491	5	
	10					9999	9993	9982	9907	9745	9408	4	
	11						9999	9997	9981	9937	9824	3	
	12								9997	9989	9963	2	
	13									9999	9995	1	
20	0	3585	1216	0261	0115	0032	0008	0003	0000	0000	0000	19	20
	1	7358	3917	1304	0692	0243	0076	0033	0005	0001	0000	18	
	2	9245	6769	3287	2061	0913	0355	0176	0036	0009	0002	17	
	3	9841	8670	5665	4114	2252	1071	0604	0160	0049	0013	16	
	4	9974	9568	7687	6296	4148	2375	1515	0510	0189	0059	15	
	5	9997	9887	8982	8042	6172	4164	2972	1256	0553	0207	14	
	6		9976	9629	9133	7858	6080	4793	2500	1299	0577	13	
	7		9996	9887	9679	8982	7723	6615	4159	2520	1316	12	
	8		9999	9972	9887	9591	8867	8095	5956	4143	2517	11	
	9			9994	9972	9861	9520	9081	7553	5914	4119	10	
	10			9999	9994	9961	9829	9624	8725	7507	5881	9	
	11				9999	9991	9949	9870	9435	8692	7483	8	
	12					9998	9987	9963	9790	9420	8684	7	
	13						9997	9991	9935	9786	9423	6	
	14							9998	9984	9936	9793	5	
	15								9997	9985	9941	4	
	16									9997	9987	3	
	17										9998	2	
n	k	0,95	0,90	$\frac{5}{6}$	0,80	0,75	0,70	$\frac{2}{3}$	0,60	0,55	0,50	k	n

110

3.2 Stochastik (Förderverein)

Der Förderverein einer Schule besteht zu 80% aus Eltern, zu 15% aus Lehrkräften und zu 5% aus Vertretern von Betrieben der Stadt.

a) 8 BE. Die langjährige Erfahrung zeigt, dass 15% der Eltern, 10% der Lehrkräfte und 90% [51] der Betriebe dem Förderverein einmal im Jahr eine Spende zukommen lassen.
   Bestimmen Sie die Wahrscheinlichkeit der folgenden Ereignisse:

   A: Ein zufällig ausgewähltes Mitglied des Fördervereins hat eine Spende geleistet.

   B: Ein zufällig ausgewähltes Mitglied ist Lehrkraft und hat keine Spende geleistet.

   Von einem zufällig ausgewählten Mitglied ist bekannt, dass es zu den Spendern gehört.
   Bestimmen Sie die Wahrscheinlichkeit dafür, dass es ein Elternteil ist.

b) 4 BE. Eine weitere Einnahmequelle des Fördervereins ist das an zwei Abenden stattfin- [50] dende Sommerkonzert. An der Pausenversorgung sind insgesamt 20 Personen beteiligt, davon 15 Schüler/innen und 5 Eltern. Die Helfer teilen sich auf die beiden Abende zu je einer Gruppe von 10 Personen auf. Diese Aufteilung erfolgt zufällig.
   Bestimmen Sie die Wahrscheinlichkeit dafür, dass am ersten Abend 8 Schüler und 2 Eltern zusammenarbeiten.

Während der Pause werden Getränke und Speisen ange-
boten. Die Preise werden mithilfe eines Spiels festgelegt.
Dazu wird ein Tetraeder, dessen Aufschriften sich aus
dem abgebildeten Netz ergeben, zweimal geworfen. Die
Zahl auf der Tetraederseite, die unten liegt und die man
nicht sieht, gilt als die geworfene. Der Preis ergibt sich
aus dem Produkt der beiden geworfenen Augenzahlen in
Euro.

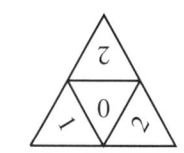

Abb.: Netz des Tetraeders

c) 8 BE. Die Zufallsgröße X gibt die Höhe der mit dem Tetraeder festgelegten Preise an. [46]
   Die Wahrscheinlichkeitsverteilung der Zufallsgröße X ist z.T. in der Tabelle vorgegeben. [53]

x_i in Euro	0	1	
$P(X = x_i)$	$\frac{7}{16}$	$\frac{1}{16}$	

   Weisen Sie die Richtigkeit der vorgegebenen Werte in der Tabelle nach und vervollstän-
   digen Sie die Tabelle.
   Untersuchen Sie, ob die zu erwartenden Einnahmen pro Spiel im Mittel höher als zwei
   Euro sind.

d) 6 BE. Bestimmen Sie die Wahrscheinlichkeit für folgende Ereignisse: [53]

   D: Unter zehn zufällig ausgewählten Mitspielern befindet sich genau einer, der nichts [54] bezahlen muss.

   E: Unter zehn zufällig ausgewählten Mitspielern befindet sich höchstens einer, der einen Euro bezahlen muss.

e) 4 BE. Ermitteln Sie die Wahrscheinlichkeit des folgenden Ereignisses: [50]

   F: Unter 10 zufällig ausgewählten Mitspielern befinden sich genau drei, die nichts [53] bezahlen müssen, und genau zwei, die genau einen Euro bezahlen müssen. [54]

→ Lösungen ab Seite 163

Zentrale schriftliche Abiturprüfung 2015

Mathematik

Kurs auf erhöhtem Anforderungsniveau

				Aufgaben ab Seite	Lösungen ab Seite
mit Hilfsmittel	Teil 1	1 von 1	1. Aufgaben zum hilfsmittelfreien Teil	114	167
	Teil 2	1 von 2	2.1 Analysis (Skateboardanlage)	116	172
			2.2 Analysis (Designersessel)	117	177
	Teil 3	1 von 2	3.1 Analytische Geometrie (Campingzelt)	118	182
			3.2 Stochastik (Vorsorgemuffel)	119	186

Zugelassene Hilfsmittel
für Teil 2 und 3:   Nachschlagewerk zur Rechtschreibung der deutschen Sprache

für Teil 2 und 3:   Formelsammlung, die an der Schule eingeführt ist

für Teil 2 und 3:   Taschenrechner, die nicht programmierbar und nicht grafikfähig sind und nicht über die Möglichkeiten der numerischen Differenziation oder Integration oder dem automatisierten Lösen von Gleichungen verfügen.

Gesamtbearbeitungszeit: 270 Minuten inklusive Lese- und Auswahlzeit

Teil 1: höchstens 75 Minuten (frühere Abgabe möglich)

Teil 2 und 3: 195 Minuten

Hilfsmittelfreier Teil: Keine Auswahl möglich. Erst nach Abgabe des hilfsmittelfreien Teils bekommen die Prüflinge die weiteren Aufgaben und dürfen die dann zugelassenen Hilfsmittel verwenden.

Analysis: Wählen Sie eine der beiden Aufgaben 2.1 **oder** 2.2 zur Bearbeitung aus.

Analytische Geometrie/ Stochastik: Wählen Sie eine der beiden Aufgabenthemen 3.1 **oder** 3.2 zur Bearbeitung aus.

1. Aufgaben zum hilfsmittelfreien Teil

Teil 1 – Analysis

a) 2 BE. Im Bild sind die Graphen G_1 und G_2 dargestellt. Einer der beiden ist der Graph einer Funktion f, der andere der Graph der zugehörigen Ableitungsfunktion f'.
Geben Sie an, welcher der beiden Graphen die
Ableitungsfunktion zeigt und begründen Sie Ihre
Entscheidung. ⟨44⟩

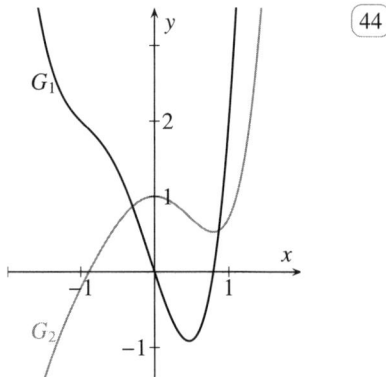

b) 3 BE. Ermitteln Sie diejenige Stammfunktion der Funktion f mit $f(x) = -2e^{2x} + 1$, deren ⟨40⟩
Graph die y-Achse im Punkt $S_y(0 \mid 5)$ schneidet.

c) 5 BE. Aus einem 20 Meter langen Draht soll das Kantenmodell eines Quaders mit qua- ⟨12⟩
dratischer Grundfläche hergestellt werden. Die Seitenlänge der Quadrate ist a. ⟨39⟩
Stellen Sie eine Funktion in Abhängigkeit von a auf, mit der man das Volumen des Quaders ermitteln kann. Geben Sie den Definitionsbereich für diese Funktion an.

Teil 2 – Analytische Geometrie und Lineare Algebra

a) 2 BE. Gegeben sind die Punkte $P(1 \mid -2 \mid 1)$, $Q(2 \mid -3 \mid -1)$ und $R(-1 \mid 4 \mid 2)$. ⟨64⟩
Geben Sie eine Gleichung der Geraden g an, die durch den Punkt R und parallel zur
Geraden durch die Punkte P und Q verläuft.

b) 4 BE. Ermitteln Sie zwei Vektoren $\vec{b}$ und $\vec{c}$, sodass gilt: ⟨63⟩
⟨69⟩
Je zwei der drei Vektoren $\vec{a} = \begin{pmatrix} 2 \\ 3 \\ -1 \end{pmatrix}$, $\vec{b}$ und $\vec{c}$ sind orthogonal zueinander.

c) 4 BE. E_m ist die mittelparallele Ebene, die alle Punkte enthält, die zu den beiden Ebenen ⟨60⟩
$E_1 : 2x + 3y - 4z = d_1$ und $E_2 : 2x + 3y - 4z = d_2$ den gleichen Abstand haben. ⟨69⟩
Weisen Sie nach, dass E_m die Gleichung $2x + 3y - 4z = \frac{d_1 + d_2}{2}$ mit $d_1, d_2 \neq 0$ hat. ⟨74⟩

Teil 3 – Stochastik

a) 3 BE. Bei einem Multiple-Choice-Test sollen 4 Fragen durch Ankreuzen beantwortet ⟨46⟩
werden. Es gibt stets 4 Antwortmöglichkeiten, von denen genau eine richtig ist.
Bestimmen Sie die Wahrscheinlichkeit dafür, dass jemand durch willkürliches Raten alle
Antworten richtig angekreuzt hat.

b) 4 BE. Vervollständigen Sie die gegebene Vierfeldertafel und geben Sie die folgenden ⟨51⟩
Wahrscheinlichkeiten an: $P(\overline{A} \cap B)$ und $P_A(B)$.

	A	$\overline{A}$	
B	0,25		0,8
$\overline{B}$		0,15	

c) 3 BE. Ein fairer Würfel wird insgesamt 20-mal geworfen. Die Zufallsgröße X beschreibt ⑤⓪
die Anzahl der Würfe, bei denen eine gerade Zahl erscheint. Es gelte $P(X = 3) = w$. ⑤③
Geben Sie an, für welchen Wert dieser Zufallsgröße die Wahrscheinlichkeit ebenfalls w ⑤④
beträgt und begründen Sie Ihre Entscheidung.

→ Lösungen ab Seite 167

2.1 Analysis (Skateboardanlage)

Gegeben ist die Funktionsschar f_a mit $f_a(x) = (ax + 1)e^{-x+a}$; $x \in \mathbb{R}$; $a \in \mathbb{R}$; $a \geq 0$.
Die zugehörigen Graphen sind G_a.

a) 8 BE. Bestimmen Sie die Koordinaten der Schnittpunkte von G_a mit den Koordinatenachsen. Geben Sie das Verhalten der Funktionswerte von f_a für $x \to +\infty$ und $x \to -\infty$ in Abhängigkeit von a an. ⑧ ㉑ ㉒

b) 7 BE. Für f_a gilt: Wenn ein Graph der Funktionsschar f_a für $a > 0$ in einem Punkt H_a eine zur x-Achse parallele Tangente besitzt, dann ist dieser Punkt ein lokaler Hochpunkt von G_a. (Das dürfen Sie ohne Nachweis verwenden.)
Bestimmen Sie unter dieser Voraussetzung die Koordinaten von H_a.
[Kontrollergebnis: $f_a'(x) = e^{-x+a}(-ax + a - 1)$] ㊱ ㉔ ㉝

c) 9 BE. Der Graph G_0 schließt mit den beiden Koordinatenachsen und der Geraden $x = 2$ eine Fläche ein, die dem Querschnitt einer Skateboardrampe entspricht. Der Betreiber der Skateboardanlage möchte auf dieser Querschnittsfläche ein dreieckiges Firmenlogo anbringen. ㊴

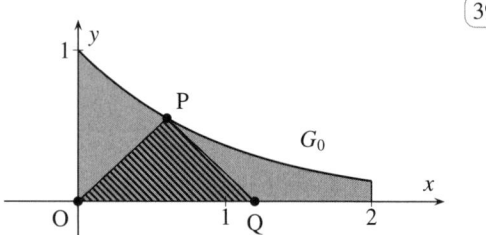

Die Basis des Dreiecks OQP soll auf der x-Achse liegen, das Dreieck soll gleichschenklig sein, und der Punkt $\mathrm{P}(x_\mathrm{P} \mid f_0(x_\mathrm{P}))$, der auf G_0 liegt, soll so gewählt werden, dass der Flächeninhalt des Dreiecks maximal ist.
Zeigen Sie, dass der Flächeninhalt dieses Dreiecks mit der Gleichung $A(x_\mathrm{P}) = x_\mathrm{P} \cdot e^{-x_\mathrm{P}}$ berechnet werden kann und bestimmen Sie die Koordinaten des Punktes P.

d) 6 BE. Der Betreiber will zwei der in c) beschriebenen Rampen an ihren höchsten Stellen mit einem Quader verbinden (1 LE = 1 m). Der Quader hat eine Länge von 4 m und ist 1 m hoch. Die Tiefe des zusammengesetzten Körpers beträgt 1,25 m. Berechnen Sie das Volumen des Gesamtkörpers. ㊶

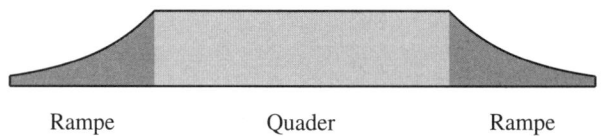

Rampe   Quader   Rampe

e) 5 BE. Eine weitere Rampe soll durch einen anderen Graphen G_a mit $0 < a < 1$ modelliert werden. Nun soll der Winkel an der Verbindungsstelle zu einem in der Höhe angepassten Quader 150° betragen. Ermitteln Sie durch systematisches Probieren ein Intervall der Länge $\frac{1}{10}$, in dem der Parameter des Graphen liegt, der hierfür geeignet ist. ㉗ ㊱

f) 5 BE. Anstelle von G_0 soll eine neue obere Begrenzung des Rampenquerschnitts im Intervall [0; 2] mithilfe einer quadratischen Parabel p modelliert werden. Diese soll in ihrem höchsten Punkt $\mathrm{R}(0 \mid p(0))$ und ihrem niedrigsten Punkt $\mathrm{Q}(2 \mid p(2))$ mit G_0 übereinstimmen und im Punkt $\mathrm{Q}(2 \mid p(2))$ das gleiche Gefälle wie die ursprünglich mit G_0 modellierte Rampe aufweisen. Ermitteln Sie eine mögliche Gleichung für die Parabel. ⑪ ㊳

→ Lösungen ab Seite 172

2.2 Analysis (Designersessel)

Gegeben ist die Funktionenschar f_a mit

$f_a(x) = ax^3 - 14ax^2 + 3{,}42x;\ a \in \mathbb{R}, a > 0.$

Drei Graphen der Schar sind in der Abbildung dargestellt.

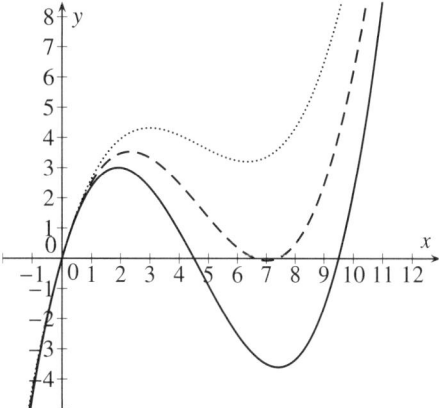

a) 9 BE. Weisen Sie nach, dass alle Graphen der Schar bei $x_n = 0$ dieselbe Steigung haben. [22] Einer der Graphen der Schar hat außer $x_n = 0$ genau eine weitere Nullstelle. Berechnen [24] Sie den Parameterwert dieser Funktion gerundet auf zwei Nachkommastellen. [31]

b) 11 BE. Jeder Graph der Schar hat genau einen Wendepunkt. Bestimmen Sie seine Koordi- [36] naten und weisen Sie damit nach, dass alle Wendepunkte auf einer Parallelen zur y-Achse [33] liegen. Geben Sie die Gleichung dieser Geraden an. Einer der Graphen der Schar hat an [34] der Stelle $x_e = 3$ einen Hochpunkt. Bestimmen Sie für die zu diesem Graphen gehörende Funktion f_a die Funktionsgleichung.

Der abgebildete Designersessel hat Seitenflächen, die für $0 \le x \le 9$ aus der Fläche unter dem Graphen von $f_{0,06}$ der gegebenen Funktionenschar (oberster Graph in der oberen Abbildung) und für $9 < x \le 9{,}5$ aus einem angesetzten Rechteck von 5 cm Breite bestehen (1 LE = 10 cm).

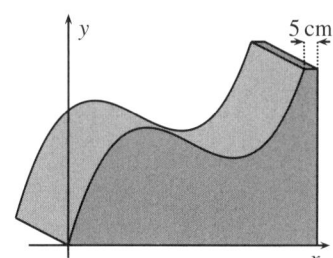

c) 7 BE. Bestimmen Sie die Gesamthöhe des Sessels und ermitteln Sie, wie hoch der Sessel [5] an der niedrigsten Stelle der Sitzfläche ist (Angaben in cm). [33]

d) 8 BE. Berechnen Sie die Größe der in der Abbildung sichtbaren Seitenfläche (Angabe in [5] m²). Diese Seitenfläche enthält auch die 5 cm breite Rechteckfläche am hinteren Rand. [41] Die Seitenfläche soll grafisch neu gestaltet werden. Für die Grafik wird ein achsenparalleles Rechteck der Größe 85 cm × 30 cm benötigt. Untersuchen Sie, ob ein solches Rechteck auf die Seitenfläche passt.

e) 5 BE. Für jede Stelle x_1 im Fußbereich ($x_1 < 3$) gibt es eine Stelle x_2 im Lehnenbereich [31] ($x_2 > 6{,}3$) mit gleicher Steigung. Weisen Sie für $f_{0,06}$ nach, dass für je zwei x-Werte x_1 und x_2, bei denen die Steigung gleich ist, gilt: $x_1 + x_2 = \frac{28}{3}$.

→ Lösungen ab Seite 177

3.1 Analytische Geometrie (Campingzelt)

Im Bild ist ein Campingzelt mit fünfeckiger Grundfläche dargestellt, von dem die Punkte A(3 | 4 | 0), B(4 | 3,5 | 0), C(5 | 4 | 0), D(5 | 6,5 | 0) und E(4 | 4 | 1,5) gegeben sind (Skizze nicht maßstabsgerecht, 1 LE = 1 m). Die Punkte E und F sind Anfangs- und Endpunkt der zum Erdboden parallel verlaufenden oberen Zeltkante. Das Zelt hat eine Höhe von 1,50 Metern und ist symmetrisch zur Ebene durch die Punkte E, B und F.

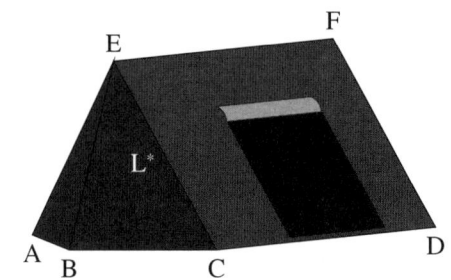

a) 7 BE. Die fünfeckige Grundfläche dieses Zeltes wird von dem gleichschenkligen Dreieck ABC und dem Rechteck mit den Seitenlängen $\overline{AC}$ und $\overline{CD}$ gebildet. (61)
Ermitteln Sie die Größe dieser Grundfläche.

b) 5 BE. Ermitteln Sie eine Koordinatengleichung für die Ebene H, in der die Zeltfläche BCE dieses Zeltes liegt. (69)
[Kontrollergebnis für H: $-3x + 6y - 2z = 9$]

c) 7 BE. Im Punkt L(7,25 | −0,625 | 9,75) ist ein punktförmig gedachter Lautsprecher installiert, der auf der Zeltfläche BCE den Schattenpunkt L^* erzeugt. (64) (70) (76)
Die einfallenden Sonnenstrahlen werden vereinfacht als parallel angenommen und verlaufen in Richtung des Vektors $\begin{pmatrix} -2 \\ 3 \\ -6 \end{pmatrix}$.
Bestimmen Sie die Koordinaten des Punktes L^* sowie die Größe des Winkels, unter dem die Sonnenstrahlen auf die Zeltfläche BCE treffen.

d) 4 BE. Die obere Kante der „Eingangsöffnung des Zeltes" liegt in der Ebene CDFE und verläuft im Abstand von 50 Zentimetern parallel zur Zeltkante $\overline{EF}$. (61) (64)
Prüfen Sie, ob ein Kind mit 1,15 m Körpergröße aufrecht, also ohne sich bücken zu müssen, durch diesen Eingang gehen kann.

e) 7 BE. Im Inneren des Zeltes haben die Camper eine kleine Lampe aufgehängt. Diese befindet sich genau 25 cm unter dem Mittelpunkt der Zeltkante $\overline{EF}$ mit F(4 | 6,5 | 1,5). (72)
Prüfen Sie, ob der Sicherheitsabstand von 0,2 m zur Zeltfläche CDFE eingehalten wird.

→ Lösungen ab Seite 182

3.2 Stochastik (Vorsorgemuffel)

Zu „Vorsorgemuffeln" zählen die Bundesbürger, die nicht regelmäßig eine Zahnarztpraxis zu Kontrolluntersuchungen aufsuchen. Nach einer Umfrage des Instituts der Deutschen Zahnärzte (2013) zählen dazu 29,3% der weiblichen und sogar 44,7% der männlichen Bundesbürger.
Unabhängig davon, ob er ein „Vorsorgemuffel" ist oder nicht, geht im Mittel jeder sechste Bundesbürger bei akuten Beschwerden sofort zu einem Zahnarzt.
Wenn nicht ausdrücklich von männlichen oder weiblichen Bundesbürgern die Rede ist, sind immer alle Bundesbürger unabhängig von ihrem Geschlecht gemeint.

a) 11 BE. Berechnen Sie die Wahrscheinlichkeiten der folgenden Ereignisse: [54]

    A: Unter 20 zufällig ausgewählten männlichen Bundesbürgern befinden sich acht oder neun „Vorsorgemuffel".

    B: Von 100 zufällig ausgewählten Bundesbürgern gehören mindestens 15 und weniger als 29 Personen zu denjenigen, die einen Zahnarzt bei akuten Beschwerden sofort aufsuchen.

    C: Unter 100 zufällig ausgewählten Bundesbürgern befinden sich mindestens 85 Personen, die bei akuten Beschwerden **nicht** sofort zum Zahnarzt gehen.

b) 4 BE. Berechnen Sie, wie viele weibliche Bundesbürger höchstens ausgewählt werden [49] dürfen, damit die Wahrscheinlichkeit dafür, wenigstens einen „Vorsorgemuffel" zu entdecken, unter 99% liegt.

c) 3 BE. Nacheinander wurden zufällig ausgewählte männliche Bundesbürger befragt. Be- [46] rechnen Sie die Wahrscheinlichkeit dafür, dass spätestens der fünfte Befragte ein „Vorsorgemuffel" war.

d) 8 BE. Der Anteil der Männer unter allen Bundesbürgern liegt bei 48,88% (Zensus 2011). [51] Berechnen Sie die Wahrscheinlichkeit dafür, dass ein unter allen Bundesbürgern zufällig ausgewählter Bundesbürger kein „Vorsorgemuffel" ist, also regelmäßig zur zahnärztlichen Kontrolluntersuchung geht.
Berechnen Sie die Wahrscheinlichkeit für den Fall, dass eine aus der Gruppe der „Vorsorgemuffel" zufällig ausgewählte Person eine Frau ist.

e) 4 BE. In einem Landesteil Deutschlands beträgt die Wahrscheinlichkeit dafür, dass ein [39] Einwohner ein „Vorsorgemuffel" ist, p mit $0 < p < 1$. [53]
Berechnen Sie p für den Fall, dass die Wahrscheinlichkeit dafür, dass sich unter vier [54] zufällig ausgewählten Einwohnern dieses Landesteiles genau drei „Vorsorgemuffel" befinden, maximal ist. Auf den Nachweis des lokalen Maximums wird verzichtet.

→ Lösungen ab Seite 186

Anlage zur Aufgabe 3.2: Vorsorgemuffel

Summierte Binomialverteilung

Gerundet auf vier Nachkommastellen, weggelassen ist „0", alle freien Plätze links unten enthalten 1,0000, rechts oben 0,0000. Wird die Tabelle „von unten" gelesen ($p > 0,5$), ist der richtige Wert 1− (abgelesener Wert).

n	k	0,02	0,05	0,10	$\frac{1}{6}$	0,20	0,25	0,30	$\frac{1}{3}$	k
	0	1326	0059							99
	1	4033	0371	0003						98
	2	6767	1183	0019						97
	3	8590	2578	0078						96
	4	9492	4360	0237	0001					95
	5	9845	6160	0576	0004					94
	6	9959	7660	1172	0013	0001				93
	7	9991	8720	2061	0038	0003				92
	8	9998	9369	3209	0095	0009				91
	9	9999	9718	4513	0231	0023				90
	10		9885	5832	0427	0057	0001			89
	11		9957	7030	0777	0126	0004			88
	12		9985	8018	1297	0253	0010			87
	13		9995	8761	2000	0469	0025	0001		86
	14		9999	9274	2874	0804	0054	0002		85
	15			9601	3877	1285	0111	0004		84
	16			9794	4942	1923	0211	0010	0001	83
	17			9900	5994	2712	0376	0022	0002	82
	18			9954	6965	3621	0630	0045	0005	81
	19			9980	7803	4602	0995	0089	0011	80
	20			9992	8481	5595	1488	0165	0024	79
	21			9997	8998	6540	2114	0288	0048	78
	22			9999	9370	7389	2864	0479	0091	77
	23				9621	8109	3711	0755	0164	76
	24				9783	8686	4617	1136	0281	75
	25				9881	9125	5535	1631	0458	74
100	26				9938	9442	6417	2244	0715	73
	27				9969	9658	7724	2964	1066	72
	28				9985	9800	7925	3768	1524	71
	29				9993	9888	8505	4623	2093	70
	30				9997	9939	8962	5491	2766	69
	31				9999	9969	9307	6331	3525	68
	32					9985	9554	7107	4344	67
	33					9993	9723	7793	5188	66
	34					9997	9836	8371	6019	65
	35					9999	9906	8839	6803	64
	36					9999	9948	9201	7511	63
	37						9973	9470	8123	62
	38						9986	9660	8630	61
	39						9993	9790	9034	60
	40						9997	9875	9341	59
	41						9999	9928	9566	58
	42						9999	9960	9724	57
	43							9979	9831	56
	44							9989	9900	55
	45							9995	9943	54
	46							9997	9969	53
	47							9999	9983	52
	48							9999	9991	51
	49								9996	50
	50								9998	49
	51								9999	48
n	k	0,95	0,90	$\frac{5}{6}$	0,80	0,75	0,70	$\frac{2}{3}$	k / p

Zentrale schriftliche Abiturprüfung 2016

Mathematik

Kurs auf erhöhtem Anforderungsniveau

				Aufgaben ab Seite	Lösungen ab Seite
mit Hilfsmittel	Teil 1	1 von 1	1. Aufgaben zum hilfsmittelfreien Teil	122	191
	Teil 2	1 von 2	2.1 Analysis (Stadtwappen)	124	195
			2.2 Analysis (Bremsschuh)	125	200
	Teil 3	1 von 2	3.1 Analytische Geometrie (Haus)	126	204
			3.2 Stochastik (Sportfan)	127	209

Zugelassene Hilfsmittel für Teil 2 und 3:	Nachschlagewerk zur Rechtschreibung der deutschen Sprache
für Teil 2 und 3:	Formelsammlung, die an der Schule eingeführt ist
	Taschenrechner, die nicht programmierbar und nicht grafikfähig sind und nicht über die Möglichkeiten der numerischen Differenziation oder Integration oder dem automatisierten Lösen von Gleichungen verfügen.
Gesamtbearbeitungszeit:	270 Minuten inklusive Lese- und Auswahlzeit
	Teil 1: höchstens 70 Minuten (frühere Abgabe möglich)
	Teil 2 und 3: 200 Minuten

Hilfsmittelfreier Teil:	Keine Auswahl möglich. Bei früherer Abgabe (vor Ablauf der 70 Minuten) kann mit der Bearbeitung der weiteren Aufgaben begonnen werden, jedoch ohne Zuhilfenahme der Hilfsmittel. Erst nach Ablauf der 70 Minuten dürfen die dann zugelassenen Hilfsmittel verwendet werden.
Analysis:	Wählen Sie eine der beiden Aufgaben 2.1 **oder** 2.2 zur Bearbeitung aus.
Analytische Geometrie/ Stochastik:	Wählen Sie eine der beiden Aufgabenthemen 3.1 **oder** 3.2 zur Bearbeitung aus.

1. Aufgaben zum hilfsmittelfreien Teil

Teil 1 – Analysis

a) 5 BE. Geben Sie je eine reelle Zahl für die Parameter a, b, und c an, sodass die Funktionen $\boxed{24}$
F_a, G_b und H_c Stammfunktionen der Funktionen f, g, und h sind. $\boxed{36}$

$$f : f(x) = 2x^3 + 4x - 1 \qquad F_a : F_a(x) = 0{,}5x^4 + ax^2 - x + 3$$ $\boxed{40}$
$$g : g(x) = \sqrt{x - 4} \qquad G_b : G_b(x) = \tfrac{2}{b}(x - 4)^{\frac{3}{2}}$$
$$h : h(x) = 4e^{-2x+1} + e \qquad H_c : H_c(x) = c \cdot e^{-2x+1} + ex - e$$

Bestimmen Sie die Stammfunktion von f, deren Graph die y-Achse im Punkt $S_y(0 \mid -1)$ schneidet.

b) 5 BE. Von einer ganzrationalen Funktion dritten Grades ist folgendes bekannt: $\boxed{38}$

- $x_n = 1$ ist die Nullstelle der Funktion.

- $S_y(0 \mid 1)$ ist Sattelpunkt des Graphen.

Geben Sie ein lineares Gleichungssystem an, mit dem man die Koeffizienten dieser ganzrationalen Funktion dritten Grades ermitteln kann.
Hinweis: Ein Sattelpunkt ist ein Wendepunkt, in dem eine zur x-Achse parallele Tangente existiert.

Teil 2 – Analytische Geometrie

a) 5 BE. Die Gerade g verläuft durch die Punkte $P(1 \mid 1 \mid 1)$ und $Q(2 \mid 2 \mid 2)$. $\boxed{60}$
Geben Sie eine Gleichung der Geraden g an. $\boxed{63}$
Ermitteln Sie eine Gleichung einer Geraden h, die die Gerade g im Mittelpunkt der Strecke PQ orthogonal schneidet. $\boxed{64}$

b) 5 BE. In einer Ebene E liegen die Punkte $P(4 \mid -6 \mid 3)$ und $Q(9 \mid 12 \mid 4)$ sowie das $\boxed{68}$
Dreieck ABC mit dem Punkt $A(0 \mid 0 \mid 1)$. $\boxed{76}$
Ermitteln Sie eine Parametergleichung der Ebene E.

$$\cos(\angle BAC) = \frac{\begin{pmatrix} 2 \\ -3 \\ 1 \end{pmatrix} \cdot \begin{pmatrix} 3 \\ 4 \\ 1 \end{pmatrix}}{\left| \begin{pmatrix} 2 \\ -3 \\ 1 \end{pmatrix} \right| \cdot \left| \begin{pmatrix} 3 \\ 4 \\ 1 \end{pmatrix} \right|}$$

Mit der Gleichung hat ein Schüler den Innenwinkel des Dreiecks ABC mit dem Scheitelpunkt A korrekt berechnet.
Geben Sie für die Punkte B und C mögliche Koordinaten an.

Teil 3 – Stochastik

a) 5 BE. Das nebenstehende Baumdiagramm gehört zum Zufallsexperiment „Zweimaliges, unabhängiges Würfeln mit einem fairen Würfel".

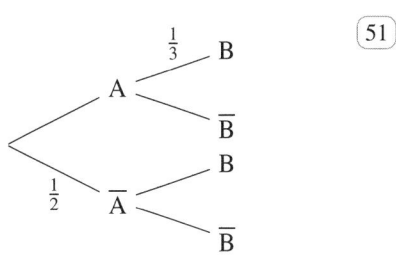

Übertragen Sie das Baumdiagramm auf Ihr Arbeitsblatt. Ergänzen Sie die fehlenden Wahrscheinlichkeiten. Geben Sie $P_{\overline{A}}(\overline{B})$ und $P(B)$ an.

Formulieren Sie mögliche Ereignisse A und B.

b) 5 BE. An der Vorbereitung einer Abiturfeier sind insgesamt 30 Mädchen und 25 Jungen beteiligt.

Man betrachtet das Ereignis

T: Auf dem Titelbild für die Einladung sind genau a Jungen und b Mädchen abgebildet.

Geben Sie a und b an, wenn $P(T)$ mit Hilfe des Terms

$$\frac{\binom{30}{3} \cdot \binom{25}{2}}{\binom{55}{5}}$$

korrekt berechnet werden kann.

Auf dem Titelbild sollen die ausgewählten a Jungen und b Mädchen so in einer Reihe angeordnet werden, dass ein Junge stets zwischen zwei Mädchen steht. Ermitteln Sie die Anzahl der Möglichkeiten für die Anordnung auf dem Titelbild.

→ Lösungen ab Seite 191

2.1 Analysis (Stadtwappen)

Gegeben sind die Funktionenschar f_a mit $f_a(x) = x^4 - 2ax^2 + a^2$; $a \in \mathbb{R}$, $a \neq 0$ und die Funktion g mit $g(x) = 2x^2 - 2$. Die Graphen der Schar f_a sind G_a und der Graph der Funktion g ist K.

a) 9 BE. Weisen Sie nach, dass alle Graphen G_a achsensymmetrisch zur y-Achse verlaufen. Ermitteln Sie die Koordinaten der Schnittpunkte von G_a mit den beiden Koordinatenachsen. ⟨20⟩ ⟨22⟩ ⟨36⟩

b) 12 BE. Bestimmen Sie die Koordinaten und die Art der lokalen Extrempunkte von G_a in Abhängigkeit von a. ⟨19⟩ ⟨33⟩ ⟨36⟩
Für jeden Parameterwert a mit $a > 0$ sind die drei lokalen Extrempunkte Eckpunkte eines Dreiecks. Wenn der Parameterwert a verdoppelt wird, vervielfacht sich der Flächeninhalt des ursprünglichen Dreiecks $A_\triangle$. Das neue Dreieck hat den Flächeninhalt $A_{neu} = v \cdot A_\triangle$. Ermitteln Sie den Faktor v.

c) 5 BE. Die Graphen G_1 und K schließen im Intervall $[-1; 1]$ eine Fläche ein, die als Schablone für das Wappen einer Stadt genutzt werden soll. Berechnen Sie den zugehörigen Flächeninhalt. ⟨41⟩ ⟨42⟩

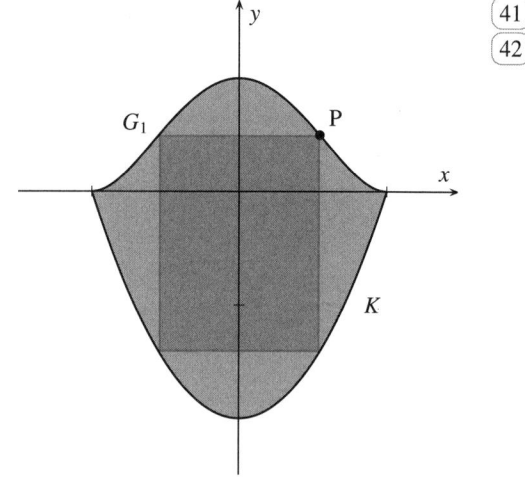

d) 9 BE. Der Punkt P liegt im I. Quadranten auf G_1 (siehe Abbildung). P ist Eckpunkt eines Rechtecks, dessen Seiten achsenparallel verlaufen und dessen weitere Eckpunkte auf den Begrenzungslinien des Wappens liegen. Innerhalb dieses Rechtecks soll das Wappentier abgebildet werden. ⟨39⟩
Zeigen Sie, dass der Flächeninhalt eines solchen Rechtecks mit der Gleichung

$$A(x) = 2x^5 - 8x^3 + 6x$$

berechnet werden kann und ermitteln Sie den maximalen Flächeninhalt des Rechtecks. Auf den Nachweis des Maximums wird verzichtet.

e) 5 BE. Die untere Begrenzung des Stadtwappens soll statt durch die quadratische Parabel K mithilfe einer anderen quadratischen Parabel modelliert werden. Dabei sollen die Symmetrie des Wappens sowie die Schnittpunkte $S_1(-1 \mid 0)$ und $S_2(1 \mid 0)$ mit G_1 zwar erhalten bleiben, sich aber die Fläche des Wappens um 2 FE vergrößern. Ermitteln Sie die Funktionsgleichung der neuen Parabel. ⟨11⟩ ⟨38⟩

→ Lösungen ab Seite 195

2.2 Analysis (Bremsschuh)

Gegeben ist die Funktionenschar f_a mit $f_a(x) = -e^{x-a} + e^{2x}$; $a \in \mathbb{R}$. Die Graphen der Schar f_a sind G_a.

a) 6 BE. Ermitteln Sie die Koordinaten der Schnittpunkte von G_a mit den beiden Koordinatenachsen in Abhängigkeit von a.
Geben Sie das Verhalten der Funktionswerte von f_1 für $x \to +\infty$ und $x \to -\infty$ an.

8
21
22
36
6
24
33

b) 11 BE. Jeder Graph G_a hat im Punkt $E_a(-a-\ln 2 \mid f_a(-a-\ln 2))$ eine zur x-Achse parallele Tangente. Zur Ermittlung des x-Wertes dieses Punktes hat ein Schüler den folgenden Lösungsweg korrekt angegeben:

$$
\begin{aligned}
(1) \qquad & f_a'(x) = -e^{x-a} + 2e^{2x} \\
(2) \qquad & 0 = -e^{x-a} + 2e^{2x} \quad \Leftrightarrow \quad e^{x-a} = 2e^{2x} \\
(3) \qquad & e^{-x-a} = 2 \\
(4) \qquad & x = -a - \ln 2
\end{aligned}
$$

Geben Sie drei Regeln an, die beim Ableiten des Funktionsterms von f_a genutzt worden sind und begründen Sie die Umformung von Gleichung (2) zu Gleichung (3).
Zeigen Sie, dass für $a = 0$ der Punkt E_0 ein lokaler Extrempunkt von G_0 ist. Bestimmen Sie dessen Koordinaten sowie die Art des Extremums.

c) 13 BE. Der Graph G_1 und die Gerade g mit der Gleichung $y = -4x + 1 - \frac{1}{e}$ begrenzen gemeinsam mit der x-Achse eine Fläche, die dem Querschnitt eines Bremsschuhs entspricht, der das Wegrollen von Fahrzeugen verhindert (1 LE = 25 cm). Die „Tiefe" des Bremsschuhs beträgt 20 cm.

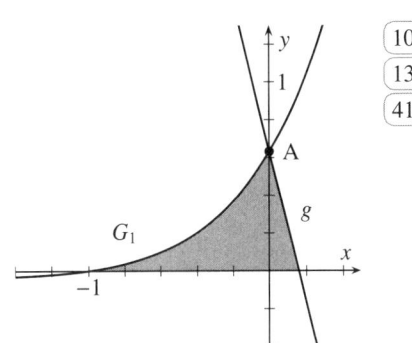

10
13
41

Zeigen Sie, dass sich G_1 und g auf der y-Achse schneiden.
Berechnen Sie das Volumen eines solchen Bremsschuhs.

d) 5 BE. Ermitteln Sie die Größe des Winkels, den G_1 und g im Punkt $A\left(0 \mid 1 - \frac{1}{e}\right)$ einschließen.

27

e) 5 BE. Der Produzent der Bremsschuhe möchte auf der Querschnittsfläche des Bremsschuhs sein rechteckiges Firmenlogo mit den Seitenlängen 5 cm und 15 cm so einstanzen lassen, dass die längere der beiden Seiten parallel zur x-Achse verläuft.
Untersuchen Sie, ob das möglich ist.

5
7

→ Lösungen ab Seite 200

3.1 Analytische Geometrie (Haus)

Die Abbildung zeigt ein Haus.
Das Koordinatensystem wird so gewählt,
dass sich die rechteckige Grundfläche des
Hauses achsenparallel in der x-y-Ebene befindet. Gegeben sind die Koordinaten der
Punkte D(0 | 0 | 0), F(10 | 8 | 4),
G(0 | 8 | 4) und J(10 | 4 | 7). Es gilt
1 LE = 1 m:

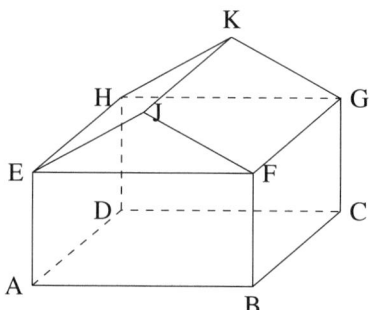

a) 9 BE. Geben Sie die Koordinaten der Punkte K und E an.
   Bestimmen Sie eine Gleichung der Ebene E^*, in der die Dachfläche FGKJ liegt, in Koordinatenform.
   [Kontrollergebnis: $E^* : 3y + 4z = 40$]
   Berechnen Sie den Neigungswinkel der Dachfläche FGKJ gegenüber einer horizontalen Ebene.

59
69
76

b) 5 BE. Paralleles Licht fällt in Richtung $\vec{v} = \begin{pmatrix} -\sqrt{39} \\ y \\ -5 \end{pmatrix}$ auf das Hausdach.
   Bestimmen Sie einen möglichen Wert für y so, dass der Winkel zwischen der Richtung der Lichtstrahlen und der Dachfläche FGKJ 30° beträgt.

64
76

c) 7 BE. Ein Drittel der Dachfläche FGKJ wird mit Solarzellen bestückt.
   Ermitteln Sie die Größe dieser Fläche.
   Die Solarzellen können sowohl in der Dachfläche montiert werden als auch in Ebenen F_a, die parallel zur Dachfläche liegen. Dabei darf der Abstand der Ebenen F_a zur Dachfläche maximal 20 cm betragen.
   Entwickeln Sie unter Verwendung des Parameters a eine Gleichung für die Ebenen F_a und geben Sie ein Intervall für die Einschränkung des Parameters a an.

5
61
69
74

d) 9 BE. Im Inneren des Hauses ist auf dem Fußboden EFGH des Dachraumes im Punkt P(1 | 5 | 4) ein 4 m langer, senkrecht stehender Mast für eine Satellitenantenne montiert. Dieser Mast ragt durch das Dach ins Freie. Ermitteln Sie die Länge des Teiles dieses Mastes, der sich außerhalb des Hauses befindet.
   Berechnen Sie den Abstand der Mastspitze S zur Ebene E^*.

61
64
72

→ Lösungen ab Seite 204

3.2 Stochastik (Sportfan)

Gemäß einer „Studie zur Gesundheit Erwachsener in Deutschland" zeigt sich in Deutschland ein Trend zu mehr sportlicher Aktivität.

Ein Viertel der Erwachsenen treibt regelmäßig mindestens zwei Stunden Sport pro Woche (Sportfans), wobei der Anteil der Sportfans unter den Männern mit 29,3% etwas höher ist als unter den Frauen.

Alle anderen Bundesbürger werden hier als „keine Sportfans" bezeichnet.

a) 11 BE. Berechnen Sie die Wahrscheinlichkeit der folgenden Ereignisse: ⌐46⌐

   A: Nur der zweite und sechste von zehn zufällig ausgewählten Bundesbürgern sind ⌐53⌐
   Sportfans. ⌐54⌐

   B: Unter 20 zufällig ausgewählten männlichen Bundesbürgern befinden sich genau drei Sportfans.

   C: Unter zehn zufällig ausgewählten Bundesbürgern befindet sich höchstens ein Sportfan.

   D: Von 100 zufällig ausgewählten Bundesbürgern gehören mindestens 70 und weniger als 79 Personen zu denjenigen, die keine Sportfans sind.

b) 4 BE. Bestimmen Sie die Anzahl der Bundesbürger, die mindestens befragt werden müs- ⌐49⌐
   sen, um mit einer Wahrscheinlichkeit von mindestens 0,96 wenigstens einen zu entdecken, der Sportfan ist.

c) 8 BE. Unter allen Bundesbürgern liegt der Anteil der Männer bei 48,88% (Zensus 2011). ⌐51⌐
   Berechnen Sie die Wahrscheinlichkeit dafür, dass ein zufällig ausgewählter Sportfan ein Mann ist.
   Bestimmen Sie den Anteil der Sportfans unter den Frauen.

d) 3 BE. In einem Sportstudio trainieren 25 Bundesbürger, von denen genau acht zur Grup- ⌐50⌐
   pe der Sportfans gehören. Es werden zufällig sieben Personen „ohne Zurücklegen" ausgewählt. Berechnen Sie die Wahrscheinlichkeit des Ereignisses E, dass sich unter den sieben ausgewählten Personen genau drei Sportfans befinden.

e) 4 BE. In einem Kochkurs befindet sich unter den n Kursteilnehmern genau ein Sport- ⌐50⌐
   fan. Es werden zehn der Kursteilnehmer zufällig nacheinander und „ohne Zurücklegen" ausgewählt. Die Wahrscheinlichkeit, dass sich der Sportfan unter den ausgewählten Kursteilnehmern befindet, soll mindestens 80% betragen.
   Bestimmen Sie für diesen Fall die maximale Anzahl n der Kursteilnehmer.

→ Lösungen ab Seite 209

Anlage zur Aufgabe 3.2: „Sportfan"

Summierte Binomialverteilung

Gerundet auf vier Nachkommastellen, weggelassen ist „0", alle freien Plätze links unten enthalten 1,0000, rechts oben 0,0000. Wird die Tabelle „von unten" gelesen ($p > 0{,}5$), ist der richtige Wert 1− (abgelesener Wert)

n	k	0,02	0,05	0,10	$\frac{1}{6}$	0,20	0,25	0,30	$\frac{1}{3}$	k
	0	1326	0059							99
	1	4033	0371	0003						98
	2	6767	1183	0019						97
	3	8590	2578	0078						96
	4	9492	4360	0237	0001					95
	5	9845	6160	0576	0004					94
	6	9959	7660	1172	0013	0001				93
	7	9991	8720	2061	0038	0003				92
	8	9998	9369	3209	0095	0009				91
	9	9999	9718	4513	0231	0023				90
	10		9885	5832	0427	0057	0001			89
	11		9957	7030	0777	0126	0004			88
	12		9985	8018	1297	0253	0010			87
	13		9995	8761	2000	0469	0025	0001		86
	14		9999	9274	2874	0804	0054	0002		85
	15			9601	3877	1285	0111	0004		84
	16			9794	4942	1923	0211	0010	0001	83
	17			9900	5994	2712	0376	0022	0002	82
	18			9954	6965	3621	0630	0045	0005	81
	19			9980	7803	4602	0995	0089	0011	80
	20			9992	8481	5595	1488	0165	0024	79
	21			9997	8998	6540	2114	0288	0048	78
	22			9999	9370	7389	2864	0479	0091	77
	23				9621	8109	3711	0755	0164	76
	24				9783	8686	4617	1136	0281	75
	25				9881	9125	5535	1631	0458	74
100	26				9938	9442	6417	2244	0715	73
	27				9969	9658	7724	2964	1066	72
	28				9985	9800	7925	3768	1524	71
	29				9993	9888	8505	4623	2093	70
	30				9997	9939	8962	5491	2766	69
	31				9999	9969	9307	6331	3525	68
	32					9985	9554	7107	4344	67
	33					9993	9723	7793	5188	66
	34					9997	9836	8371	6019	65
	35					9999	9906	8839	6803	64
	36					9999	9948	9201	7511	63
	37						9973	9470	8123	62
	38						9986	9660	8630	61
	39						9993	9790	9034	60
	40						9997	9875	9341	59
	41						9999	9928	9566	58
	42						9999	9960	9724	57
	43							9979	9831	56
	44							9989	9900	55
	45							9995	9943	54
	46							9997	9969	53
	47							9999	9983	52
	48							9999	9991	51
	49								9996	50
	50								9998	49
	51								9999	48
n	k	0,95	0,90	$\frac{5}{6}$	0,80	0,75	0,70	$\frac{2}{3}$		k
										p

Zentrale schriftliche Abiturprüfung 2017

Mathematik
Kurs auf erhöhtem Anforderungsniveau

				Aufgaben ab Seite	Lösungen ab Seite
mit Hilfsmittel	Teil 1	1 von 1	1. Aufgaben zum hilfsmittelfreien Teil	130	213
	Teil 2	1 von 2	2.1 Analysis (Eisbecher)	131	216
			2.2 Analysis (Straßenverlauf)	132	220
	Teil 3	1 von 2	3.1 Analytische Geometrie (Zelt)	134	224
			3.2 Analytische Geometrie (Gartenpavillon)	135	228
	Teil 4	1 von 2	4.1 Stochastik (Vereinsjubiläum)	136	230
			4.2 Stochastik (Freizeit)	137	232

Zugelassene Hilfsmittel
für Teil 2-4: Nachschlagewerk zur Rechtschreibung der deutschen Sprache
für Teil 2-4: Formelsammlung, die an der Schule eingeführt ist
für Teil 2-4: Taschenrechner, die nicht programmierbar und nicht grafikfähig sind und nicht über die Möglichkeiten der numerischen Differenziation oder Integration oder dem automatisierten Lösen von Gleichungen verfügen.

Gesamtbearbeitungszeit: 270 Minuten inklusive Lese- und Auswahlzeit
Teil 1: höchstens 40 Minuten (frühere Abgabe möglich)
Teil 2-4: 230 Minuten

Hilfsmittelfreier Teil: Keine Auswahl möglich. Bei früherer Abgabe (vor Ablauf der 40 Minuten) kann mit der Bearbeitung der weiteren Aufgaben begonnen werden, jedoch ohne Zuhilfenahme der Hilfsmittel. Erst nach Ablauf der 40 Minuten dürfen die dann zugelassenen Hilfsmittel verwendet werden.

Analysis: Wählen Sie eine der beiden Aufgaben 2.1 **oder** 2.2 zur Bearbeitung aus.

Analytische Geometrie: Wählen Sie eine der beiden Aufgaben 3.1 **oder** 3.2 zur Bearbeitung aus.

Stochastik: Wenn Sie Aufgabe 3.1 gewählt haben, **müssen** Sie Aufgabe 4.1 wählen!

Wenn Sie Aufgabe 3.2 gewählt haben, **müssen** Sie Aufgabe 4.2 wählen!

1. Aufgaben zum hilfsmittelfreien Teil

Teil 1 – Analysis

Gegeben ist eine Funktion f mit $f(x) = 2e^{\frac{1}{2}x} - 1$; $x \in \mathbb{R}$.

a) 2 BE. Ermitteln Sie die Nullstelle der Funktion f. $\boxed{8}$

b) 3 BE. Die Tangente an den Graphen von f im Punkt S(0 | 1) begrenzt mit den beiden $\boxed{26}$ Koordinatenachsen ein Dreieck.
Weisen Sie nach, dass dieses Dreieck gleichschenklig ist.

Teil 2 – Analytische Geometrie

Gegeben ist die Ebene $E : 2x + y - 2z = -18$.

a) 2 BE. Der Schnittpunkt von E mit der x-Achse und der Schnittpunkt von E mit der y- $\boxed{70}$ Achse sowie der Koordinatenursprung sind die Eckpunkte eines Dreiecks.
Bestimmen Sie den Flächeninhalt dieses Dreiecks.

b) 3 BE. Ermitteln Sie die Koordinaten des Vektors, der sowohl ein Normalenvektor von E $\boxed{69}$ als auch der Ortsvektor eines Punktes der Ebene E ist.

Teil 3 – Stochastik

Schwarze und weiße Kugeln sind wie folgt auf drei Urnen verteilt.

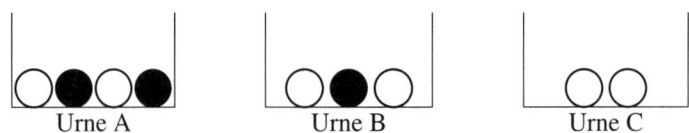

Urne A   Urne B   Urne C

a) 2 BE. Aus Urne A wird zunächst eine Kugel zufällig entnommen und in Urne B gelegt. $\boxed{46}$ Anschließend wird aus Urne B eine Kugel zufällig entnommen und in Urne C gelegt. Bestimmen Sie die Wahrscheinlichkeit dafür, dass sich danach in Urne C zwei weiße Kugeln und eine schwarze Kugel befinden.

b) 3 BE. Die drei Urnen mit den in der Abbildung dargestellten Inhalten bilden den Aus- $\boxed{53}$ gangspunkt für folgendes Spiel:
Es wird zunächst ein Einsatz von 1 Euro eingezahlt. Anschließend wird eine der drei Urnen zufällig ausgewählt und danach aus dieser Urne eine Kugel zufällig gezogen, Nur dann, wenn diese Kugel schwarz ist, wird ein bestimmter Geldbetrag ausgezahlt.
Ermitteln Sie, wie groß dieser Geldbetrag sein muss, damit bei diesem Spiel auf lange Sicht Einsätze und Auszahlungen ausgeglichen sind.

→ Lösungen ab Seite 213

2.1 Analysis (Eisbecher)

Gegeben ist die Funktion f_a mit der Gleichung $f_a(x) = \ln(ax^2 + 1)$; $a \in \mathbb{R}, a > 0$.

a) 8 BE. Geben Sie den Definitionsbereich von f_a an und zeigen Sie, dass alle Graphen G_a durch den Koordinatenursprung verlaufen. Ermitteln Sie den exakten Wert des Parameters a, für dessen zugehörige Funktion f_a gilt: $f_a(2) = 2$. (15) (22) (36)

b) 8 BE. Zeigen Sie, dass alle Graphen G_a einen gemeinsamen lokalen Extrempunkt haben. Begründen Sie ohne Zuhilfenahme der zweiten Ableitung, dass dieser Extrempunkt für alle Graphen wegen $a > 0$ ein Tiefpunkt ist. (31) (33)

c) 14 BE. Die Tangenten an G_a im Punkt $B_a(1 \mid f_a(1))$ sind t_a. Begründen Sie, dass keine dieser Tangenten einen Anstieg größer als 2 haben kann. Ermitteln Sie den Flächeninhalt des Dreiecks, das von der y-Achse sowie der Tangente und der Normalen an G_1 im Punkt B_1 begrenzt wird. [*Kontrollergebnis*: $t_1 : y = x + \ln 2 - 1$] (26) (28)

Im Bild ist der halbe Längsquerschnitt eines Eisbechers dargestellt. Er wird im Intervall $[0; 1,5]$ durch Teile der Graphen der Funktionen h und k mit $h(x) = 0,75 \cdot f_2(x) + 1$ und $k(x) = 1,75 \cdot \ln(2,5x+1) - 0,5$, eine zur y-Achse symmetrische quadratische Parabel p und die beiden Koordinatenachsen begrenzt.
Der Eisbecher entsteht durch Rotation der dunkel dargestellten Fläche um die y-Achse, $1\,\text{LE} = 4\,\text{cm}$.

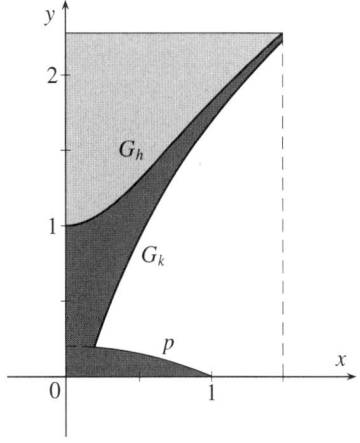

d) 4 BE. Je 12 Eisbecher werden stehend in einem quaderförmigen Karton mit 12 gleich großen quaderförmigen Fächern verpackt. Ermitteln Sie die Kantenlängen, die ein Fach für einen stehenden Eisbecher mindestens haben muss. (5)

e) 9 BE. Der Fuß, dessen oberer Rand im Querschnitt durch die Parabel p modelliert wird, hat am Boden einen Durchmesser von 8 cm und eine Querschnittsfläche von $\frac{64}{15}$ cm^2. Ermitteln Sie eine Gleichung der Parabel p. [*Kontrollergebnis*: $p(x) = -0,2x^2 + 0,2$] (5) (11) (38)

f) 7 BE. Zur Berechnung der Masse des Fußes ist ein Schüler folgendermaßen vorgegangen: (5) (23) (43)
(1) Berechnung des Volumens in VE: $V = \pi \cdot \int_0^1 (p(x))^2 \, dx$
(2) Umwandeln des Volumens in cm^3: $\frac{1\,\text{VE}}{4\,\text{cm}^3} = \frac{V}{V_{(\text{cm}^3)}}$
(3) Multiplizieren des erhaltenen Wertes mit der Dichte des Materials.
Beurteilen Sie jeweils einzeln die drei Teilschritte und beschreiben Sie, gegebenenfalls unter Zuhilfenahme einer Skizze, wie fehlerhafte Schritte bei diesem Vorgehen berichtigt werden müssen.

→ Lösungen ab Seite 216

2.2 Analysis (Straßenverlauf)

Gegeben ist die Funktionenschar f_a mit $f_a(x) = e^{2ax} + e^{-2ax}$; $x \in \mathbb{R}$, $a \in \mathbb{R}$, $a \neq 0$.
Die zugehörigen Graphen sind G_a.

a) 6 BE. Geben Sie für $a > 0$ das Verhalten der Funktionswerte von f_a für $x \to +\infty$ und $x \to -\infty$ an.
   Begründen Sie, dass keine Funktion f_a eine Nullstelle hat und weisen Sie nach, dass alle Graphen G_a achsensymmetrisch zur y-Achse verlaufen. (20) (21) (22) (36)

b) 10 BE. Zeigen Sie, dass alle Graphen G_a denselben lokalen Extrempunkt besitzen und ermitteln Sie dessen Art und Koordinaten.
   Untersuchen Sie G_a auf mögliche Wendepunkte. (33) (34)

c) 9 BE. Der Graph $G_{0,15}$ wird von den Parallelen zur x-Achse mit der Gleichung $y = k$; $2 < k < 6$ in den Punkten A_k und B_k geschnitten. A_k, B_k und der Punkt C(0 | 6) bilden ein Dreieck. Zeichnen Sie in das Koordinatensystem (siehe nächste Seite) eines der möglichen Dreiecke $A_k B_k C$ ein. (7) (39)
   Begründen Sie ohne Rechnung, dass keines der möglichen Dreiecke $A_k B_k C$ einen minimalen Flächeninhalt haben kann, aber ein solches Dreieck mit maximalem Flächeninhalt existiert.
   Ermitteln Sie eine Gleichung, mit der man in Abhängigkeit vom x-Wert des im I. Quadranten liegenden Eckpunktes den Flächeninhalt des Dreiecks $A_k B_k C$ bestimmen kann.

Für die folgenden Teilaufgaben gilt: 1 LE = 150 m.

d) 6 BE. Eine langgezogene Kurve auf einer Landstraße kann im Intervall $[-2; 4]$ in sehr guter Näherung durch den Graphen $G_{0,15}$ modelliert werden. (5) (25) (26)
   Im Punkt P(4 | $f_{0,15}(4)$) mündet sie tangential, d.h. ohne Knick, in eine zunächst geradlinig verlaufende Schnellstraße.
   Zeigen Sie, dass ein Teil dieser Schnellstraße für $x \geq 4$ näherungsweise durch einen Teil der Geraden g mit der Gleichung $y = 0,9x$ modelliert werden kann.

e) 10 BE. Die Schnellstraße verläuft ab dem Punkt P aus Teilaufgabe d) für eine Strecke von 2,1 km bis zum Punkt S geradlinig und führt dann knickfrei durch eine scharfe Rechtskurve auf eine Bundesstraße. Ermitteln Sie die Koordinaten des Punktes S. (5) (11) (38)
   [*Zur Kontrolle*: S(14,4 | 13)]
   Die Rechtskurve kann durch eine quadratische Parabel beschrieben werden, auf der unter anderem der Punkt Q(15,5 | 13,3) liegt.
   Stellen Sie ein Gleichungssystem zur Ermittlung der Parabelgleichung auf.

f) 9 BE. Die Fläche, die von den beiden Koordinatenachsen, der Landstraße, der Schnellstraße und der Geraden $x = 7$ eingeschlossen wird, nutzt ein Landwirt zu 80 % für den Anbau von Getreide. (5) (7) (42)
   Ermitteln Sie die Größe der Getreideanbaufläche und geben Sie diese in Hektar an.

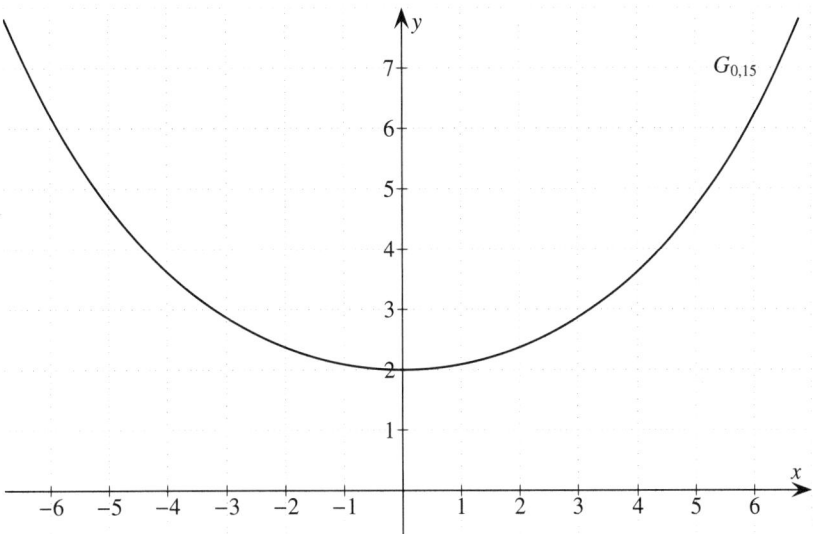

→ Lösungen ab Seite 220

3.1 Analytische Geometrie (Zelt)

Ein geschlossenes Zelt, das auf horizontalem Untergrund steht, hat die Form einer Pyramide mit quadratischer Grundfläche. Die seitlichen Kanten der Zeltwände werden durch vier gleich lange Stangen gebildet. Das Zelt ist 3,90 m hoch, die Seitenlänge des Zeltbodens beträgt 5,00 m. Das Zelt kann in einem kartesischen Koordinatensystem durch eine Pyramide ABCDS mit der Spitze S modellhaft dargestellt werden. Der Punkt A liegt im Koordinatenursprung, B auf dem positiven Teil der x-Achse und D auf dem positiven Teil der y-Achse. Der Punkt C hat die Koordinaten (5 | 5 | 0), der Mittelpunkt der Grundfläche wird mit M bezeichnet. Das Dreieck ABS liegt in der Ebene $E : -39y + 25z = 0$
Eine Längeneinheit im Koordinatensystem entspricht einem Meter in der Realität.

a) 5 BE. Geben Sie die Koordinaten der Punkte B, D, M und S an und zeichnen Sie die Pyramide in ein Koordinatensystem gemäß Abbildung 1 ein. (59)

Abb. 1

b) 4 BE. Jeweils zwei benachbarte Zeltwände schließen im Inneren des Zelts einen stumpfen Winkel ein. Ermitteln Sie dessen Größe. (76)

c) 5 BE. Im Zelt ist eine Lichtquelle so aufgehängt, dass sie von jeder der vier Wände einen Abstand von 80 cm hat. Ermitteln Sie die Koordinaten des Punktes, der die Lichtquelle im Modell darstellt. (72)

d) 3 BE. Der Ortsvektor eines Punktes P lässt sich in der Form $\overrightarrow{OP} = r \cdot \overrightarrow{OC} + s \cdot \overrightarrow{OS}$ mit $r, s \in [0; 1]$ und $r + s = 1$ darstellen. Weisen Sie nach, dass P auf der Strecke $\overline{CS}$ liegt. (64)

Betrachtet wird die Zeltwand, die im Modell durch das Dreieck CDS dargestellt wird. Dieses Dreieck liegt in der Ebene $F : 39y + 25z = 195$. Ein Teil dieser Zeltwand kann mithilfe zweier weiterer Stangen zu einem horizontalen Vordach aufgespannt werden (vgl. Abbildung 2).

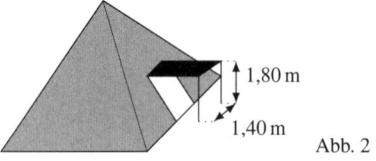

1,80 m
1,40 m
Abb. 2

Die dadurch entstehende Öffnung in der Zeltwand kann im Modell durch ein Rechteck dargestellt werden. Eine Seite dieses Rechtecks liegt so auf der Strecke $\overline{CD}$, dass der eine Endpunkt dieser Seite von C ebenso weit entfernt ist wie der andere Endpunkt von D.

e) 3 BE. Weisen Sie nach, dass die Länge des Vordachs etwa 2,14 m beträgt. (69)

f) 5 BE. Auf das Zelt treffendes Sonnenlicht lässt sich im Modell zu einem bestimmten Zeitpunkt durch parallele Geraden mit einem Richtungsvektor $\begin{pmatrix} 0,5 \\ -4,2 \\ a \end{pmatrix}$ beschreiben. Zu diesem Zeitpunkt trifft Sonnenlicht durch ein kleines Loch im horizontalen Vordach genau auf den Mittelpunkt des Zeltbodens. Für a kommen verschiedene ganzzahlige Werte infrage. Ermitteln Sie einen dieser Werte und geben Sie die Koordinaten des zugehörigen Punktes an, der im Modell eine mögliche Position des Lochs im Vordach darstellt. Berücksichtigen Sie, dass alle Punkte derjenigen Kante des Vordachs, an deren Ende die beiden Stangen befestigt sind, die y-Koordinate 5,98 haben. (64)

→ Lösungen ab Seite 224

3.2 Analytische Geometrie (Gartenpavillon)

Im Bild ist ein Pavillon dargestellt, der vereinfacht als zusammengesetzter Körper aus einem Quader mit quadratischer Grundfläche und einer aufgesetzten geraden quadratischen Pyramide aufgefasst werden kann. Eine der senkrecht stehenden Kanten wird durch die Strecke AE mit A(1,5 | 1,5 | 0) und E(1,5 | 1,5 | 2,1) modelliert.
Der Mittelpunkt der in der x-y-Ebene liegenden Grundfläche ist der Koordinatenursprung O(0 | 0 | 0). Eine der in der Spitze S des Pavillons zusammentreffenden Dachkanten ist Teil der Geraden g mit der Gleichung

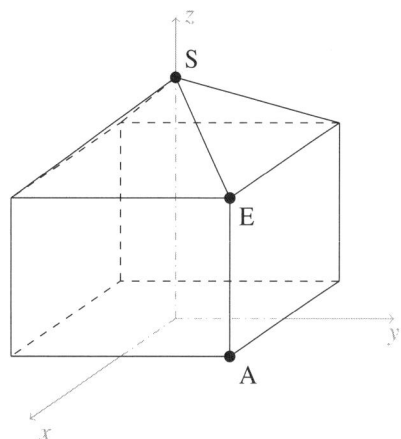

$$\vec{x} = \begin{pmatrix} -1,5 \\ 1,5 \\ 2,1 \end{pmatrix} + t \begin{pmatrix} -1,5 \\ 1,5 \\ -1 \end{pmatrix}; \quad t \in \mathbb{R}. \text{ Es gilt: } 1\,\text{LE} = 1\,\text{m}.$$

a) 3 BE. Berechnen Sie den Neigungswinkel einer Dachkante gegenüber der Grundflächenebene. 〔76〕

b) 2 BE. Ermitteln Sie die Gesamthöhe des Pavillons. 〔64〕

c) 3 BE. Eine der dreieckigen Teilflächen des Daches liegt in der Ebene H, die die Gerade 〔69〕 g und den Punkt E enthält.
Weisen Sie nach, dass diese Ebene H durch die Gleichung $3y + 4,5z = 13,95$ beschrieben werden kann.

d) 2 BE. Im Inneren des Pavillons befindet sich eine Lampe. Sie wird vereinfacht durch den 〔63〕 Punkt L(0 | 1 | 2) modelliert. Geben Sie eine Gleichung für die Gerade k an, auf der 〔64〕 neben L auch der Punkt der Ebene H liegt, der den kleinsten Abstand zum Punkt L hat. 〔72〕

→ Lösungen ab Seite 228

4.1 Stochastik (Vereinsjubiläum)

Ein Sportverein begeht sein 30-jähriges Bestehen mit einem großen Fest. Unter anderem findet ein Fußballspiel zwischen der eigenen Männermannschaft und einem Zweitligaverein statt, an das sich eine Autogrammstunde anschließt.

Während der Autogrammstunde beantworten die Spieler des Zweitligavereins Fragen, die vorher von den Besuchern eingereicht werden konnten. 30 Frauen und 50 Männer haben je eine Frage eingereicht. Die eingereichten Fragen beziehen sich zu 75 Prozent auf den Fußball. Die übrigen Fragen sind eher allgemeiner Natur. Frauen stellten zu gleichen Teilen Fragen rein fußballerischer und allgemeiner Natur.

a) 2 BE. Ermitteln Sie die Anzahl der von Männern gestellten Fragen, die eher allgemeine [51] Dinge betreffen.

b) 4 BE. Unter denjenigen, die eine Frage eingereicht haben, wird eine Person per Losent- [51] scheid ermittelt, die eine Jahreskarte für die Heimspiele des Zweitligavereins gewinnt. Um die Spannung zu erhöhen, beginnt der Vereinsvorsitzende die Bekanntgabe des Gewinners damit, dass dieser eine eher allgemeine Frage gestellt hat.
Ermitteln Sie die Wahrscheinlichkeit dafür, dass die Jahreskarte von einem Mann gewonnen wird.

c) 4 BE. An einem Imbissstand kann man eine Bratwurst zum Preis von 1,50 € kaufen. Bei [53] diesem Preis erzielt der Betreiber einen Gewinn von 0,30 € pro verkaufter Wurst. Da der Imbissstandbetreiber zu den Unterstützern des Vereins gehört, hat er ein Glücksrad aufgestellt, das aus schwarzen und weißen Sektoren besteht. Die weißen Sektoren nehmen zusammen einen Winkel von 36° ein. Erdreht ein potenzieller Käufer weiß, so erhält er die Wurst kostenlos.
Ermitteln Sie, auf wie viel Euro sich der Gewinn pro abgegebener Bratwurst durch die Aktion verringert.

→ Lösungen ab Seite 230

4.2 Stochastik (Freizeit)

Fernsehen ist die mit Abstand häufigste Freizeitbeschäftigung der deutschen Bevölkerung ab 14 Jahre: 96 % aller Personen sehen mindestens einmal pro Woche fern. Zwei weitere beliebte Freizeitbeschäftigungen der Bevölkerung sind beispielsweise Lesen (Zeitungen, Zeitschriften und Bücher): 72,6 % und Arbeit am Computer: 60,3 %.

a) 8 BE. Berechnen Sie die Wahrscheinlichkeiten der folgenden Ereignisse: [46] [53] [54]

   A: Zufällig ausgewählte Personen werden nacheinander befragt. Erst die fünfte befragte Person antwortet, dass sie gern am Computer arbeitet.

   B: Nur die dritte und fünfte von acht zufällig ausgewählten Personen arbeitet gern am Computer.

   C: Unter 20 zufällig ausgewählten Personen befinden sich mehr als 18 Personen, die mindestens einmal pro Woche fernsehen.

b) 4 BE. Berechnen Sie die Anzahl der Personen, die mindestens befragt werden müssten, [49] um mit einer Mindestwahrscheinlichkeit von 98 % wenigstens eine Person zu finden, die in ihrer Freizeit nicht gern liest.

c) 5 BE. 76 % der weiblichen Bevölkerung und 69 % der männlichen Bevölkerung lesen in [51] ihrer Freizeit gern.
   Berechnen Sie den Anteil der Frauen in der deutschen Bevölkerung.
   Veranschaulichen Sie Ihren Lösungsansatz z.B. durch ein (reduziertes) Baumdiagramm oder eine Vierfeldertafel.

Ein Buchhändler organisiert eine Lesung des aktuellen Bestsellers eines beliebten Autors. Die Veranstaltung findet in einem Saal mit einer Kapazität von 175 Plätzen statt. Da im Mittel 5 % der bestellten Karten storniert werden, lässt der Buchhändler 180 Kartenreservierungen annehmen.

d) 4 BE. Es ist k die Anzahl der stornierten Karten. [53] [54]
   Geben Sie einen Term für P(k) an, mit dem die Wahrscheinlichkeit dafür berechnet werden kann, dass genau k der 180 bestellten Karten storniert werden.
   Ermitteln Sie den größten Wert dieser Wahrscheinlichkeit P(k).

e) 4 BE. Tatsächlich nehmen 174 Besucher an der Lesung teil, darunter ein Deutschkurs und [50] dessen Lehrerin. Es werden fünf Personen ausgelost, die eine Freikarte für die nächste [54] Veranstaltung des Buchhändlers erhalten.
   Berechnen Sie die Wahrscheinlichkeit dafür, dass diese Lehrerin unter den Gewinnern einer Freikarte ist.
   Begründen Sie, dass das Modell der Binomialverteilung für die Berechnung ungeeignet ist.

→ Lösungen ab Seite 232

Teil III.

Lösungen der Abituraufgaben

Abitur 2014 – Lösungen

Aufgabe 1.1 (Hosentasche)

a) **Berechnung der Nullstellen:**

$$f_a(x) = 0$$
$$0 = (ax + 1) \cdot e^{-ax}$$
$$0 = ax + 1 \quad \text{oder} \quad e^{-ax} = 0$$
$$x = -\frac{1}{a}; \quad a \neq 0 \qquad \text{keine weitere Lösung}$$

Die Nullstelle ist nicht definiert für $a = 0$. Die dazugehörige Funktionsgleichung lautet $f_0(x) = (0 \cdot x + 1) \cdot e^{-0 \cdot x} = 1$.

b) Zu beachten ist die Abhängigkeit von a :

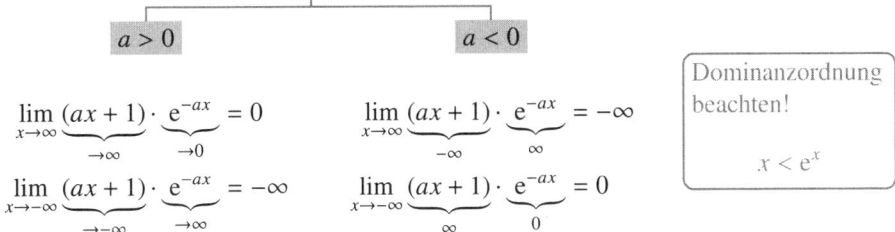

$a > 0$

$$\lim_{x \to \infty} \underbrace{(ax + 1)}_{\to \infty} \cdot \underbrace{e^{-ax}}_{\to 0} = 0$$

$$\lim_{x \to -\infty} \underbrace{(ax + 1)}_{\to -\infty} \cdot \underbrace{e^{-ax}}_{\to \infty} = -\infty$$

$a < 0$

$$\lim_{x \to \infty} \underbrace{(ax + 1)}_{-\infty} \cdot \underbrace{e^{-ax}}_{\infty} = -\infty$$

$$\lim_{x \to -\infty} \underbrace{(ax + 1)}_{\infty} \cdot \underbrace{e^{-ax}}_{0} = 0$$

> Dominanzordnung beachten!
>
> $x < e^x$

c) **Nachweis**, dass alle Graphen G_a den lokalen Extrempunkt E(0 | 1) haben:

$$f_a'(x_E) = 0$$

Demnach wird zuerst $f_a'(x)$ benötigt. Dazu kann die Produktregel angewandt werden:

$$f_a'(x) = a \cdot e^{-ax} + (ax + 1) \cdot (-a) \cdot e^{-ax}$$
$$= e^{-ax} \cdot (a + (ax + 1) \cdot (-a))$$
$$= e^{-ax} \cdot (a - a^2 x - a)$$
$$= -a^2 x \cdot e^{-ax}$$

Produktregel: $(u \cdot v)' = u' \cdot v + u \cdot v'$

u	$= ax + 1$	v	$= e^{-ax}$
u'	$= a$	v'	$= -a e^{-ax}$

Wenn nun die 1. Ableitung an der Stelle $x_E = 0$ den Wert 0 annimmt, handelt es sich um eine Extremstelle für alle Graphen G_a:

$$f_a'(0) = -a^2 \cdot 0 \cdot e^{-a \cdot 0} = 0$$

141

Anschließend untersuchen wir noch die hinreichende Bedingung:

$$f_a''(0) = e^{-a \cdot 0} \cdot (a^3 \cdot 0 - a^2) = -a^2 < 0$$

Der Punkt E(0 | 1) ist ein Hochpunkt.
Nachdem das gezeigt ist, muss noch der y-Wert parameterfrei sein:

$$f_a(0) = (a \cdot 0 + 1) \cdot e^{-a \cdot 0} = 1$$

Somit ist gezeigt, dass E(0 | 1) für alle Graphen G_a ein lokaler Extrempunkt ist.

Bestimmung des Wendepunktes W_a:

Wir erhalten die Wendestelle durch die notwendige Bedingung:

$$f_a''(x) = 0$$

$$0 = e^{-ax} \cdot \left(a^3 x - a^2\right) \qquad | : e^{-ax}$$

$$0 = a^3 x - a^2 \qquad | + a^2$$

$$a^2 = a^3 x \qquad | : a^3$$

$$x = \frac{1}{a}$$

Da wir auf die hinreichende Bedingung verzichten können, müssen wir nun die y-Koordinate des Wendepunktes berechnen.

$$f_a\left(\frac{1}{a}\right) = \left(a \cdot \frac{1}{a} + 1\right) \cdot e^{-a \cdot \frac{1}{a}} = 2 \cdot e^{-1}$$

$$\Rightarrow W_a\left(\frac{1}{a} \,\middle|\, 2 \cdot e^{-1}\right)$$

Gleichung von g aufstellen:

Wir können die Gleichung des Graphen von g durch die Punktsteigungsform einer linearen Funktion aufstellen.

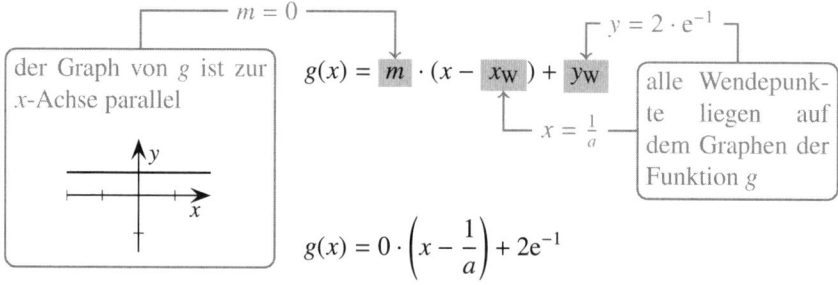

$$g(x) = 0 \cdot \left(x - \frac{1}{a}\right) + 2e^{-1}$$

Die Funktionsgleichung für g ist $g(x) = 2e^{-1}$.

d) Für f_a und deren Stammfunktion F_a gilt: $F_a'(x) = f_a(x)$. Wird der Funktionsterm von F_a unter Zuhilfenahme der Produktregel abgeleitet, sollte sich der Funktionsterm von f_a ergeben:

$$F_a'(x) = -1 \cdot e^{-ax} + \left(-x - \frac{2}{a}\right) \cdot (-a)e^{-ax}$$

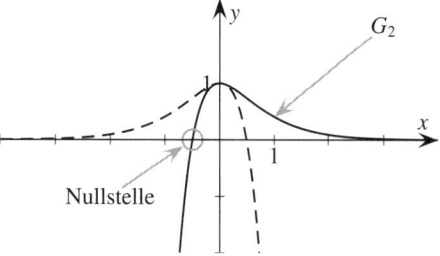

$$= e^{-ax} \cdot \left(-1 + \left(-x - \frac{2}{a}\right) \cdot (-a)\right)$$

$$= e^{-ax} \cdot (-1 + ax + 2)$$

$$= (ax + 1) \cdot e^{-ax} = f_a(x)$$

e) **begründete Zuordnung der Graphen:**

Zuerst sollte ausfindig gemacht werden, welcher Graph G_2 und welcher G_{-2} entspricht. Am einfachsten geht das mit Hilfe der Nullstelle. Laut Aufgabe a) hat G_2 eine Nullstelle bei $x = -\frac{1}{2}$. Demnach ist der durchgezogene Graph G_2 und der gestrichelt dargestellte G_{-2}.

Weiterhin lassen sich den Graphen die Wendepunkte $\left(0{,}5 \mid 2e^{-1}\right)$ bzw. $\left(-0{,}5 \mid 2e^{-1}\right)$, der Extrempunkt $(0 \mid 1)$ aus Aufgabe c) und das Grenzwertverhalten aus Aufgabe b) zuordnen, weshalb sie zu den Graphen der Funktionsschar f_a gehören müssen.

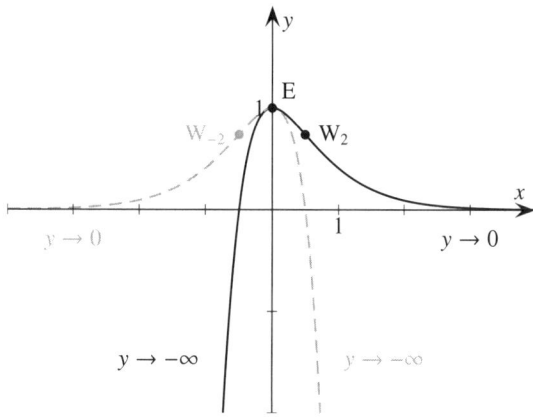

Funktionsgleichungen zum unteren Rand bestimmen:

Graph G_2	— Spiegelung an x-Achse →	Graph G_2^*
Funktionsgleichung		Funktionsgleichung
$f_2(x) = (2x + 1) \cdot e^{-2x}$	$f_2^*(x) = -f_2(x)$ →	$f_2^*(x) = -(2x + 1) \cdot e^{-2x}$

Der zweite Teil des Randes entsteht analog durch Spiegelung von G_{-2} an der x-Achse.

Somit ergibt sich die Funktionsgleichung

$$f_{-2}^*(x) = -f_{-2}(x) = -(-2x + 1) \cdot e^{2x} = (2x - 1) \cdot e^{2x}$$

mit dem Graphen G_{-2}^*:

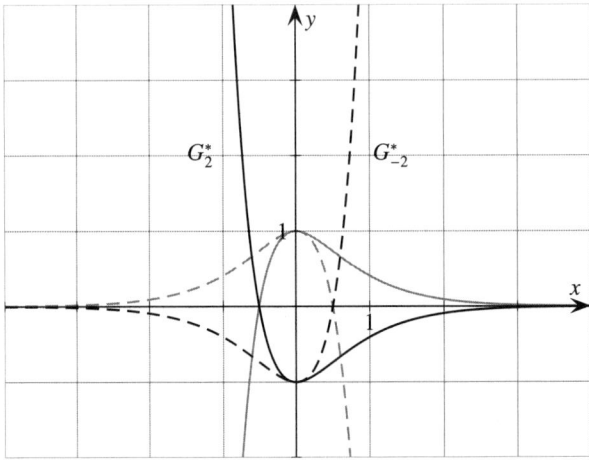

Bestimmung der Größe der schraffierten Fläche: Aufgrund der Symmetrie der Hosentasche reicht es, wenn die Größe der schraffierten Fläche im 1. Quadranten bestimmt wird. Die Stammfunktionen wurden aus Teilaufgabe d) hergeleitet.

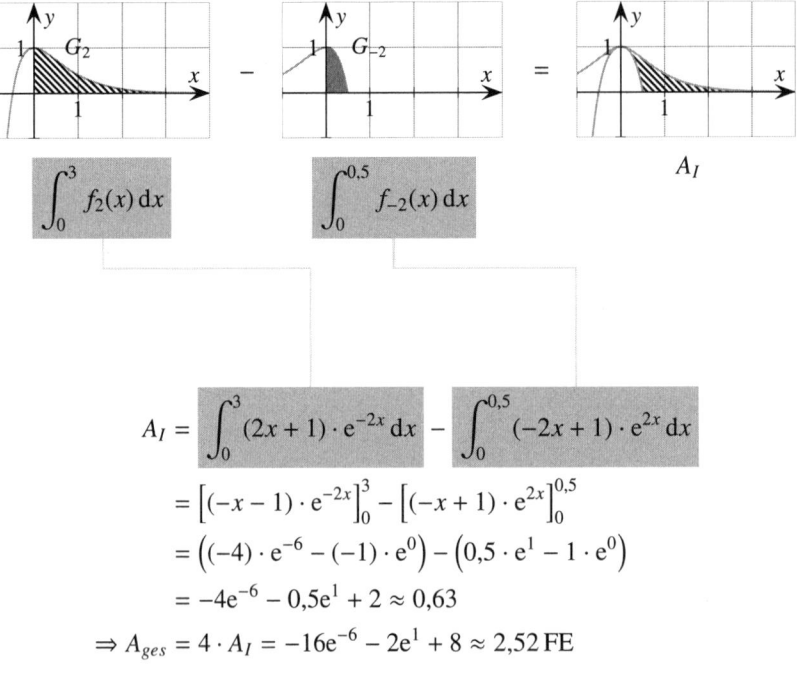

$$A_I = \int_0^3 (2x+1) \cdot e^{-2x}\, dx - \int_0^{0,5} (-2x+1) \cdot e^{2x}\, dx$$

$$= \left[(-x-1) \cdot e^{-2x}\right]_0^3 - \left[(-x+1) \cdot e^{2x}\right]_0^{0,5}$$

$$= \left((-4) \cdot e^{-6} - (-1) \cdot e^0\right) - \left(0,5 \cdot e^1 - 1 \cdot e^0\right)$$

$$= -4e^{-6} - 0,5e^1 + 2 \approx 0,63$$

$$\Rightarrow A_{ges} = 4 \cdot A_I = -16e^{-6} - 2e^1 + 8 \approx 2,52 \, \text{FE}$$

f) Bei dieser Aufgabe handelt es sich um eine Funktionsrekonstruktion. Allerdings soll nur der Parameter c ermittelt werden. Für b genügt es, eine Gleichung aufzustellen, mit der man den Parameter bestimmen könnte. Die Skizze veranschaulicht die wichtigsten Informationen, die der Text hergibt.
Der Parameter c lässt sich leicht dadurch bestimmen, dass E auf dem Graphen G_p liegen soll:

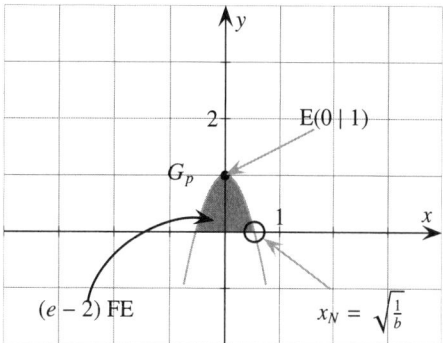

$$E(0 \mid 1) \in G_p \Rightarrow p(0) = 1 \Rightarrow c = 1$$

Um den Flächeninhalt berücksichtigen zu können, muss ein Integral gelöst werden, dazu bedarf es allerdings erst der Integrationsgrenzen. Daraus folgt die Bestimmung der Nullstellen:

$$p(x) = 0$$
$$0 = -bx^2 + 1$$
$$x = \pm\sqrt{\frac{1}{b}}; \qquad b > 0$$

Daraus kann z.B. folgende Gleichung zur Bestimmung von b aufgestellt werden:

$$2 \cdot \int_0^{\sqrt{\frac{1}{b}}} -bx^2 + 1 \, dx = e - 2$$

145

Aufgabe 1.2 (Optikerlogo)

a) **Definitionsbereich** von $f_a(x) = \sqrt{ax} - \frac{1}{2}x^2$: $\mathbb{D}_f = \{x \in \mathbb{R} \mid x \geq 0\}$

> die Wurzel ist nicht definiert für $ax < 0$

Verhalten für $x \to +\infty$: $\displaystyle\lim_{x \to \infty} \underbrace{\sqrt{ax}}_{\to \infty} - \underbrace{\frac{1}{2}x^2}_{\to \infty} = -\infty$

> Dominanzordnung beachten!
> $\sqrt{x} < x^2$

Nullstellen:

$$f_a(x) = 0$$
$$\sqrt{ax} - \frac{1}{2}x^2 = 0 \qquad \Big| + \frac{1}{2}x^2$$
$$\sqrt{ax} = \frac{1}{2}x^2 \qquad \Big| ()^2$$
$$ax = \frac{1}{4}x^4 \qquad \Big| - ax$$
$$0 = \frac{1}{4}x^4 - ax$$
$$0 = \boxed{x} \cdot \left(\frac{1}{4}x^3 - a\right)$$
$$0 = \boxed{x} \qquad \text{oder} \qquad \frac{1}{4}x^3 - a = 0$$
$$x_1 = 0 \qquad\qquad\qquad x_2 = \sqrt[3]{4a}$$

b) **Bestimmung der Ableitungsfunktion**: Um das Ableiten der Funktion zu erleichtern, können wir die Wurzel in eine Potenz mit rationalem Exponenten umschreiben und dann mittels Kettenregel ableiten:

$$f_a(x) = \sqrt{ax} - \frac{1}{2}x^2 = (ax)^{\frac{1}{2}} - \frac{1}{2}x^2$$
$$\Rightarrow f_a'(x) = \frac{1}{2}(ax)^{-\frac{1}{2}} \cdot a - \frac{1}{2} \cdot 2x$$
$$= \frac{1}{2(ax)^{\frac{1}{2}}} \cdot a - x$$
$$= \frac{a}{2\sqrt{ax}} - x$$

Extrempunkt bestimmen: Es reicht die Extremstelle zu berechnen, da der y-Wert des lokalen Extrempunktes keinen Einfluss auf dessen Art hat.

$$f_a'(x) = 0$$
$$0 = \frac{a}{2\sqrt{ax}} - x \qquad \Big| + x$$

146

$$x = \frac{a}{2\sqrt{ax}} \qquad\qquad |()^2$$

$$x^2 = \frac{a^2}{4ax} \qquad\qquad |\text{kürzen}$$

$$x^2 = \frac{a}{4x} \qquad\qquad |\cdot x$$

$$x^3 = \frac{a}{4} \qquad\qquad |\sqrt[3]{\ldots}$$

$$x = \sqrt[3]{\frac{a}{4}}$$

Begründung für Hochpunkt: Ein Hochpunkt kann mit Hilfe der hinreichenden Bedingung nachgewiesen werden. Demnach wird die 2. Ableitung von f_a benötigt.

$$f_a'(x) = \frac{a}{2a^{\frac{1}{2}}x^{\frac{1}{2}}} - x$$

$$= \frac{1}{2}a^{\frac{1}{2}}x^{-\frac{1}{2}} - x$$

$$f_a''(x) = \frac{1}{2}a^{\frac{1}{2}} \cdot \left(-\frac{1}{2}\right)x^{-\frac{3}{2}} - 1$$

$$= -\frac{1}{4}a^{\frac{1}{2}}x^{-\frac{3}{2}} - 1$$

Potenzgesetze nutzen!

$$\frac{a^n}{a^m} = a^{n-m}$$

$$\frac{1}{x^{\frac{1}{2}}} = x^{-\frac{1}{2}}$$

Setzt man jetzt $x_E = \sqrt[3]{\frac{a}{4}}$ in die zweite Ableitung ein, so kann der Hochpunkt nachgewiesen werden:

$$f_a''\left(\sqrt[3]{\frac{a}{4}}\right) = -\frac{1}{4}a^{\frac{1}{2}}\left(\sqrt[3]{\frac{a}{4}}\right)^{-\frac{3}{2}} - 1$$

$$= -\frac{1}{4}a^{\frac{1}{2}} \cdot \left(\frac{a}{4}\right)^{\frac{1}{3}\cdot\left(-\frac{3}{2}\right)} - 1$$

$$= -\frac{1}{4}a^{\frac{1}{2}} \cdot a^{-\frac{1}{2}} \cdot \left(\frac{1}{4}\right)^{-\frac{1}{2}} - 1$$

$$= -\frac{1}{4} \cdot 2 - 1$$

$$= -\frac{3}{2} < 0$$

Wurzeln in Potenzen umschreiben!

$$\sqrt[3]{\frac{a}{4}} = \left(\frac{a}{4}\right)^{\frac{1}{3}}$$

Potenzgesetze nutzen!

$$(a^n)^m = a^{n\cdot m}$$

Somit ergibt sich für jedes $a > 0$, dass der lokale Extrempunkt von G_a immer ein Hochpunkt ist. **Hochpunkt für $a = 4$:**

$$x = \sqrt[3]{\frac{4}{4}} = \sqrt[3]{1} = 1, \quad f_4(1) = \sqrt{4\cdot 1} - \frac{1}{2}\cdot 1^2 = 2 - \frac{1}{2} = \frac{3}{2}$$

$$\Rightarrow \qquad H_4\left(1 \mid \frac{3}{2}\right)$$

c) Um dieses Problem zu lösen, ist es hilfreich, einen Graphen der Funktionsschar
f_a und die passende Tangente an den
Punkt $(1 \mid f_a(1))$ zu skizzieren. Da wir
den Hochpunkt für $a = 4$ bereits berechnet haben, sollten wir auch den Graphen
G_4 darstellen (siehe Skizze).

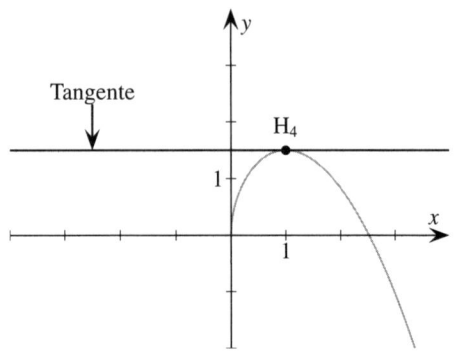

Je nachdem, wie a verändert wird, verändert sich der Verlauf des Graphen der Funktion
und somit auch der Anstieg der Tangenten. Wir können dabei zwei Fälle diskutieren:

für $0 < a < 4$ | für $a > 4$

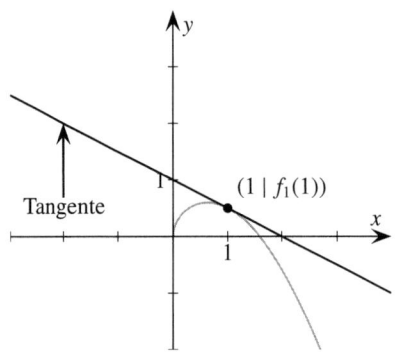

Damit ein gleichschenkliges Dreieck entstehen kann, muss der Anstieg der Tangenten -1 betragen:

$$m = f_a'(1)$$

$$-1 = \frac{a}{2\sqrt{a}} - 1 \qquad | + 1$$

$$0 = \frac{a}{2\sqrt{a}} \qquad | \cdot 2\sqrt{a}$$

$$a = 0$$

entfällt, da $a > 0$

Damit ein gleichschenkliges Dreieck entstehen kann, muss der Anstieg der Tangenten $+1$ betragen:

$$m = f_a'(1)$$

$$+1 = \frac{a}{2\sqrt{a}} - 1 \qquad | + 1$$

$$2 = \frac{a}{2\sqrt{a}}$$

$$2 = \frac{\sqrt{a}\sqrt{a}}{2\sqrt{a}}$$

$$2 = \frac{\sqrt{a}}{2} \qquad | \cdot 2$$

$$4 = \sqrt{a} \qquad |()^2$$

$$a = 16$$

Für den Parameterwert $a = 16$ wird ein gleichschenkliges Dreieck eingeschlossen.

d) **Funktionsgleichung von K bestimmen:**

Graph G_2	$\longleftarrow$ *Spiegelung an x-Achse* $\rightarrow$	Graph K

Funktionsgleichung   *Funktionsgleichung*

$f_2(x) = \sqrt{2x} - \frac{1}{2}x^2$	$k(x) = -f_2(x)$ $\longrightarrow$	$k(x) = -\sqrt{2x} + \frac{1}{2}x^2$

Eingeschlossene Fläche: Die entsprechende Formel für die Integration ist im Theorieteil zu finden.

$$A = 2 \cdot \int_0^2 f_2(x)\,dx$$

$$= 2 \cdot \int_0^2 \sqrt{2x} - \frac{1}{2}x^2\,dx$$

$$= 2 \cdot \int_0^2 (2x)^{\frac{1}{2}} - \frac{1}{2}x^2\,dx$$

$$= 2 \cdot \left[\frac{2}{3}(2x)^{\frac{3}{2}} \cdot \frac{1}{2} - \frac{1}{6}x^3\right]_0^2$$

$$= 2 \cdot \left[\frac{1}{3} \cdot (2x)^{\frac{3}{2}} - \frac{1}{6}x^3\right]_0^2 = \frac{8}{3}\,\text{FE}$$

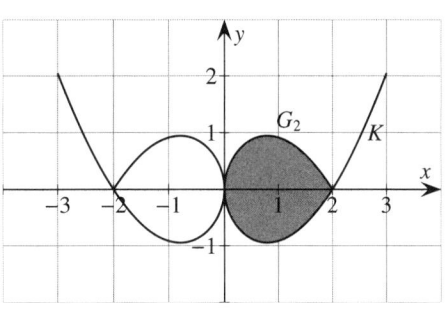

Umrechnung von FE in m^2:

1 LE   1 FE $\longrightarrow$ 0,5 m   0,25 m^2 $\longrightarrow$ 1 FE = 0,25 m^2

1 LE   0,5 m

Somit ist $A = \frac{8}{3}\,\text{FE} = \frac{8}{3} \cdot 0,25\,\text{m}^2 = \frac{2}{3}\,\text{m}^2$.

e) Die gespiegelten Graphen werden mit G_2^* und K^* bezeichnet. Die passenden Funktionen lauten f_2^* und k^*.

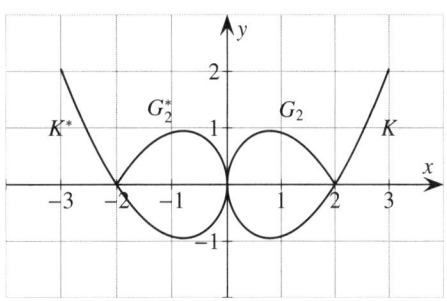

149

Bestimmung der Funktionsgleichungen:

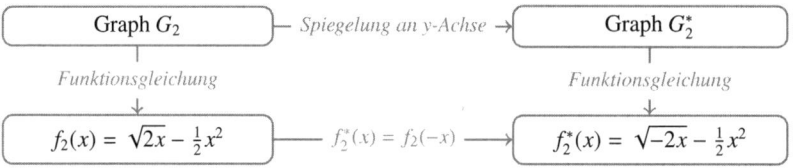

Die ermittelte Funktionsgleichung lautet: $f_2^*(x) = \sqrt{-2x} - \frac{1}{2}x^2$.

```
┌─────────────────────┐                        ┌─────────────────────┐
│      Graph K        │─ Spiegelung an y-Achse →│      Graph K*        │
└─────────────────────┘                        └─────────────────────┘
        │                                               │
  Funktionsgleichung                            Funktionsgleichung
        ↓                                               ↓
┌─────────────────────┐                        ┌─────────────────────┐
│ k(x) = -√2x + ½x²   │── k*(x) = k(-x) ──────→│ k*(x) = -√-2x + ½x²  │
└─────────────────────┘                        └─────────────────────┘
```

Die ermittelte Funktionsgleichung lautet: $k^*(x) = -\sqrt{-2x} + \frac{1}{2}x^2$.

Bestimmung der gemeinsamen Tangenten: Für eine gemeinsame Tangente müssen lediglich die Anstiege der beiden Graphen der Funktionen f_2 und k im Ursprung übereinstimmen. Betrachten wir die erste Ableitung von f_2, so fällt jedoch auf, dass sie für $x = 0$ nicht definiert ist. Somit muss der Grenzwert des Anstiegs betrachtet werden:

$$\lim_{x \to 0^+} f_2'(x) = \lim_{x \to 0^+} \underbrace{\frac{1}{\sqrt{2x}}}_{\to \infty} - \underbrace{x}_{\to 0} = +\infty$$

Wegen der Symmetrie der Graphen der Funktionen f_2 und k erhalten wir $\lim\limits_{x \to 0^+} k'(x) = -\infty$.
Die y-Achse ist also eine gemeinsame Tangente von G_2 und K, woraus folgt, dass sie keinen „Knick" haben.

Aufgabe 2.1 Installation

a) C_k ist eine Punkteschar, die in eine Geradengleichung übertragen werden kann:

$$\overrightarrow{OC_k} = \begin{pmatrix} 2+k \\ -3+4k \\ 10-k \end{pmatrix} = \begin{pmatrix} 2 \\ -3 \\ 10 \end{pmatrix} + \begin{pmatrix} k \\ 4k \\ -k \end{pmatrix} = \begin{pmatrix} 2 \\ -3 \\ 10 \end{pmatrix} + k \cdot \begin{pmatrix} 1 \\ 4 \\ -1 \end{pmatrix}$$

$$\Rightarrow \qquad g : \vec{x} = \begin{pmatrix} 2 \\ -3 \\ 10 \end{pmatrix} + k \cdot \begin{pmatrix} 1 \\ 4 \\ -1 \end{pmatrix}; \qquad k \in \mathbb{R}$$

$$\boxed{\overrightarrow{OA}} \qquad\qquad\qquad \boxed{\overrightarrow{OB} - \overrightarrow{OA}}$$

$$g_{AB} : \vec{x} = \begin{pmatrix} 5 \\ 3 \\ 1 \end{pmatrix} + r \cdot \begin{pmatrix} -8 \\ 4 \\ 8 \end{pmatrix}; \qquad r \in \mathbb{R}$$

Lagebeziehung von g und g_{AB}: Wir untersuchen, ob g und g_{AB} einen gemeinsamen Punkt haben. Dazu setzen wir g und g_{AB} gleich:

$$\begin{pmatrix} 2 \\ -3 \\ 10 \end{pmatrix} + k \cdot \begin{pmatrix} 1 \\ 4 \\ -1 \end{pmatrix} = \begin{pmatrix} 5 \\ 3 \\ 1 \end{pmatrix} + r \cdot \begin{pmatrix} -8 \\ 4 \\ 8 \end{pmatrix} \qquad | \text{ umstellen}$$

$$\Rightarrow \qquad k \cdot \begin{pmatrix} 1 \\ 4 \\ -1 \end{pmatrix} - r \cdot \begin{pmatrix} -8 \\ 4 \\ 8 \end{pmatrix} = \begin{pmatrix} 3 \\ 6 \\ -9 \end{pmatrix}$$

Zeilenweise umschreiben in ein LGS:

$$\begin{array}{rrrcr}
\text{I}: & k & + \ 8r & = & 3 \\
\text{II}: & 4k & - \ 4r & = & 6 \\
\text{III}: & -k & - \ 8r & = & -9 \\
\end{array}$$

$$\text{III}': \qquad\qquad 0 \ = \ -6 \quad \text{falsche Aussage}$$

Nun muss nur noch gezeigt werden, dass die Geraden g und g_{AB} nicht parallel sind. Dazu prüfen wir die Richtungsvektoren auf lineare Abhängigkeit:

$$q \cdot \begin{pmatrix} 1 \\ 4 \\ -1 \end{pmatrix} = \begin{pmatrix} -8 \\ 4 \\ 8 \end{pmatrix} \Rightarrow
\begin{array}{rrclcll}
\text{I}: & q & = & -8 & \Rightarrow & q = 8 & \\
\text{II}: & 4q & = & 4 & \Rightarrow & q = 1 & \text{linear} \\
\text{III}: & -q & = & 8 & \Rightarrow & q = -8 & \text{unabhängig}
\end{array}$$

Somit sind g und g_{AB} windschief.

b) **ABC$_0$ ist gleichschenklig:**

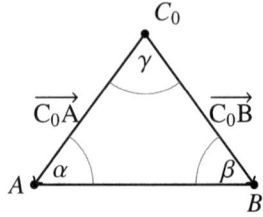

$$\left|\overrightarrow{C_0A}\right| = \left\|\begin{pmatrix} 3 \\ 6 \\ -9 \end{pmatrix}\right\|$$

$$= \sqrt{3^2 + 6^2 + (-9)^2}$$

$$= 3 \cdot \sqrt{14}$$

$$\left|\overrightarrow{C_0B}\right| = \left\|\begin{pmatrix} -5 \\ -10 \\ 1 \end{pmatrix}\right\|$$

$$= \sqrt{(-5)^2 + (-10)^2 + 1^2}$$

$$= 3 \cdot \sqrt{14}$$

$$\left|\overrightarrow{AB}\right| = \left\|\begin{pmatrix} -8 \\ 4 \\ 8 \end{pmatrix}\right\|$$

$$= \sqrt{(-8)^2 + 4^2 + 8^2}$$

$$= 12$$

Da $\left|\overrightarrow{C_0A}\right| = \left|\overrightarrow{C_0B}\right|$, ist das Dreieck ABC$_0$ gleichschenklig.

Berechnung der Basiswinkel:

$$\cos \alpha = \frac{\begin{pmatrix} -8 \\ 4 \\ 8 \end{pmatrix} \cdot \begin{pmatrix} -3 \\ -6 \\ 9 \end{pmatrix}}{\left\|\begin{pmatrix} -8 \\ 4 \\ 8 \end{pmatrix}\right\| \cdot \left\|\begin{pmatrix} -3 \\ -6 \\ 9 \end{pmatrix}\right\|} = \frac{-8 \cdot (-3) + 4 \cdot (-6) + 8 \cdot 9}{\sqrt{(-8)^2 + 4^2 + 8^2} \cdot \sqrt{(-3)^2 + (-6)^2 + 9^2}} = \frac{\sqrt{14}}{7}$$

$$\Rightarrow \alpha = \cos^{-1}\left(\frac{\sqrt{14}}{7}\right) \approx 57{,}69°, \text{ somit ist } \beta \approx 57{,}69°$$

Berechnung des Flächeninhalts:

$$A = \frac{1}{2} \cdot \left\|\begin{pmatrix} -8 \\ 4 \\ 8 \end{pmatrix} \times \begin{pmatrix} -3 \\ -6 \\ 9 \end{pmatrix}\right\| = \frac{1}{2} \cdot \left\|\begin{pmatrix} 84 \\ 48 \\ 60 \end{pmatrix}\right\|$$

$$= \sqrt{84^2 + 48^2 + 60^2} = 18\sqrt{10} \approx 56{,}92\,\text{m}^2$$

c) In der Ebene, zu der A und B symmetrisch liegen , sollen Stahlschnüre zwischen den Segeltüchern gespannt werden.

- $\overrightarrow{AB}$ ist Normalenvektor
- Mittelpunkt von Strecke AB liegt auf der Ebene

E

A · B

M(1 | 5 | 5)

$$\overrightarrow{AB} = \begin{pmatrix} -8 \\ 4 \\ 8 \end{pmatrix} \text{ kürzen: } \vec{n} = \begin{pmatrix} -2 \\ 1 \\ 2 \end{pmatrix}$$

$$E : -2x + y + 2z = d$$

d ermitteln, indem M eingesetzt wird

$$d = -2 \cdot 1 + 5 + 2 \cdot 5 = 13$$
$$\Rightarrow E : -2x + y + 2z = 13$$

Zeigen Sie, dass alle Stahlschnüre am Seil aus Aufgabe a) befestigt werden können.

Gerade g soll Teilmenge von Ebene E sein.

Gerade g in Koordinatenform von Ebene E zeilenweise einsetzen:

$$-2(2 + k) + (-3 + 4k) + 2(10 - k) = 13$$
$$13 = 13 \Rightarrow g \subset E$$

d) Alle Punkte C_k liegen laut Aufgabe c) auf der Ebene E, da $C_k \in g \subset E$. Da A und B laut Aufgabe c) symmetrisch zu E liegen, müssen sie immer den gleichen Abstand zu C_k haben.

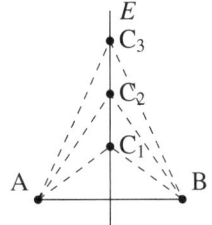

e) Um die kleinstmögliche Fläche bestimmen zu können, sollte zuerst die Fläche allgemein bestimmt werden.

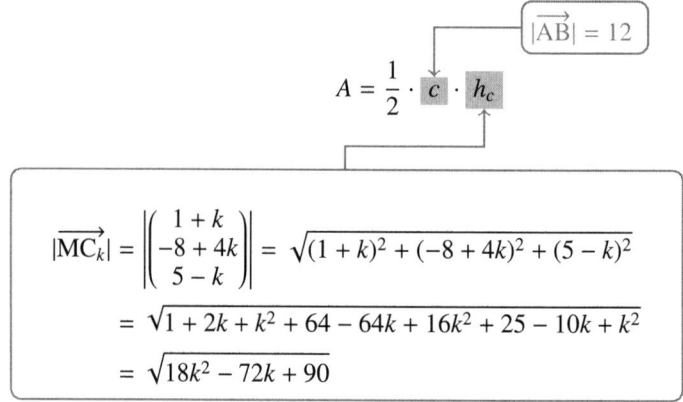

$$A = \frac{1}{2} \cdot \boxed{c} \cdot \boxed{h_c} \qquad \boxed{|\overrightarrow{AB}| = 12}$$

$$|\overrightarrow{MC_k}| = \left\| \begin{pmatrix} 1+k \\ -8+4k \\ 5-k \end{pmatrix} \right\| = \sqrt{(1+k)^2 + (-8+4k)^2 + (5-k)^2}$$

$$= \sqrt{1 + 2k + k^2 + 64 - 64k + 16k^2 + 25 - 10k + k^2}$$

$$= \sqrt{18k^2 - 72k + 90}$$

$$\Rightarrow A = 6 \cdot \sqrt{18k^2 - 72k + 90} \qquad \boxed{\text{muss minimal werden}}$$

Term in der Wurzel ableiten und Minimum ermitteln

$$\text{Sei} f(k) = 18k^2 - 72k + 90$$

$$\Rightarrow f'(k) = 36k - 72 \Rightarrow f''(k) = 36$$

$$f'(k) = 0 \Rightarrow 0 = 36k - 72 \Rightarrow k = 2$$

$$f''(2) = 36 > 0 \Rightarrow \text{lokales Minimum}$$

Der Flächeninhalt des aufgespannten Dreiecks wird somit für $k = 2$ minimal und ergibt den Punkt $C_2(4 \mid 5 \mid 8)$.

Aufgabe 2.2 Skigebiet

a) **Gleichung für** h:

$\boxed{\overrightarrow{OP_1}}$ $\boxed{\overrightarrow{OP_2} - \overrightarrow{OP_1}}$

$$h : \vec{x} = \begin{pmatrix} -2 \\ 8 \\ 13,5 \end{pmatrix} + s \cdot \begin{pmatrix} -2 \\ 4 \\ 2 \end{pmatrix}; \qquad s \in \mathbb{R}$$

Die **Koordinaten von** Q erhalten wir, indem wir g und h gleichsetzen:

$$\begin{pmatrix} -2 \\ 8 \\ 13,5 \end{pmatrix} + s \cdot \begin{pmatrix} -2 \\ 4 \\ 2 \end{pmatrix} = \begin{pmatrix} -2 \\ 11 \\ 15 \end{pmatrix} + r \cdot \begin{pmatrix} -2 \\ -2 \\ 1 \end{pmatrix}$$

Umschreiben in ein LGS:

$$
\begin{array}{rrrrrrr}
\text{I}: & -2 & - & 2s & = & -2 & - & 2r \\
\text{II}: & 8 & + & 4s & = & 11 & - & 2r \\
\text{III}: & 13,5 & + & 2s & = & 15 & - & r \\
\end{array}
$$

$$
\begin{array}{rrrrrr}
\text{I}: & -2s & + & 2r & = & 0 \\
\text{II}: & 4s & + & 2r & = & 3 \\
\text{III}: & 2s & + & r & = & 1,5 \\
\end{array}
$$

$$
\begin{array}{rrrll}
\text{II}:' & -6s & = & -3 & \Rightarrow s = 0,5 \\
\text{III}:' & 3r & = & 1,5 & \Rightarrow r = 0,5 \\
\end{array}
$$

Indem $r = 0,5$ in g und $s = 0,5$ in h eingesetzt wird, kann der Schnittpunkt Q bestimmt werden und gleichzeitig die Rechnung auf ihre Richtigkeit überprüft werden.

$$\overrightarrow{OQ} = \begin{pmatrix} -2 \\ 8 \\ 13,5 \end{pmatrix} + 0,5 \cdot \begin{pmatrix} -2 \\ 4 \\ 2 \end{pmatrix} = \begin{pmatrix} -3 \\ 10 \\ 14,5 \end{pmatrix} \Rightarrow Q(-3 \mid 10 \mid 14,5)$$

$$\overrightarrow{OQ} = \begin{pmatrix} -2 \\ 11 \\ 15 \end{pmatrix} + 0,5 \cdot \begin{pmatrix} -2 \\ -2 \\ -1 \end{pmatrix} = \begin{pmatrix} -3 \\ 10 \\ 14,5 \end{pmatrix} \Rightarrow Q(-3 \mid 10 \mid 14,5)$$

b) Zeigen, dass P_3 auf der Piste h liegt: ←── Punktprobe

Für eine Punktprobe kann der Ortsvektor $\overrightarrow{OQ}$ in die Gleichung von h eingesetzt werden:

$$\begin{pmatrix} -3,5 \\ 11 \\ 15 \end{pmatrix} = \begin{pmatrix} -2 \\ 8 \\ 13,5 \end{pmatrix} + s \cdot \begin{pmatrix} -2 \\ 4 \\ 2 \end{pmatrix}$$

Umschreiben in ein LGS:

$$
\begin{array}{lrclcrclcl}
\text{I}: & -3,5 & = & -2 & - & 2s & \Rightarrow & -1,5 & = & -2s & \Rightarrow s = 0,75 \\
\text{II}: & 11 & = & 8 & + & 4s & \Rightarrow & 3 & = & 4s & \Rightarrow s = 0,75 \\
\text{III}: & 15 & = & 13,5 & + & 2s & \Rightarrow & 1,5 & = & 2s & \Rightarrow s = 0,75
\end{array}
$$

$\Rightarrow Q \in h.$

Geschwindigkeit:

$v = \dfrac{s}{t}$

zurückgelegter Weg von P_2 nach P_3:

$$\left| \overrightarrow{P_2P_3} \right| = \left\| \begin{pmatrix} 0,5 \\ -1 \\ -0,5 \end{pmatrix} \right\| = \sqrt{0,5^2 + (-1)^2 + (-0,5)^2} = \sqrt{1,5}$$

$$\Rightarrow s = \sqrt{1,5}\,\text{LE} = \sqrt{1,5} \cdot 100\,\text{m}$$

Zeit: $t = 20\,\text{s}$

$$\Rightarrow v = \frac{\sqrt{1,5} \cdot 100\,\text{m}}{20\,\text{s}} = 6,12\frac{\text{m}}{\text{s}} = 22,05\frac{\text{km}}{\text{h}} \quad \left(1\frac{\text{m}}{\text{s}} = 3,6\frac{\text{km}}{\text{h}} \right)$$

Winkel zwischen Piste und einer Horizontalen:

$$\sin\alpha = \frac{\vec{v} \cdot \vec{n}}{|\vec{v}| \cdot |\vec{n}|} = \frac{\begin{pmatrix} -2 \\ 4 \\ 2 \end{pmatrix} \cdot \begin{pmatrix} 0 \\ 0 \\ 1 \end{pmatrix}}{\left\| \begin{pmatrix} -2 \\ 4 \\ 2 \end{pmatrix} \right\| \cdot \left\| \begin{pmatrix} 0 \\ 0 \\ 1 \end{pmatrix} \right\|}$$

senkrecht zur horizontalen Ebene ──→

Piste

Horizontale

$$= \frac{2}{\sqrt{2^2 + 4^2 + 2^2} \cdot \sqrt{1^2}} = \frac{2}{\sqrt{24}}$$

Es ergibt sich der Winkel $\alpha = \sin^{-1}\left(\frac{2}{\sqrt{24}} \right) \approx 24{,}09°$

c) **Koordinatengleichung** der Ebene E, 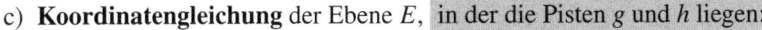 in der die Pisten g und h liegen:

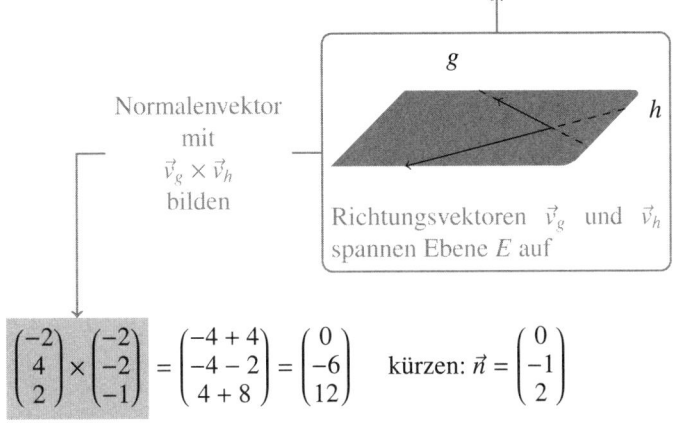

Normalenvektor mit $\vec{v}_g \times \vec{v}_h$ bilden

Richtungsvektoren $\vec{v}_g$ und $\vec{v}_h$ spannen Ebene E auf

$$\begin{pmatrix} -2 \\ 4 \\ 2 \end{pmatrix} \times \begin{pmatrix} -2 \\ -2 \\ -1 \end{pmatrix} = \begin{pmatrix} -4+4 \\ -4-2 \\ 4+8 \end{pmatrix} = \begin{pmatrix} 0 \\ -6 \\ 12 \end{pmatrix} \quad \text{kürzen: } \vec{n} = \begin{pmatrix} 0 \\ -1 \\ 2 \end{pmatrix}$$

$$E : 0x - y + 2z = d$$

d ermitteln, indem Stützvektor von g eingesetzt wird

$$d = -11 + 2 \cdot 15 = -11 + 30 = 19$$
$$\Rightarrow E : 0x - y + 2z = 19$$

Nachweis Parallelität:

$$\begin{pmatrix} 0 \\ -1 \\ 2 \end{pmatrix} \cdot \begin{pmatrix} 5 \\ 2 \\ 1 \end{pmatrix} = 0 \cdot 5 + (-1) \cdot 2 + 2 \cdot 1 = -2 + 2 = 0$$

Da der Richtungsvektor der Bahn b senkrecht zum Normalenvektor der Ebene E verläuft, sind E und b parallel.

Abstand: Hier besteht das Abstandsproblem Ebene/Gerade. Es kann folgende Formel benutzt werden:

Stützvektor von b einsetzen

$$d(b,E) = \frac{|0\,x - y + 2\,z - 19|}{\sqrt{0^2 + 1^2 + 2^2}}$$

$$= \frac{|0 \cdot (-3{,}75) - 12 + 2 \cdot 15{,}75 - 19|}{\sqrt{5}} = \frac{\sqrt{5}}{10} \approx 0{,}22\,\text{LE} = 220\,\text{m}$$

d) Um den Winkel P_1KP_2 zu bestimmen, kann die Formel für „Winkel zwischen zwei Vektoren" verwendet werden. Dafür werden die beiden Vektoren benötigt, die den Winkel β einschließen.

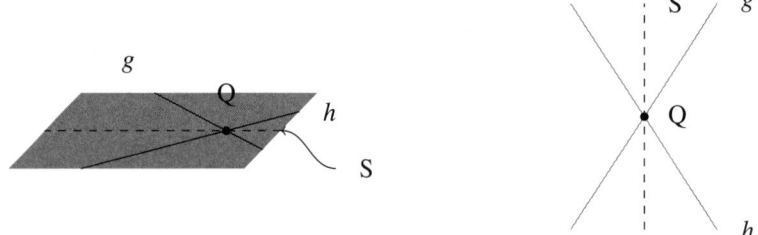

$$\cos\beta = \frac{\overrightarrow{KP_1} \cdot \overrightarrow{KP_2}}{\left|\overrightarrow{KP_1}\right| \cdot \left|\overrightarrow{KP_2}\right|} = \frac{\begin{pmatrix} -2 \\ 1 \\ -2{,}25 \end{pmatrix} \cdot \begin{pmatrix} -4 \\ 5 \\ -0{,}25 \end{pmatrix}}{\left|\begin{pmatrix} -2 \\ 1 \\ -2{,}25 \end{pmatrix}\right| \cdot \left|\begin{pmatrix} -4 \\ 5 \\ -0{,}25 \end{pmatrix}\right|}$$

$$= \frac{-2 \cdot (-4) + 1 \cdot 5 + (-2{,}25) \cdot 0{,}25}{\sqrt{2^2 + 1^2 + 2{,}25^2} \cdot \sqrt{4^2 + 5^2 + 0{,}25^2}} \approx 0{,}6672$$

$$\Rightarrow \beta = \cos^{-1}(0{,}6672) \approx 48{,}15°$$

e) Zur Veranschaulichung des Problems wurden zwei Skizzen erstellt. Links ist zu sehen, dass der Punkt S auf einer Geraden liegt, die in die Ebene E eingebettet ist und zwischen g und h liegt. Rechts daneben ist der gleiche Sachverhalt aus der Vogelperspektive zu sehen.

Um einen möglichen Punkt S zu ermitteln, könnten die beiden Richtungsvektoren der Geraden g und h auf die Länge 1 normiert werden.

$$\vec{v}_h^* = \frac{1}{2\sqrt{6}} \cdot \begin{pmatrix} -2 \\ 4 \\ 2 \end{pmatrix} \qquad \vec{v}_g^* = \frac{1}{3} \cdot \begin{pmatrix} -2 \\ -2 \\ -1 \end{pmatrix}$$

Damit beide Vektoren „bergab" zeigen, kann $\vec{v}_h^*$ noch mit dem Skalar -1 multipliziert werden. Addiert man nun auf den Ortsvektor von Q die beiden normierten Richtungsvektoren, so ergibt sich ein möglicher Ortsvektor des Punktes S. Wir könnten auch Vielfache dieser normierten Vektoren miteinander addieren, solange sie mit dem gleichen Skalar vervielfacht wurden.

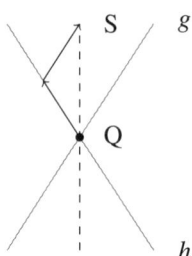

Aufgabe 3.1 (Abstandsspiel)

a)

| **Würfel W_1** | **Würfel W_2** |

Würfel W_1

Das Ergebnis beim Würfeln kann nur 0 betragen, wenn ein „Pasch", also zweimal die gleiche Zahl gewürfelt wird. Da es sich um einen sechsseitigen Laplace-Würfel handelt, ergibt sich die Wahrscheinlichkeit:

$$P_{W_1}(A) = 6 \cdot \left(\frac{1}{6}\right)^2 = \frac{1}{6}$$

Eine ungerade Zahl entsteht, wenn jeweils eine gerade und eine ungerade gewürfelt wurde. Würfelt man zum Beispiel eine 1, so ergeben sich 3 Möglichkeiten für den zweiten Wurf:

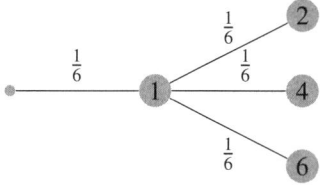

Da beim ersten Wurf jede Zahl von 1 bis 6 auftreten kann, ergeben sich 18 Möglichkeiten.

$$P_{W_1}(B) = 18 \cdot \left(\frac{1}{6}\right)^2 = \frac{1}{2}$$

Würfel W_2

Auch bei Würfel 2 muss ein „Pasch" gewürfelt werden, damit Ereignis A eintreten kann.

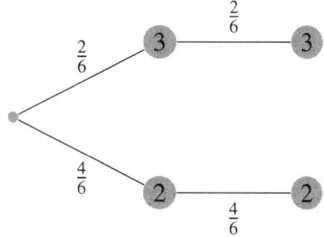

$$P_{W_2}(A) = \left(\frac{2}{6}\right)^2 + \left(\frac{4}{6}\right)^2 = \frac{5}{9}$$

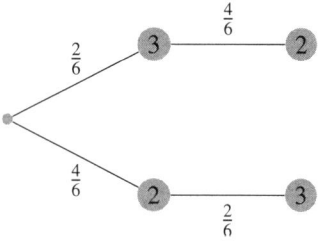

$$P_{W_2}(B) = 2 \cdot \frac{4}{6} \cdot \frac{2}{6} = \frac{4}{9}$$

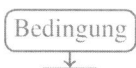

b) Marie würfelt mit W_1. Ein größeres Ergebnis erzielt Marie immer dann, wenn keine 0 entsteht (Hinweis auf Gegenwahrscheinlichkeit).

$$P_{W_1}(\overline{A}) = 1 - P_{W_1}(A) = \frac{5}{6}$$

Also muss das Ereignis $\overline{A}$ unter der Bedingung, dass sie mit W_1 spielt, eintreten.

Kettenlänge
↓
c) Mit dem Würfel W_1 wird zehnmal das Abstandsspiel gespielt. Bestimmen Sie die Wahrscheinlichkeit der folgenden beiden Ereignisse:

C: Das Ergebnis 0 ergibt sich genau fünfmal.
 ↑   ↑
 $p = \frac{1}{6}$ ohne Reihenfolge
 └── Binomialverteilung ──┘

X: Anzahl der Spiele, in denen das Ergebnis 0 beträgt

$X \sim B_{10;\frac{1}{6}}$

$$P(C) = P(X = 5) = \binom{10}{5} \cdot \left(\frac{1}{6}\right)^5 \left(\frac{1}{6}\right)^{10-5} = 0,0130$$

D: Das Ergebnis 0 ergibt sich mindestens dreimal.
 ↑   ↑
 $p = \frac{1}{6}$ ohne Reihenfolge
 └── Binomialverteilung ──┘

$$P(D) = P(X \geq 3) = 1 - P(X \leq 2) = 1 - 0,7752 = 0,2248$$

d) Hierbei handelt es sich um eine „Drei-Mindestens-Aufgabe". Die Zufallsvariable ist die gleiche wie in b): $X \sim B_{n;\frac{1}{6}}$

mindestens einmal Ergebnis 0
↓
$P(X \geq 1) \geq 0,99$ ← mit einer Mindestwahrscheinlichkeit von 99%

$P(X \geq 1) = 1 - P(X = 0)$

$\rightarrow 1 - P(X = 0) \geq 0,99$ $| - 1$

$-P(X = 0) \geq -0,01$ $| \cdot (-1)$

$P(X = 0) \leq 0,01$

$\binom{n}{0} \cdot \left(\frac{1}{6}\right)^0 \cdot \left(\frac{5}{6}\right)^n \leq 0,01$ Vergleichszeichenwechsel beachten!

$\left(\frac{5}{6}\right)^n \leq 0,01$ $| \ln()$

$\ln\left(\frac{5}{6}\right)^n \leq \ln(0,01)$ $|$ 3. Log.-Gesetz

$n \cdot \ln\left(\frac{5}{6}\right) \leq \ln(0,01)$ $| : \ln\left(\frac{5}{6}\right)$

$$n \geq \frac{\ln(0,01)}{\ln\left(\frac{5}{6}\right)} = 25,26$$

Es müssen mindestens 26 Spiele gespielt werden.

160

e) René greift zufällig einen Würfel und erzielt „0" als Ergebnis. Gesucht ist die Wahrscheinlichkeit, dass der Würfel W_1 gegriffen wurde, unter der Bedingung, dass „0" gespielt wurde. Es lohnt sich zuerst alle Informationen aus dem Einstiegstext zu formalisieren:

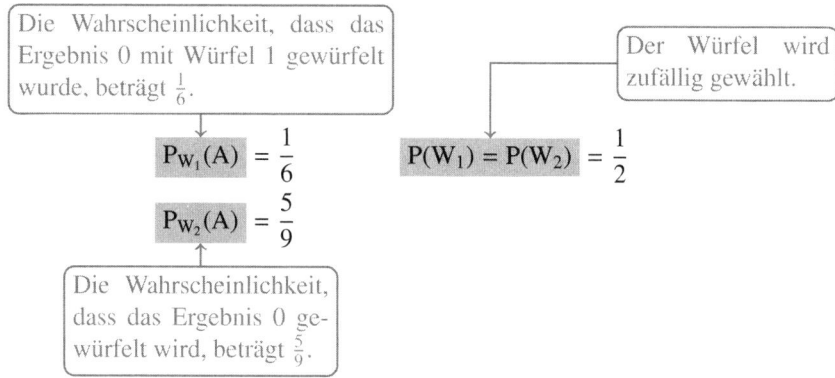

Da alle Gleichungen bedingte Wahrscheinlichkeiten darstellen, kann ein Baumdiagramm zur Veranschaulichung gezeichnet werden:

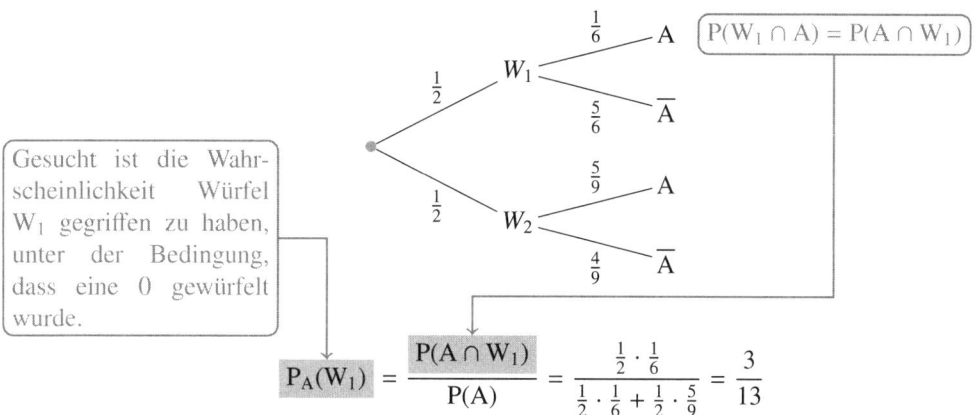

f) Laut Aufgabe wird eine bestimmte Anzahl von Seiten des Würfels mit einer 0 überschrieben. Für diese Anzahl schreiben wir m. Dabei kann m nur eine natürliche Zahl und nicht größer als 5 sein, da das Feld mit der 6 nicht überschrieben werden darf: $m \in \mathbb{N}$, $n \leq 5$. Mit Hilfe eines vereinfachten Baumdiagramms kann die Wahrscheinlichkeit bestimmt werden, eine 6 zu würfeln:

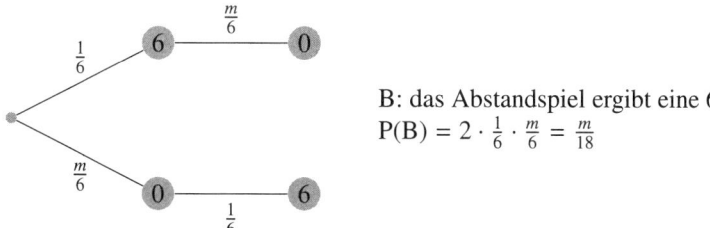

B: das Abstandspiel ergibt eine 6
$P(B) = 2 \cdot \frac{1}{6} \cdot \frac{m}{6} = \frac{m}{18}$

Nun wird das Abstandsspiel fünfmal gespielt. Es gelten immer noch die folgenden drei Bedingungen:

(1) Die Wahrscheinlichkeit im Abstandsspiel eine 6 zu erzielen ist konstant $\frac{m}{18}$.

(2) Es wird ohne Reihenfolge gespielt.

(3) Es gibt nur zwei mögliche Ausgänge. Das Ergebnis ist eine 6 oder das Ergebnis ist keine 6.

Demnach handelt es sich immer noch um eine Binomialverteilung.

$$X: \text{Anzahl der Spiele, in denen das Ergebnis 6 ist}$$
$$X \sim B_{5;\frac{m}{18}}$$

$$P(X = 0) = \binom{5}{0} \cdot \left(\frac{m}{18}\right)^0 \cdot \left(1 - \frac{m}{18}\right)^5 = 0{,}4$$

$$\left(1 - \frac{m}{18}\right)^5 = 0{,}4 \qquad\qquad\qquad |\sqrt[5]{\cdots}$$

$$1 - \frac{m}{18} = \sqrt[5]{0{,}4} \qquad\qquad\qquad |-1$$

$$-\frac{m}{18} = \sqrt[5]{0{,}4} - 1 \qquad\qquad\qquad |\cdot(-1)$$

$$\frac{m}{18} = -\sqrt[5]{0{,}4} + 1 \qquad\qquad\qquad |\cdot 18$$

$$m = 18 \cdot \left(-\sqrt[5]{0{,}4} + 1\right) = 3{,}01 \approx 3$$

Somit müssen 3 Flächen mit einer 0 überschrieben werden.

Aufgabe 3.2 (Förderverein)

Aus der Aufgabenstellung können wir entnehmen, dass es sich um bedingte Wahrscheinlichkeiten handelt, da Ereignisse voneinander abhängen. Somit sollte zuerst eine Formalisierung des Textes vorgenommen werden:

Der Förderverein der Schule besteht zu...

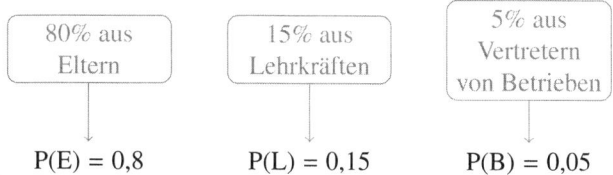

a) Es werden weitere Wahrscheinlichkeiten genannt, die formalisiert werden können:

(1) 15% der Eltern spenden: $P_E(S) = 0{,}15$

(2) 10% der Lehrkräfte spenden: $P_L(S) = 0{,}1$

(3) 90% der Betriebe spenden: $P_B(S) = 0{,}9$

Bedingung, jedoch werden nur Personen aus dem Verein betrachtet

A: Ein zufällig ausgewähltes Mitglied des Fördervereins hat eine Spende geleistet.

totale Wkt. gesucht: $P(S)$

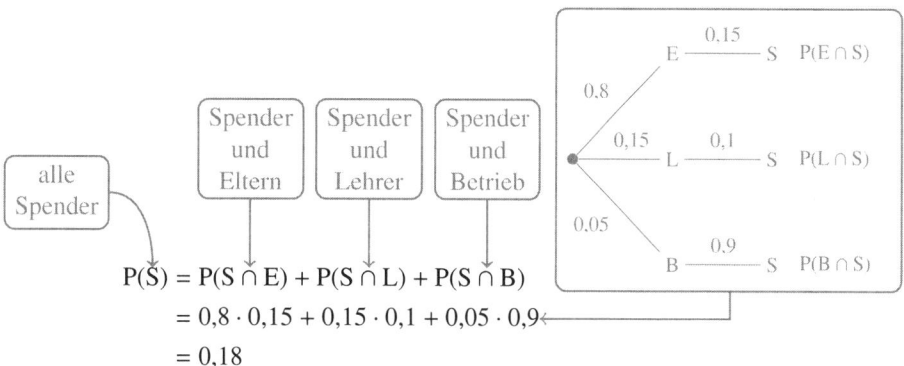

$$P(\bar{S}) = P(S \cap E) + P(S \cap L) + P(S \cap B)$$
$$= 0{,}8 \cdot 0{,}15 + 0{,}15 \cdot 0{,}1 + 0{,}05 \cdot 0{,}9$$
$$= 0{,}18$$

B: Ein zufällig ausgewähltes Mitglied ist Lehrkraft und hat keine Spende geleistet.

$$L \cap \bar{S}$$

$$P(L \cap \bar{S}) = P(L) \cdot P_L(\bar{S}) = 0{,}15 \cdot 0{,}9 = 0{,}135$$

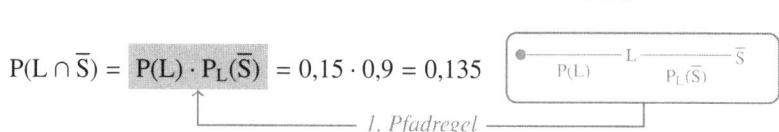

1. Pfadregel

Bedingung

Gesucht ist die Wahrscheinlichkeit, dass ein zu den Spendern gehörendes Mitglied ein Elternteil ist.

$P_S(E)$

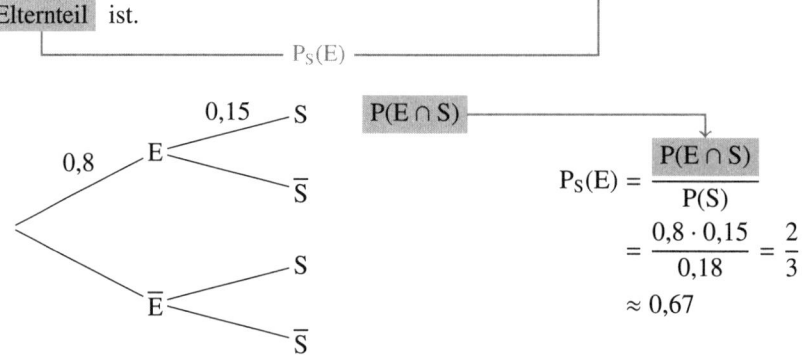

$$P_S(E) = \frac{P(E \cap S)}{P(S)}$$
$$= \frac{0{,}8 \cdot 0{,}15}{0{,}18} = \frac{2}{3}$$
$$\approx 0{,}67$$

b) Diese Aufgabe lässt sich mit der Formel für die hypergeometrische Verteilung lösen (auch genannt „Lotto-Modell"). Insgesamt werden aus 20 Helfern 10 eingesetzt. Dabei sollen 8 aus 15 Schülern und 2 aus 5 Elternteilen gewählt werden. Dazu kann die Aufgabe wie folgt graphisch veranschaulicht werden:

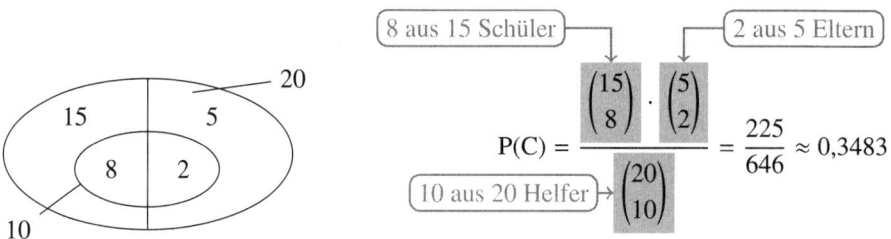

$$P(C) = \frac{\binom{15}{8} \cdot \binom{5}{2}}{\binom{20}{10}} = \frac{225}{646} \approx 0{,}3483$$

c) Es können sich folgende Preise durch Würfeln ergeben: $\mathbb{W}_X = \{0,1,2,4\}$.

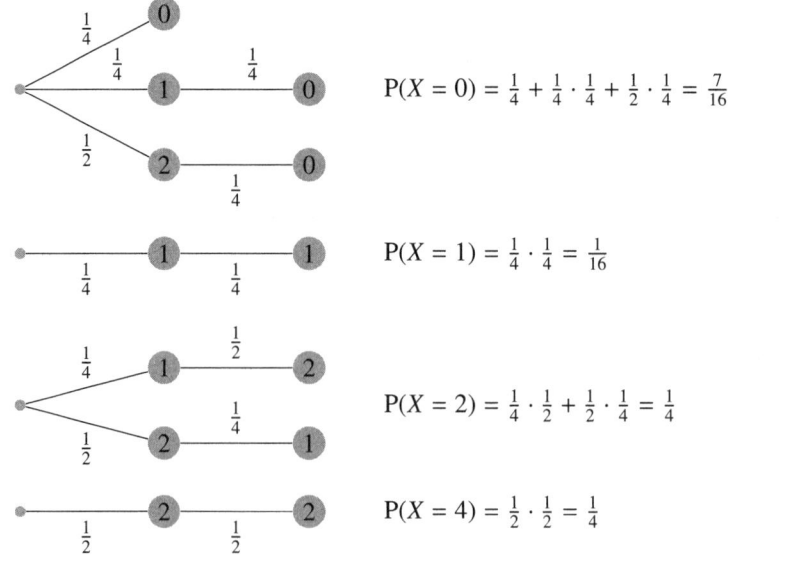

$$P(X = 0) = \tfrac{1}{4} + \tfrac{1}{4} \cdot \tfrac{1}{4} + \tfrac{1}{2} \cdot \tfrac{1}{4} = \tfrac{7}{16}$$

$$P(X = 1) = \tfrac{1}{4} \cdot \tfrac{1}{4} = \tfrac{1}{16}$$

$$P(X = 2) = \tfrac{1}{4} \cdot \tfrac{1}{2} + \tfrac{1}{2} \cdot \tfrac{1}{4} = \tfrac{1}{4}$$

$$P(X = 4) = \tfrac{1}{2} \cdot \tfrac{1}{2} = \tfrac{1}{4}$$

mittlere Einnahmen pro Spiel:

$$E(X) = 0 \cdot P(X = 0) + 1 \cdot P(X = 1) + 2 \cdot P(X = 2) + 4 \cdot P(X = 4)$$

$$= 0 \cdot \frac{7}{16} + 1 \cdot \frac{1}{16} + 2 \cdot \frac{1}{4} + 4 \cdot \frac{1}{4}$$

$$= \frac{25}{16} \approx 1{,}56$$

Die erwarteten Einnahmen des Spiels liegen nicht über 2€.

d) D: Unter zehn zufällig ausgewählten Mitspielern befindet sich genau einer, der nichts bezahlen muss.

ohne Reihenfolge $\quad\quad p = \frac{7}{16}$

└ Binomialverteilung ┘

X: Anzahl Personen, die nichts bezahlen müssen

$X \sim B_{10;\frac{7}{16}}$

$$P(D) = P(X = 1) = \binom{10}{1} \cdot \left(\frac{7}{16}\right)^1 \cdot \left(\frac{9}{16}\right)^9 = 0{,}0247$$

E: Unter zehn zufällig ausgewählten Mitspielern befindet sich höchstens einer , der einen Euro bezahlen muss.

ohne Reihenfolge $\quad\quad p = \frac{1}{16}$

└── Binomialverteilung ──┘

X: Anzahl Personen, die 1€ bezahlen müssen

$X \sim B_{10;\frac{1}{16}}$

$$P(E) = P(X \le 1) = P(X = 0) + P(X = 1)$$

$$= \binom{10}{0} \cdot \left(\frac{1}{16}\right)^0 \cdot \left(\frac{15}{16}\right)^{10} + \binom{10}{1} \cdot \left(\frac{1}{16}\right)^1 \cdot \left(\frac{15}{16}\right)^9$$

$$= 0{,}8741$$

e)

3 aus 10 bezahlen 0€

2 aus 7 bezahlen 1€

$$P(F) = \binom{10}{3} \cdot \left(\frac{7}{16}\right)^3 \cdot \binom{7}{2} \cdot \left(\frac{1}{16}\right)^2 \cdot \left(\frac{1}{2}\right)^5 = 0{,}0258$$

5 Personen bezahlen je 2 oder 4€

Abitur 2015 – Lösungen

Aufgaben zum hilfsmittelfreien Teil

Teil 1 - Analysis

a)

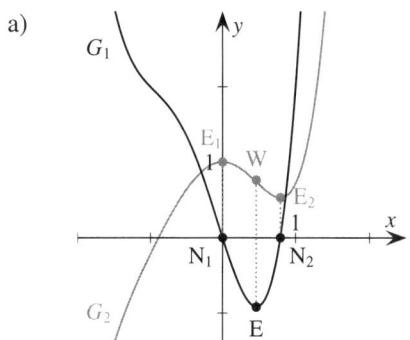

Mit Hilfe der NEW-Regel lässt sich der Zusammenhang zwischen dem Graphen der Funktion f und dem Graphen der Ableitungsfunktion f' gut veranschaulichen.

$$G_f: \quad N \quad E \quad W$$
$$\qquad\qquad\quad \downarrow \quad \downarrow$$
$$G_{f'}: \quad\quad N \quad E \quad W$$

Die x-Koordinaten der lokalen Extrempunkte des Graphen G_f sind gleich der Nullstellen des Graphen von $G_{f'}$. Dieser Zusammenhang erschließt sich aus der notwendigen Bedingung zur Bestimmung der lokalen Extrempunkte des Graphen der Funktion f:

$$f'(x) = 0$$

Analog besitzt der Wendepunkt von G_f die gleiche x-Koordinate wie der Extrempunkt von $G_{f'}$. Das bedeutet, dass G_1 der Graph von f', und G_2 der Graph von f ist.

b)

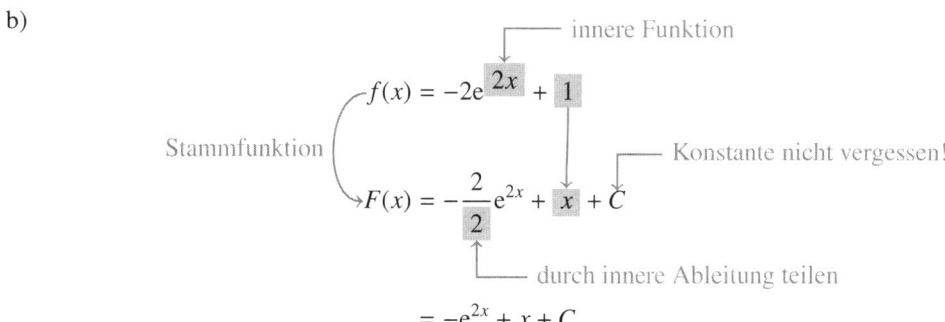

$$= -e^{2x} + x + C$$

In dieser Standardaufgabe muss die Konstante C ermittelt werden. Dazu muss der Punkt $S_y(0 \mid 5)$ in die Funktionsgleichung von F eingesetzt werden.

167

$$F(0) = -e^{2 \cdot 0} + 0 + C = -1 + C$$
$$5 = -1 + C$$
$$C = 6$$

Die Funktionsgleichung der Stammfunktion lautet $F(x) = -e^{2x} + x + 6$.

c) **Skizze Drahtgitter**

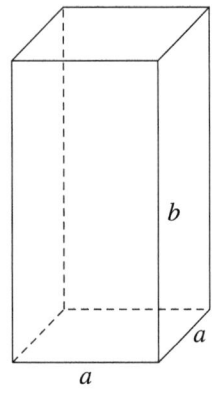

Hauptbedingung

$$V = a \cdot a \cdot b = a^2 \cdot \boxed{b} \leftarrow$$

Nebenbedingung

$8a + 4b = 20$	$\mid -8a$	Einsetzen
$4b = 20 - 8a$	$\mid : 4$	
$b = \boxed{5 - 2a}$		

Zielfunktion
Wir erhalten die Zielfunktion durch Einsetzen der Nebenbedingung in die Hauptbedingung.

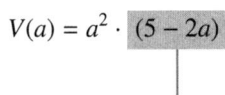

$$V(a) = a^2 \cdot \boxed{(5 - 2a)}$$

Aus der Zielfunktion lässt sich der Definitionsbereich bestimmen:

darf nicht negativ oder 0 werden

$5 - 2a > 0$	$\mid +2a$
$5 > 2a$	$\mid : 2$
$a < 2{,}5$	
$D_V = \{a \in \mathbb{R} \mid 0 < a < 2{,}5\}$	

168

Teil 2 - Analytische Geometrie

a)

$$g : \vec{x} = \begin{pmatrix} -1 \\ 4 \\ 2 \end{pmatrix} + r \cdot \begin{pmatrix} 1 \\ -1 \\ -2 \end{pmatrix}; \qquad r \in \mathbb{R}$$

$\boxed{\overrightarrow{OQ} - \overrightarrow{OP}}$

$\boxed{\overrightarrow{OR}}$

b) Zwei Vektoren sind orthogonal zueinander, wenn ihr Skalarprodukt 0 ergibt. Somit kann der erste Vektor $\vec{b}$ durch systematisches Probieren ermittelt werden:

$$\vec{a} \cdot \vec{b} = \begin{pmatrix} 2 \\ 3 \\ -1 \end{pmatrix} \cdot \begin{pmatrix} x \\ y \\ z \end{pmatrix} = 2x + 3y - z = 0$$

Besonders einfach ist es, eine Variable 1 und eine andere 0 zu setzen. Die dritte Variable ergibt sich automatisch. Zum Beispiel: $x = 1$ und $y = 0$, daraus folgt: $z = 2$, denn:

$$\vec{a} \cdot \vec{b} = \begin{pmatrix} 2 \\ 3 \\ -1 \end{pmatrix} \cdot \begin{pmatrix} 1 \\ 0 \\ 2 \end{pmatrix} = 2 \cdot 1 + 3 \cdot 0 - 2 = 0$$

Den dritten Vektor $\vec{c}$ erhalten wir, indem wir das Vektorprodukt von $\vec{a}$ und $\vec{b}$ bilden.

$$\vec{c} = \vec{a} \times \vec{b} = \begin{pmatrix} 2 \\ 3 \\ -1 \end{pmatrix} \times \begin{pmatrix} 1 \\ 0 \\ 2 \end{pmatrix} = \begin{pmatrix} 6 - 0 \\ -1 - 4 \\ 0 - 3 \end{pmatrix} = \begin{pmatrix} 6 \\ -5 \\ -3 \end{pmatrix}$$

c)

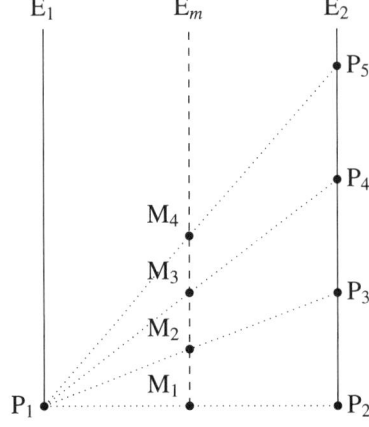

Betrachten wir paarweise 2 Punkte, wobei einer immer auf E_1 und einer auf E_2 liegt, so können wir feststellen, dass alle Mittelpunkte der jeweiligen Strecken den gleichen Abstand zu den beiden Ebenen haben. Die Ebene E_m kann also ermittelt werden, indem wir den Normalvektor von E_1 und E_2 übernehmen, anschließend einfach einen Mittelpunkt zwischen zwei beliebigen Punkten der Ebenen bilden und ihn einsetzen.

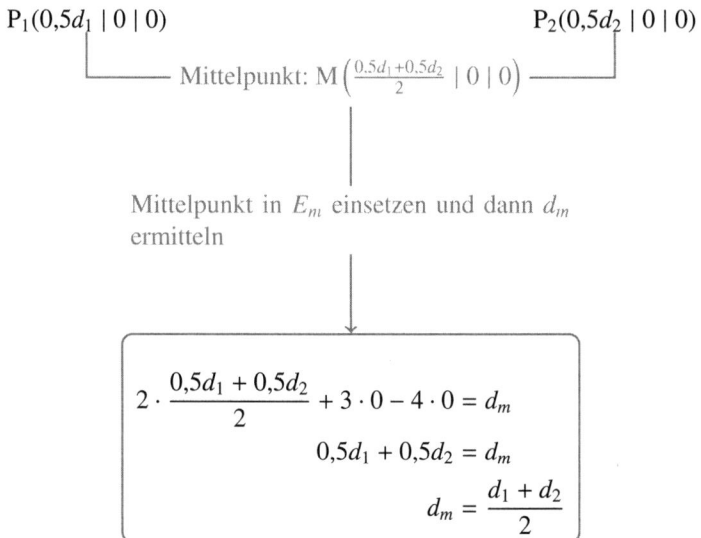

$P_1(0{,}5d_1 \mid 0 \mid 0)$ $P_2(0{,}5d_2 \mid 0 \mid 0)$

Mittelpunkt: $M\left(\frac{0{.}5d_1 + 0{,}5d_2}{2} \mid 0 \mid 0\right)$

Mittelpunkt in E_m einsetzen und dann d_m ermitteln

$$2 \cdot \frac{0{,}5d_1 + 0{,}5d_2}{2} + 3 \cdot 0 - 4 \cdot 0 = d_m$$

$$0{,}5d_1 + 0{,}5d_2 = d_m$$

$$d_m = \frac{d_1 + d_2}{2}$$

Somit ist nachgewiesen, dass E_m die Gleichung $2x + 3y - 4z = \frac{d_1 + d_2}{2}$ hat.

Teil 3 - Stochastik

a)

E : Alle Fragen wurden richtig beantwortet

$$P(E) = \left(\frac{1}{4}\right)^4 = \frac{1}{256}$$

b)

	A	$\overline{A}$	
B	0,25	0,55	0,8
$\overline{B}$	0,05	0,15	0,2
	0,3	0,7	1

$$P(\overline{A} \cap B) = 0,55$$

$$P_A(B) = \frac{P(A \cap B)}{P(A)} = \frac{0,25}{0,3} = \frac{25}{30} = \frac{5}{6}$$

$$p = \tfrac{1}{2}$$

c) Ein fairer Würfel wird insgesamt 20-mal geworfen. Die Zufallsgröße X beschreibt die Anzahl der Würfe , bei denen eine gerade Zahl erscheint.

ohne Reihenfolge

Somit ist X eine binomialverteilte Zufallsgröße: $X \sim B_{20;\frac{1}{2}}$

$$P(X = 3) = \binom{20}{3} \cdot \left(\frac{1}{2}\right)^3 \cdot \left(\frac{1}{2}\right)^{17} = \binom{20}{17} \cdot \left(\frac{1}{2}\right)^{17} \cdot \left(\frac{1}{2}\right)^3 = P(X = 17)$$

$$\binom{20}{3} = \frac{20!}{3! \cdot 17!} = \frac{20!}{17! \cdot 3!} = \binom{20}{17}$$

Da die Terme $\binom{20}{3}$ und $\binom{20}{17}$ gleichwertig sind, gilt die Wahrscheinlichkeit w für $P(X = 3)$ und für $P(X = 17)$.

171

Aufgabe 2.1 - Skateboardanlage

a) **Schnittpunkt x-Achse:**

$$f_a(x) = 0$$

$$0 = (ax + 1) \cdot e^{-x+a} \quad | : e^{-x+a}$$

$$0 = ax + 1 \quad | - 1$$

$$-1 = ax \quad | : a$$

$$x = -\frac{1}{a} \ (a \neq 0)$$

$$\Rightarrow \quad S_x\left(-\frac{1}{a} \mid 0\right)$$

Schnittpunkt y-Achse:

$$f_a(0) = (a \cdot 0 + 1) \cdot e^{-0+a} = e^a$$

$$\Rightarrow \quad S_y\left(0 \mid e^a\right)$$

Verhalten der Funktionswerte:

Zu beachten ist die Abhängigkeit von a :

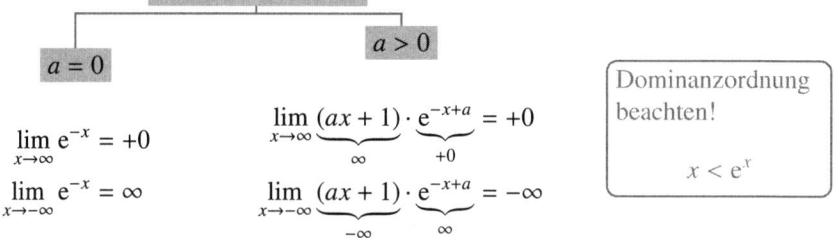

$a = 0$

$$\lim_{x \to \infty} e^{-x} = +0$$

$$\lim_{x \to -\infty} e^{-x} = \infty$$

$a > 0$

$$\lim_{x \to \infty} \underbrace{(ax + 1)}_{\infty} \cdot \underbrace{e^{-x+a}}_{+0} = +0$$

$$\lim_{x \to -\infty} \underbrace{(ax + 1)}_{-\infty} \cdot \underbrace{e^{-x+a}}_{\infty} = -\infty$$

Dominanzordnung beachten!

$$x < e^x$$

b) Bei dieser Aufgabe ist es hilfreich, sich den Sachverhalt anhand einer Skizze zu veran-schaulichen. Mit Hilfe einer Wertetabelle lässt sich schnell ein Funktionsgraph skizzie-ren.

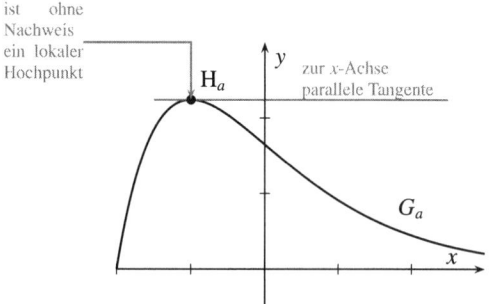

ist ohne Nachweis ein lokaler Hochpunkt

H_a

y

zur x-Achse parallele Tangente

G_a

x

Zu erkennen ist, dass der erste Satz der Aufgabe lediglich besagt, dass auf das hinrei-chende Kriterium bei der Bestimmung von lokalen Extrema verzichtet werden kann. Für die Bestimmung von H_a wird die erste Ableitung benötigt. Diese erhalten wir durch Anwendung der Produktregel:

$$f_a'(x) = a \cdot \underbrace{e^{-x+a}}_{\text{ausklammern}} + (ax+1) \cdot (-1) \cdot \underbrace{e^{-x+a}}$$

$$= e^{-x+a} \cdot (a + (ax+1) \cdot (-1))$$

$$= e^{-x+a} \cdot (a - ax - 1)$$

$$= e^{-x+a} \cdot (-ax + a - 1)$$

Produktregel: $(u \cdot v)' = u' \cdot v + u \cdot v'$

$$u = ax+1 \qquad v = e^{-x+a}$$
$$u' = a \qquad v' = -e^{-x+a}$$

Hochpunkt ermitteln:

$$f_a'(x) = 0$$

$$0 = e^{-x+a} \cdot (-ax + a - 1) \qquad | : e^{-x+a}$$

$$0 = -ax + a - 1 \qquad | + 1 - a$$

$$1 - a = -ax \qquad | : (-a)$$

$$x = \frac{1-a}{-a} = \frac{a-1}{a}$$

$$f_a\left(\frac{a-1}{a}\right) = \left(a \cdot \frac{a-1}{a} + 1\right) \cdot e^{-\frac{a-1}{a}+a}$$

$$= (a - 1 + 1) \cdot e^{-\frac{a}{a}+\frac{1}{a}+a}$$

$$= a \cdot e^{-1+a+\frac{1}{a}}$$

Somit ist $H_a\left(\frac{a-1}{a} \mid ae^{-1+a+\frac{1}{a}}\right)$.

c) Um den Flächeninhalt zu berechnen, kann die Höhe und die Grundkante des Dreiecks in der Skizze markiert werden.

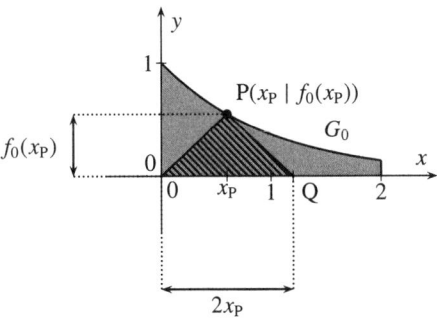

Flächeninhalt Dreieck:

$$A = \frac{1}{2} \cdot \boxed{c} \cdot \boxed{h_c} = \frac{1}{2} \cdot \underbrace{2x_P}_{2x_P} \cdot \underbrace{f_0(x_P)}_{f_0(x_P)}$$

$$\Rightarrow A(x_P) = x_P \cdot e^{-x_P}$$

Um die Koordinaten des Punktes P zu erhalten, müssen wir herausfinden, an welcher Stelle die Flächeninhaltsfunktion ein Maximum hat. Die erste und zweite Ableitung von A erhalten wir durch Anwendung der Produktregel:

$$\overset{\ulcorner \text{ausklammern} \urcorner}{A'(x_P) = \boxed{e^{-x_P}} + x_P \cdot (-1) \cdot \boxed{e^{-x_P}}}$$
$$= e^{-x_P} \cdot (1 - x_P)$$

Produktregel für A'

$$u = x_P \qquad v = e^{-x_P}$$
$$u' = 1 \qquad v' = -e^{-x_P}$$

$$\overset{\ulcorner \text{ausklammern} \urcorner}{A''(x_P) = -\boxed{e^{-x_P}} \cdot (1 - x_P) + \boxed{e^{-x_P}} \cdot (-1)}$$
$$= e^{-x_P} \cdot (-(1 - x_P) - 1)$$
$$= e^{-x_P}(-2 + x_P)$$

Produktregel für A''

$$u = e^{-x_P} \qquad v = 1 - x_P$$
$$u' = -e^{-x_P} \qquad v' = -1$$

Bestimmung des Maximums:

$$A'(x_P) = 0$$
$$0 = e^{-x_P} \cdot (1 - x_P) \qquad\qquad | : e^{-x_P}$$
$$0 = 1 - x_P \qquad\qquad | + x_P$$
$$x_P = 1$$
$$A''(1) = e^{-1} \cdot (-2 + 1) = -e^{-1} < 0$$

Somit wissen wir, dass der Flächeninhalt für $x_P = 1$ maximal wird. Die y-Koordinate des Punktes P ist $f_0(1) = e^{-1}$. Der Punkt P lautet $P(1 \mid e^{-1})$.

d) Wir können die Grundfläche des Körpers in kleine Teilflächen zerlegen und dann das Volumen ermitteln, indem wir den Grundflächeninhalt mit der Tiefe des Körpers multiplizieren.

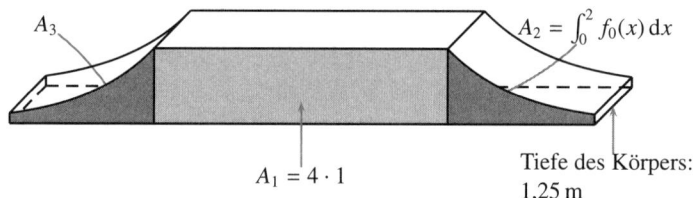

A_3

$A_2 = \int_0^2 f_0(x)\,dx$

$A_1 = 4 \cdot 1$

Tiefe des Körpers:
1,25 m

$$V = A_G \cdot h = (A_1 + A_2 + A_3) \cdot 1{,}25$$
$$= \left(4 \cdot 1 + 2 \cdot \int_0^2 f_0(x)\,dx\right) \cdot 1{,}25$$
$$= 5 + 2{,}5 \cdot \int_0^2 e^{-x}\,dx = 5 + 2{,}5 \cdot [-e^{-x}]_0^2$$
$$= 5 + 2{,}5 \cdot (-e^{-2} + e^{-0}) \approx 7{,}16\,\text{m}^3$$

Somit beträgt das Volumen des Körpers $7{,}16\,\text{m}^3$.

174

e) In der folgenden Skizze ist der Winkel dargestellt, der in der Aufgabe beschrieben wird.

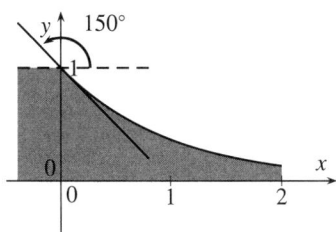

Der Winkel zu einer Horizontalen lässt sich mit Hilfe des Tangens und der ersten Ableitung bilden ($f_a'(x) = \tan \alpha$).

$$f_a'(0) = \tan 150°$$

$$e^{-0+a} \cdot (-a \cdot 0 + a - 1) = -\frac{\sqrt{3}}{3}$$

$$e^a \cdot (a - 1) \approx -0{,}577$$

Systematisches Probieren lässt sich an dieser Stelle gut durch eine Tabelle ermöglichen. Das Intervall und die Schrittlänge wurden in der Aufgabe vorgegeben. a läuft zwischen 0 und 1 und die Schrittlänge ist $\frac{1}{10} = 0{,}1$.

a	...	0,6	0,7	0,8	0,9	1
$e^a(a - 1)$	...	$-0{,}728$	$-0{,}604$	$-0{,}445$	$-0{,}245$	0

Der Tabelle können wir entnehmen, dass das gesuchte Intervall $I = [0{,}7; 0{,}8]$ ist.

f) Bei diesem Aufgabentypen handelt es sich um eine Funktionsrekonstruktion. Dabei soll die Funktionsgleichung einer quadratischen Parabel ermittelt werden: $p(x) = ax^2 + bx + c$

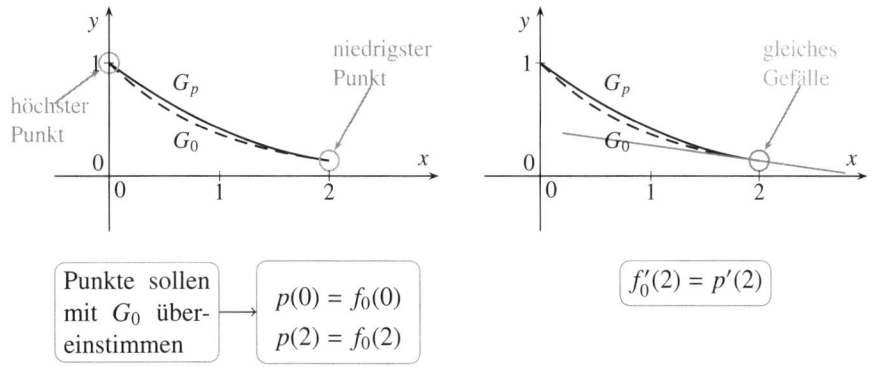

Um nun die Parameter von p zu ermitteln, muss ein LGS aufgestellt werden. Dazu benötigen wir $p(x) = ax^2 + bx + c$, $p'(x) = 2ax + b$ und $f_0(x) = e^{-x}$.

$$
\begin{array}{llllllllll}
\text{I:} & p(0) & = & f_0(0) & \Rightarrow & a \cdot 0^2 & + & b \cdot 0 & + c & = & e^{-0} \\
\text{II:} & p(2) & = & f_0(2) & \Rightarrow & a \cdot 2^2 & + & b \cdot 2 & + c & = & e^{-2} \\
\text{III:} & p'(0) & = & f_0'(2) & \Rightarrow & 2a \cdot 2 & + & b & & = & -e^{-2}
\end{array}
$$

$$
\begin{array}{lllllll}
\text{I:} & & & & c & = & 1 \\
\text{II:} & 4a & + & 2b & + \quad c & = & e^{-2} \\
\text{III:} & 4a & + & b & & = & -e^{-2}
\end{array}
$$

$$
\begin{array}{lllll}
\text{I:} & & c & = & 1 \\
\text{II}': & b & + \quad c & = & 2e^{-2}
\end{array}
$$

$$
\begin{array}{llll}
\text{II}'': & b & = & 2e^{-2} - 1
\end{array}
$$

Somit ist $b = 2e^{-2} - 1 \approx -0{,}729$. Setzen wir b in Gleichung III ein, so erhalten wir a:

$$
\begin{array}{ll}
4a + 2e^{-2} - 1 = -e^{-2} & \quad | -2e^{-2} + 1 \\
4a = 1 - 3e^{-2} & \quad | : 4 \\
a = 0{,}25 - 0{,}75e^{-2} \approx 0{,}148 &
\end{array}
$$

Wir erhalten die Funktionsgleichung von p:

$$
p(x) = (0{,}25 - 0{,}75e^{-2})x^2 + (2e^{-2} - 1)x + 1 \qquad \text{oder}
$$
$$
p(x) = 0{,}148x^2 - 0{,}729x + 1
$$

Aufgabe 2.2 - Designersessel

a) **Nachweis**, dass alle Graphen die gleiche Steigung bei $x_n = 0$ haben:

Anstieg enthält kein a

$$\text{Steigung:} \quad f_a'(x) = 3ax^2 - 28ax + 3{,}42$$

$$\text{Steigung bei } x_n = 0: \quad f_a'(0) = 3a \cdot 0^2 - 28a \cdot 0 + 3{,}42 = \boxed{3{,}42}$$

Da der Anstieg parameterfrei ist, haben alle Graphen der Schar den gleichen Anstieg an der Stelle $x_n = 0$.
Um herauszufinden, welcher Graph der Funktionsschar genau eine weitere Nullstelle hat, können die Nullstellen erst einmal allgemein berechnet werden:

$$f_a(x) = 0$$
$$0 = ax^3 - 14ax^2 + 3{,}42x \qquad | \, x \text{ ausklammern}$$
$$0 = x \cdot (ax^2 - 14ax + 3{,}42)$$

$$\Rightarrow \quad x_1 = 0 \text{ oder} \quad 0 = ax^2 - 14ax + 3{,}42 \qquad | : a$$
$$0 = x^2 - 14x + \frac{3{,}42}{a} \qquad | \, p\text{-}q\text{-Formel}$$
$$x_{2,3} = 7 \pm \sqrt{7^2 - \frac{3{,}42}{a}}$$

Sobald die Diskriminante 0 wird, gibt es nur noch eine weitere Lösung

$$7^2 - \frac{3{,}42}{a} = 0 \qquad \left| + \frac{3{,}42}{a} \right.$$
$$49 = \frac{3{,}42}{a} \qquad | \cdot a$$
$$49a = 3{,}42 \qquad | : 49$$
$$a \approx 0{,}07$$

b) Zur Berechnung der Wendepunkte benötigen wir die zweite und dritte Ableitung:

$$f_a''(x) = 6ax - 28a$$
$$f_a'''(x) = 6a$$

Der Wendepunkt ergibt sich dann durch das notwendige und hinreichende Kriterium:

$$f_a''(x) = 0$$

177

$$0 = 6ax - 28a \qquad\qquad | + 28a$$
$$28a = 6ax \qquad\qquad | : 6a$$
$$x_W = \frac{14}{3}$$
$$f_a'''\left(\frac{14}{3}\right) = 6a \neq 0$$
$$y_W = f_a\left(\frac{14}{3}\right) = a \cdot \left(\frac{14}{3}\right)^3 - 14a \cdot \left(\frac{14}{3}\right)^2 + 3{,}42 \cdot \frac{14}{3}$$
$$= \frac{2744}{27} \cdot a - \frac{2744}{9} \cdot a + 15{,}96$$
$$= -\frac{5488}{27} \cdot a + 15{,}96$$

Die Koordinaten des Wendepunktes lauten: $W_a\left(\dfrac{14}{3}\ \middle|\ -\frac{5488}{27}a + 15{,}96\right)$.

> Da die x-Koordinate des Wendepunktes unabhängig von a ist, liegen alle Wendepunkte übereinander, sprich auf einer Parallelen zur y-Achse: $y = \frac{14}{3}$

Einer der Graphen der Schar hat an der Stelle $x_e = 3$ einen Hochpunkt.

$$f_a'(3) = 0$$
$$0 = 3a \cdot 3^2 - 28a \cdot 3 + 3{,}42$$
$$0 = 27a - 84a + 3{,}42 \qquad\qquad | - 3{,}42$$
$$-3{,}42 = -57a \qquad\qquad | : (-57)$$
$$a = \frac{3}{50} = 0{,}06$$

Die passende Funktionsgleichung zum gesuchten Graphen lautet:

$$f_{0{,}06}(x) = 0{,}06x^3 - 0{,}84x^2 + 3{,}42x$$

c) Die folgende Skizze veranschaulicht die Gesamthöhe des Sessels.

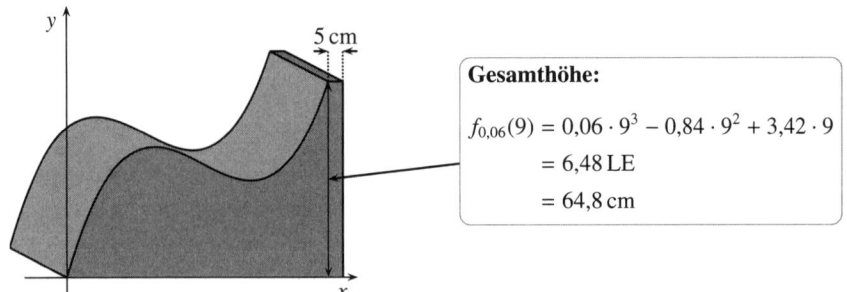

5 cm

> **Gesamthöhe:**
> $$f_{0{,}06}(9) = 0{,}06 \cdot 9^3 - 0{,}84 \cdot 9^2 + 3{,}42 \cdot 9$$
> $$= 6{,}48\,\text{LE}$$
> $$= 64{,}8\,\text{cm}$$

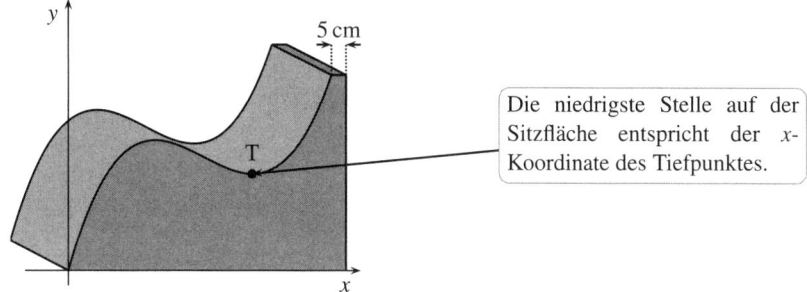

Die niedrigste Stelle auf der Sitzfläche entspricht der x-Koordinate des Tiefpunktes.

niedrigste Stelle der Sitzfläche:

$$f'_{0,06}(x) = 0,18x^2 - 1,68x + 3,42$$

$$f''_{0,06}(x) = 0,36x - 1,68$$

$$f'_{0,06}(x) = 0$$

$$0 = 0,18x^2 - 1,68x + 3,42 \qquad\qquad |:0,18$$

$$0 = x^2 - \frac{28}{3}x + 19 \qquad\qquad | \text{ } p\text{-}q\text{-Formel}$$

$$x_{1,2} = \frac{14}{3} \pm \sqrt{\left(\frac{14}{3}\right)^2 - 19} = \frac{14}{3} \pm \frac{5}{3}$$

$$x_1 = \frac{19}{3} \approx 6,33 \qquad \text{oder} \qquad x_2 = 3$$

Laut Skizze müsste der Tiefpunkt bei $x_1 = \frac{19}{3}$ liegen. Diese Vermutung kann unter Zuhilfenahme der 2. Ableitung geprüft werden:

$$f''_{0,06}(\tfrac{19}{3}) = 0,36 \cdot \tfrac{19}{3} - 1,68 = 0,6 > 0 \Rightarrow \text{T}$$

$$f''_{0,06}(3) = 0,36 \cdot 3 - 1,68 = -0,6 < 0 \Rightarrow \text{H}$$

Der niedrigste Punkt liegt also bei $x_1 = \frac{19}{3}$. Die Höhe an dieser Stelle entspricht dem Funktionswert

$$f_{0,06}(\tfrac{19}{3}) = 0,06 \cdot \left(\tfrac{19}{3}\right)^3 - 0,84 \cdot \left(\tfrac{19}{3}\right)^2 + 3,42 \cdot \tfrac{19}{3} \approx 3,21 \text{ LE} = 32,1 \text{ cm}$$

d)

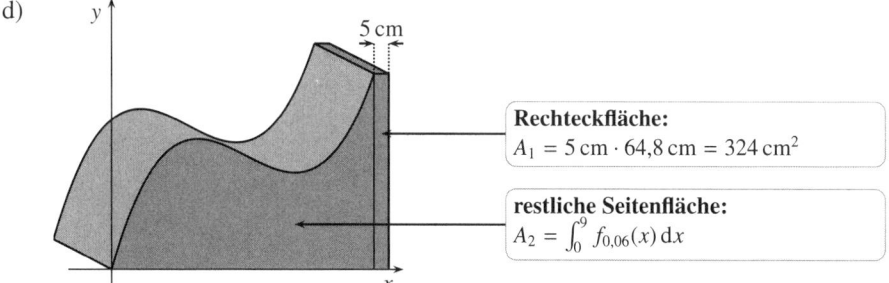

Rechteckfläche:
$A_1 = 5\,\text{cm} \cdot 64{,}8\,\text{cm} = 324\,\text{cm}^2$

restliche Seitenfläche:
$A_2 = \int_0^9 f_{0,06}(x)\,\mathrm{d}x$

$$A_2 = \int_0^9 f_{0,06}(x)\,dx = \int_0^9 \left(0{,}06x^3 - 0{,}84x^2 + 3{,}42x\right)dx$$

$$= \left[0{,}015x^4 - 0{,}28x^3 + 1{,}71x^2\right]_0^9$$

$$= 0{,}015 \cdot 9^4 - 0{,}28 \cdot 9^3 + 1{,}71 \cdot 9^2 - \left(0{,}015 \cdot 0^4 - 0{,}28 \cdot 0^3 + 1{,}71 \cdot 0^2\right)$$

$$= 32{,}805\,\text{FE}$$

Umrechnung von FE in m^2:

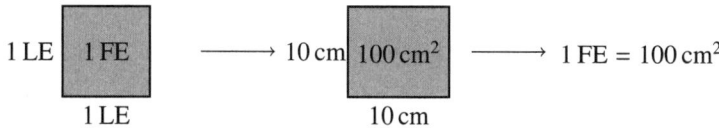

Wir erhalten also für $A_2 = 32{,}805\,\text{FE} = 32{,}805 \cdot 100\,\text{cm}^2 = 3\,280{,}5\,\text{cm}^2$. Der Gesamtflächeninhalt ist demnach

$$A_{ges} = A_1 + A_2 = 324\,\text{cm}^2 + 3\,280{,}5\,\text{cm}^2 = 3\,604{,}5\,\text{cm}^2$$

Die angegebene Rechtecksfläche passt nicht.

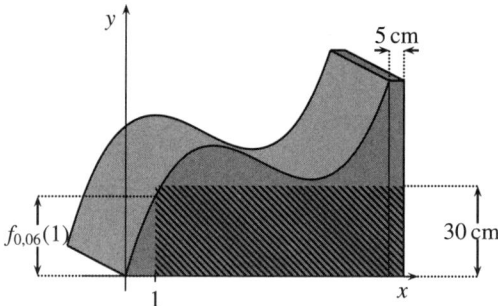

Das Rechteck kann nicht hochkant an die Seitenfläche angebracht werden, da sie nur 64,8 cm hoch ist. Wenn sie quer in den Sessel gelegt und vollständig bis an den rechten Rand geschoben wird, bleibt nur noch zu klären, ob der Sessel an der Stelle $x = 10\,\text{cm} = 1\,\text{LE}$ eine Mindesthöhe von 30 cm aufweist. Diese Bedingung ist nicht erfüllt:

$$f_{0,06}(1) = 0{,}06 \cdot 1^3 - 0{,}84 \cdot 1^2 + 3{,}42 \cdot 1 = 2{,}64 = 26{,}4\,\text{cm} < 30\,\text{cm}$$

e) Bei diesem Nachweis sollte zuerst die Voraussetzung aus dem Text herausgefiltert werden. Im Text steht, dass die Anstiege an den Stellen x_1 und x_2, für $x_1 \neq x_2$ gleich sind. Mit dieser Voraussetzung lohnt es sich, zu beginnen:

$$f'_{0,06}(x_1) = f'_{0,06}(x_2)$$

$$0{,}18x_1^2 - 1{,}68x_1 + 3{,}42 = 0{,}18x_2^2 - 1{,}68x_2 + 3{,}42 \qquad |-3{,}42$$

$$0{,}18x_1^2 - 1{,}68x_1 = 0{,}18x_2^2 - 1{,}68x_2 \qquad |:0{,}18$$

$$x_1^2 - \frac{28}{3}x_1 = x_2^2 - \frac{28}{3}x_2 \qquad \qquad |-x_2^2 + \frac{28}{3}x_1$$

$$x_1^2 - x_2^2 = \frac{28}{3}x_1 - \frac{28}{3}x_2 \qquad \qquad |\,3.\text{ Binomische Formel}$$

$$(x_1 - x_2) \cdot (x_1 + x_2) = \frac{28}{3}x_1 - \frac{28}{3}x_2 \qquad \qquad |\frac{28}{3}\text{ ausklammern}$$

$$(x_1 - x_2) \cdot (x_1 + x_2) = \frac{28}{3} \cdot (x_1 - x_2) \qquad \qquad |:(x_1 - x_2),\ \text{da }x_1 - x_2 \neq 0$$

$$x_1 + x_2 = \frac{28}{3}$$

Aufgabe 3.1 - Campingzelt

a) **Größe der Grundfläche:**

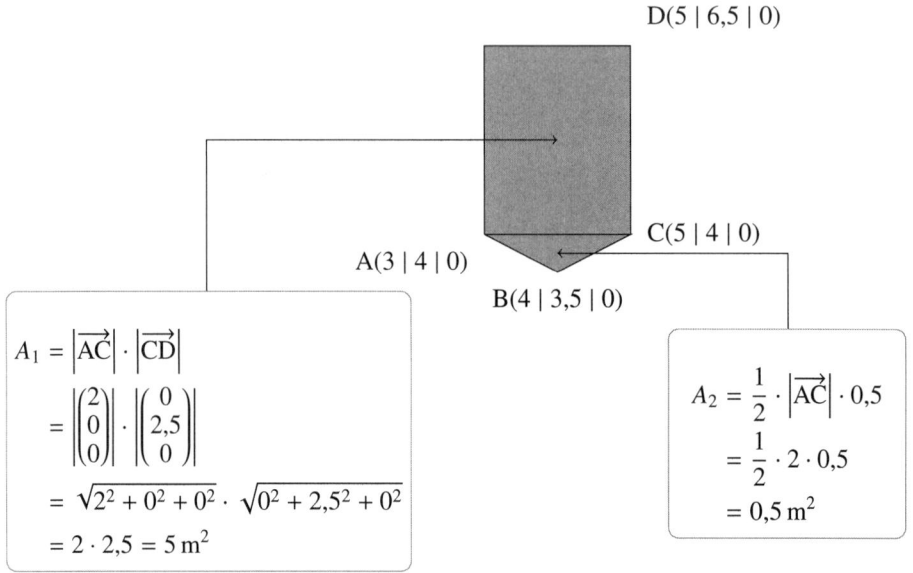

$$A_1 = |\overrightarrow{AC}| \cdot |\overrightarrow{CD}|$$

$$= \left| \begin{pmatrix} 2 \\ 0 \\ 0 \end{pmatrix} \right| \cdot \left| \begin{pmatrix} 0 \\ 2,5 \\ 0 \end{pmatrix} \right|$$

$$= \sqrt{2^2 + 0^2 + 0^2} \cdot \sqrt{0^2 + 2,5^2 + 0^2}$$

$$= 2 \cdot 2,5 = 5\,\text{m}^2$$

$$A_2 = \frac{1}{2} \cdot |\overrightarrow{AC}| \cdot 0,5$$

$$= \frac{1}{2} \cdot 2 \cdot 0,5$$

$$= 0,5\,\text{m}^2$$

Die Grundfläche beträgt somit $A_{ges} = A_1 + A_2 = 5\,\text{m}^2 + 0,5\,\text{m}^2 = 5,5\,\text{m}^2$.

b) Zur Ermittlung der Koordinatengleichung können wir das Vektorprodukt von zwei Richtungsvektoren bilden, die die Ebene aufspannen.

$$\begin{pmatrix} 1 \\ 0,5 \\ 0 \end{pmatrix} \times \begin{pmatrix} 0 \\ 0,5 \\ 1,5 \end{pmatrix} = \begin{pmatrix} 0,75 - 0 \\ 0 - 1,5 \\ 0,5 - 0 \end{pmatrix} = \begin{pmatrix} 0,75 \\ -1,5 \\ 0,5 \end{pmatrix} \text{ erweitern mit (-4)}: \vec{n} = \begin{pmatrix} -3 \\ 6 \\ -2 \end{pmatrix}$$

$\overrightarrow{BC} \times \overrightarrow{BE}$

$$H : -3x + 6y - 2z = \boxed{d}$$

d ermitteln, indem B(4 | 3,5 | 0) eingesetzt wird

$$d = -3 \cdot 4 + 6 \cdot 3,5 - 2 \cdot 0 = 9$$

$$\Rightarrow H : -3x + 6y - 2z = 9$$

c) **Veranschaulichung des Sachverhalts:**

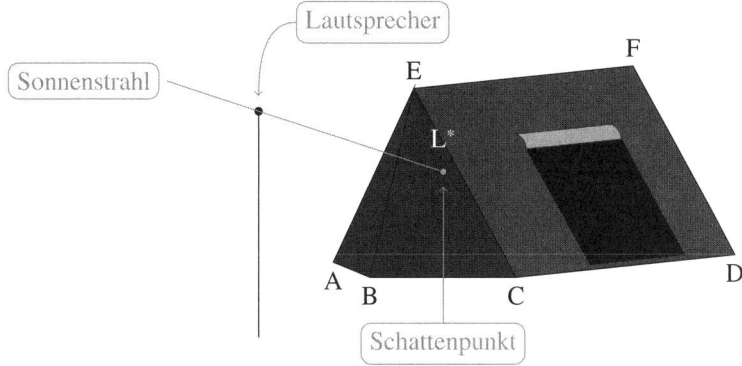

Der dargestellte Sonnenstrahl entspricht einer Geraden g. Wir können folgende Gleichung für den Strahl aufstellen:

Lautsprecher ⟶   ⟵ Richtung Sonnenstrahlen

$$g : \vec{x} = \begin{pmatrix} 7{,}25 \\ -0{,}625 \\ 9{,}75 \end{pmatrix} + r \cdot \begin{pmatrix} -2 \\ 3 \\ -6 \end{pmatrix}; \qquad r \in \mathbb{R}$$

Um den Schnittpunkt L^* zu bestimmen, können wir die Gerade zeilenweise in die Koordinatenform von H einsetzen:

$-0{,}625 + 3r$

$7{,}25 - 2r$ $9{,}75 - 6r$

g in H : $-3\,x + 6\,y - 2\,z = 9$

$$\Rightarrow \qquad -3 \cdot (7{,}25 - 2r) + 6 \cdot (-0{,}625 + 3r) - 2 \cdot (9{,}75 - 6r) = 9$$

$$\Rightarrow \qquad -21{,}75 + 6r - 3{,}75 + 18r - 19{,}5 + 12r = 9$$

$$\Rightarrow \qquad 36r - 45 = 9 \qquad | + 45$$

$$\Rightarrow \qquad 36r = 54 \qquad | : 36$$

$$\Rightarrow \qquad r = 1{,}5$$

Um den Ortsvektor von L^* zu bestimmen, können wir den Wert $r = 1{,}5$ in die Gerade g einsetzen:

$$\overrightarrow{OL^*} = \begin{pmatrix} 7{,}25 \\ -0{,}625 \\ 9{,}75 \end{pmatrix} + 1{,}5 \cdot \begin{pmatrix} -2 \\ 3 \\ -6 \end{pmatrix} = \begin{pmatrix} 4{,}25 \\ 3{,}875 \\ 0{,}75 \end{pmatrix}$$

Somit hat der Punkt L^* die Koordinaten $L^*(4{,}25 \mid 3{,}875 \mid 0{,}75)$.

Bei der Winkelberechnung handelt es sich um das Winkelproblem Gerade/Ebene. Demnach können wir die Sinus-Formel zur Bestimmung des Schnittwinkels benutzen:

$$\sin\alpha = \frac{\vec{v}\cdot\vec{n}}{|\vec{v}|\cdot|\vec{n}|} = \frac{\begin{pmatrix}-2\\3\\-6\end{pmatrix}\cdot\begin{pmatrix}-3\\6\\-2\end{pmatrix}}{\left\|\begin{pmatrix}-2\\3\\-6\end{pmatrix}\right\|\cdot\left\|\begin{pmatrix}-3\\6\\-2\end{pmatrix}\right\|} = \frac{6+18+12}{\sqrt{(-2)^2+3^2+(-6)^2}\cdot\sqrt{(-3)^2+6^2+(-2)^2}} = \frac{36}{49}$$

$$\Rightarrow \sin^{-1}\left(\frac{36}{49}\right) = \alpha = 47{,}3°$$

d) Wenn die obere Kante des Eingangs 50 cm von der Kante EF entfernt sein soll, dann ist die rechte Kante des Eingangs 130 cm lang, wie wir in der folgenden Skizze und Rechnung zeigen können:

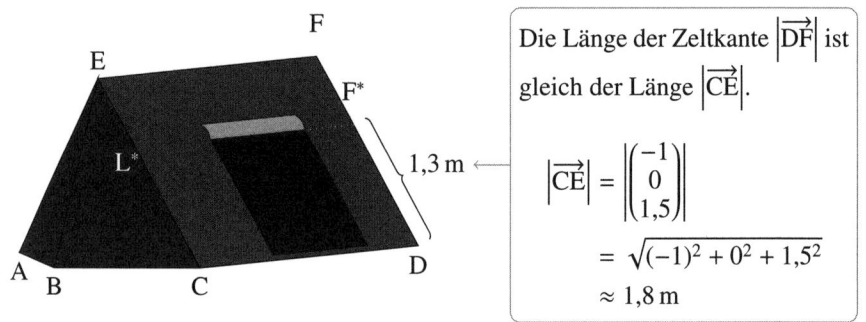

Die Länge der Zeltkante $\left|\overrightarrow{DF}\right|$ ist gleich der Länge $\left|\overrightarrow{CE}\right|$.

$$\left|\overrightarrow{CE}\right| = \left\|\begin{pmatrix}-1\\0\\1{,}5\end{pmatrix}\right\|$$
$$= \sqrt{(-1)^2+0^2+1{,}5^2}$$
$$\approx 1{,}8\,\text{m}$$

Berechnen wir die Koordinaten von F*, so können wir auch die Höhe der Zeltöffnung aus der z-Koordinate ablesen. Um die Koordinaten von F* herauszufinden, können wir uns vorstellen, dass wir von D 1,3 m weit in Richtung F „laufen". Der Faktor $\frac{1{,}3}{1{,}8}$ beschreibt den „abgelaufenen" Teil der Streckenlänge. Mit Hilfe einer Linearkombination lassen sich die Koordinaten von F* berechnen:

$$\overrightarrow{OF^*} = \overrightarrow{OD} + \boxed{\frac{1{,}3}{1{,}8}}\cdot\boxed{\overrightarrow{DF}} = \overrightarrow{OD} + \frac{1{,}3}{1{,}8}\cdot\boxed{\overrightarrow{CE}}$$

1,3 m von 1,8 m · gleicher Vektor

$$= \begin{pmatrix}5\\6{,}5\\0\end{pmatrix} + \frac{1{,}3}{1{,}8}\cdot\begin{pmatrix}-1\\0\\1{,}5\end{pmatrix} = \begin{pmatrix}4{,}28\\6{,}5\\\boxed{1{,}083}\end{pmatrix}\!\leftarrow\boxed{\text{Höhe}}$$

Somit beträgt die Höhe lediglich 1,083 m und das Kind passt nicht durch den Eingang, ohne sich zu bücken.

e) Zuerst sollten wir den Mittelpunkt von EF bestimmen, um anschließend die Koordinaten der Lampe zu erhalten:

$$M_{EF}\left(\frac{4+4}{2}\middle|\frac{4+6{,}5}{2}\middle|\frac{1{,}5+1{,}5}{2}\right) = M_{EF}\,(4\mid 5{,}25\mid 1{,}5)$$

Die Koordinaten der Lampe K ergeben sich, indem wir von der z-Koordinate einfach 0,25 m subtrahieren.

$$K\,(4 \mid 5,25 \mid 1,25)$$

Wie es in der Aufgabenstellung beschrieben ist, müssen wir das Abstandsproblem zwischen Punkt und Ebene lösen. Dazu benötigen wir noch die Koordinatengleichung der Ebene $E = CDFE$.

Wir bilden das Vektorprodukt von zwei Richtungsvektoren, die die Ebene aufspannen.

$$\begin{pmatrix} 0 \\ 2,5 \\ 0 \end{pmatrix} \times \begin{pmatrix} -1 \\ 0 \\ 1,5 \end{pmatrix} = \begin{pmatrix} 3,75 - 0 \\ 0 - 0 \\ 0 + 2,5 \end{pmatrix} = \begin{pmatrix} 3,75 \\ 0 \\ 2,5 \end{pmatrix} \text{ erweitern mit 4: } \vec{n} = \begin{pmatrix} 15 \\ 0 \\ 10 \end{pmatrix}$$

$\boxed{\overrightarrow{CD} \times \overrightarrow{CE}}$

$E : 15x + 0y + 10z = d$

d ermitteln, indem $C(5 \mid 4 \mid 0)$ eingesetzt wird

$$d = 15 \cdot 5 + 0 \cdot 4 + 10 \cdot 0 = 75$$
$$\Rightarrow E : 15x + 10z = 75$$

Abstand zwischen der Zeltfläche $E = CDFE$ und der Lampe K.

Normalenvektor der Ebene E und d einsetzen:

$K\,(4 \mid 5,25 \mid 1,25)$ einsetzen:

$$d(K,E) = \frac{|a\,x + b\,y + c\,z - d|}{\sqrt{a^2 + b^2 + c^2}} = \frac{|9\,x + 0\,y + 6\,z - 45|}{\sqrt{9^2 + 0^2 + 6^2}}$$

$$= \frac{|15 \cdot 4 + 0 \cdot 5,25 + 10 \cdot 1,25 - 75|}{5\sqrt{13}} = \frac{|-2,5|}{5\sqrt{13}} \approx 0,139\,\text{m} < 0,2\,\text{m}$$

Somit wird deutlich, dass der Sicherheitsabstand von 0,2 m nicht eingehalten wurde.

Aufgabe 3.2 - Vorsorgemuffel

Kettenlänge
↓

a) A: Unter 20 zufällig ausgewählten männlichen Bundesbürgern befinden sich

   acht oder neun „Vorsorgemuffel".
   ↑
   ohne Reihenfolge $p = 0{,}447$ konstant
        └─── Binomialverteilung ───┘

X: Anzahl der „Vorsorgemuffel" unter den männlichen Bundesbürgern

$X \sim B_{20;0{,}447}$

$$P(A) = P(X = 8) + P(X = 9)$$

$$= \binom{20}{8} \cdot 0{,}447^8 \cdot 0{,}553^{12} + \binom{20}{9} \cdot 0{,}447^9 \cdot 0{,}553^{11}$$

$$= 0{,}1642 + 0{,}1770 = 0{,}3412$$

Kettenlänge
↓

B: Von 100 zufällig ausgewählten Bundesbürgern gehören mindestens 15
                                                              ↑
   und weniger als 29 Personen zu denjenigen, die
                                                          ohne
   einen Zahnarzt bei akuten Beschwerden sofort aufsuchen Reihenfolge
                          ↑
          $p = \frac{1}{6}$ konstant
                  └─── Binomialverteilung ───┘

X: Anzahl Personen, die bei akuten Beschwerden sofort zum Zahnarzt gehen

$X \sim B_{100;\frac{1}{6}}$

$$P(B) = P(15 \le X < 29) = P(15 \le X \le 28)$$

$$= F\left(100; \frac{1}{6}; 28\right) - F\left(100; \frac{1}{6}; 14\right)$$

$$= 0{,}9985 - 0{,}2874 = 0{,}7111$$

Kettenlänge
↓

C: Unter 100 zufällig ausgewählten Bundesbürgern befinden sich mindestens
   85 Personen, die bei akuten Beschwerden nicht sofort zum Zahnarzt gehen.
      ↑   ↑
   ohne Reihenfolge $p = \frac{5}{6}$ konstant
        └──────── Binomialverteilung ────────┘

X: Anzahl Personen, die bei akuten Beschwerden nicht sofort zum Zahnarzt gehen

$X \sim B_{100;\frac{5}{6}}$

$$P(C) = P(X \ge 85) = 1 - P(X \le 84) = F\left(100; \frac{5}{6}; 84\right) = 0{,}3877$$

b) Hierbei handelt es sich um eine Standardaufgabe, die oft „Drei-Mindestens-Aufgabe" genannt wird. Zuerst muss die binomialverteilte Zufallsgröße definiert werden:

X: Anzahl weiblicher Bundesbürger, die als „Vorsorgemuffel" gelten

$X \sim B_{n;0,293}$

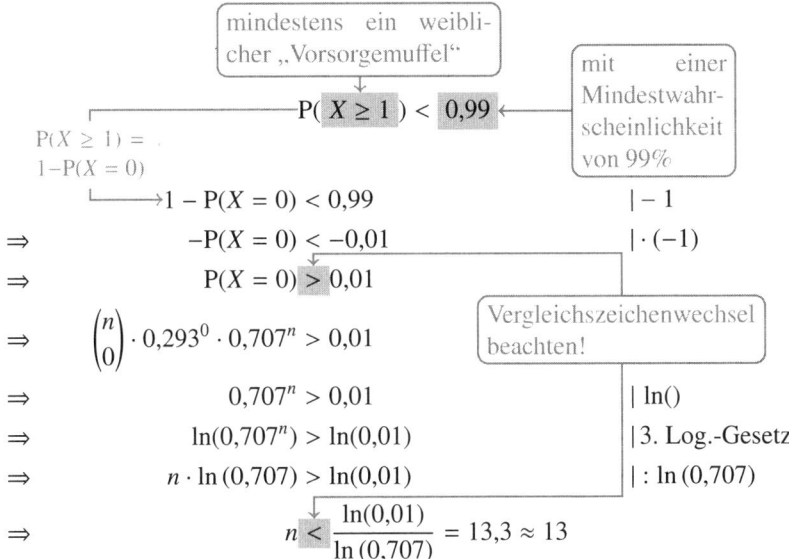

Es dürfen höchstens 13 Bundesbürger ausgewählt werden.

c) Nacheinander wurden zufällig ausgewählte männliche Bundesbürger befragt.
Bevor wir das Baumdiagramm zeichnen, müssen die dargestellten Ereignisse eindeutig definiert werden:

E: spätestens der 5. befragte männliche Bundesbürger ist ein „Vorsorgemuffel"

V: ein befragter männlicher Bundesbürger ist ein „Vorsorgemuffel"

$\overline{V}$: ein befragter männlicher Bundesbürger ist kein „Vorsorgemuffel"

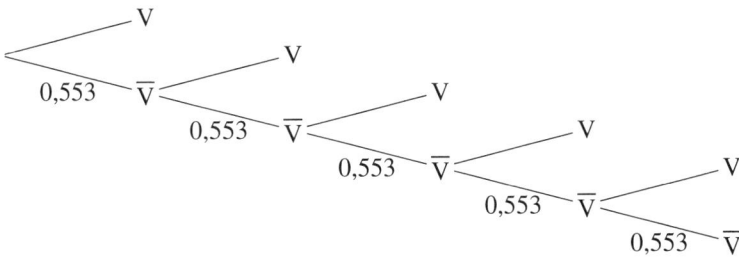

Der beschriftete Pfad ist der einzige Pfad, der die Bedingung der Aufgabe nicht erfüllt, da nach 5 Befragungen immer noch kein „Vorsorgemuffel" entdeckt wurde. Somit bildet er das Gegenereignis zu E. Wir können die Wahrscheinlichkeit vom Ereignis E nun über die Gegenwahrscheinlichkeit berechnen:

$$P(E) = 1 - P(\overline{E}) = 1 - 0{,}553^5 \approx 0{,}9483$$

d) Berechnen Sie die Wahrscheinlichkeit dafür, dass ein unter allen Bundesbürgern zufällig ausgewählter Bundesbürger kein „Vorsorgemuffel" ist, also regelmäßig zur zahnärztlichen Kontrolluntersuchung geht. Wir müssen also eine Aufgabe zur bedingten

totale Wahrscheinlichkeit

Wahrscheinlichkeit lösen. Es lohnt sich zuerst alle Informationen aus dem Einstiegstext zu formalisieren:

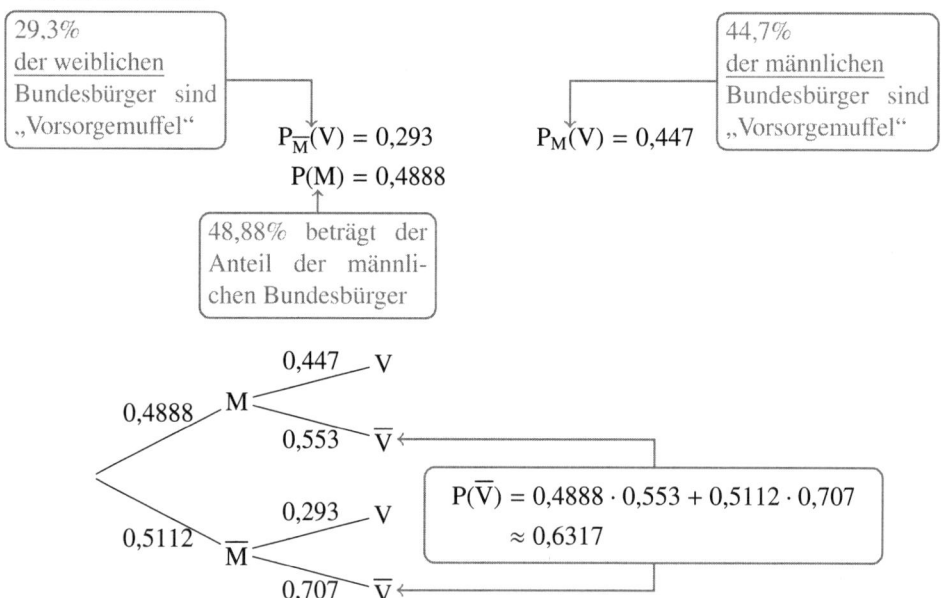

29,3%
der weiblichen Bundesbürger sind „Vorsorgemuffel"

$P_{\overline{M}}(V) = 0{,}293$

$P_M(V) = 0{,}447$

44,7%
der männlichen Bundesbürger sind „Vorsorgemuffel"

$P(M) = 0{,}4888$

48,88% beträgt der Anteil der männlichen Bundesbürger

$$P(\overline{V}) = 0{,}4888 \cdot 0{,}553 + 0{,}5112 \cdot 0{,}707 \approx 0{,}6317$$

Wahrscheinlichkeit für den Fall, dass eine aus der Gruppe der „Vorsorgemuffel" zufällig ausgewählte Person eine Frau ist:

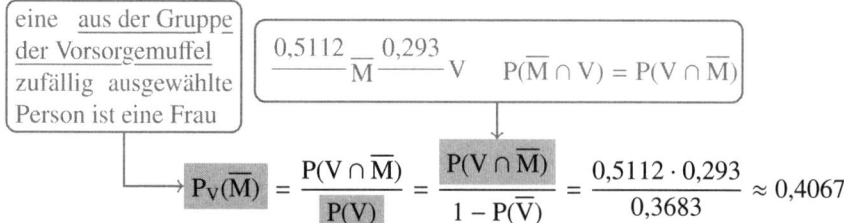

eine aus der Gruppe der Vorsorgemuffel zufällig ausgewählte Person ist eine Frau

$P(\overline{M} \cap V) = P(V \cap \overline{M})$

$$P_V(\overline{M}) = \frac{P(V \cap \overline{M})}{P(V)} = \frac{P(V \cap \overline{M})}{1 - P(\overline{V})} = \frac{0{,}5112 \cdot 0{,}293}{0{,}3683} \approx 0{,}4067$$

e) Berechnen Sie p für den Fall, dass die Wahrscheinlichkeit dafür, dass sich unter vier zufällig ausgewählten Einwohnern dieses Landesteiles genau drei „Vorsorgemuffel" befinden, maximal ist.

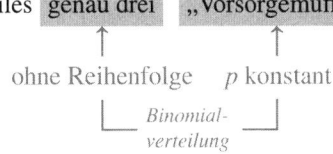

Kettenlänge
↓

ohne Reihenfolge p konstant

Binomial-
verteilung

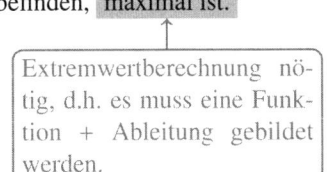

Extremwertberechnung nötig, d.h. es muss eine Funktion + Ableitung gebildet werden.

X: Anzahl Bundesbürger, die als „Vorsorgemuffel" gelten

$X \sim B_{4;p}$

$$P(X = 3) = \binom{4}{3} \cdot p^3 \cdot (1 - p)^1 = 4p^3 \cdot (1 - p) = 4p^3 - 4p^4 =: f(p)$$

Funktionsgleichung definieren

Für die Bestimmung eines Maximums sollten wir die erste Ableitung bilden und die notwendige Bedingung zur Ermittlung eines lokalen Extremas anwenden:

$$f'(p) = 12p^2 - 16p^3$$
$$f'(p) = 0$$
$$0 = 12p^2 - 16p^3$$
$$0 = p^2 \cdot (12 - 16p) \qquad | : p^2 \ (p \neq 0)$$
$$0 = 12 - 16p \qquad | + 16p$$
$$16p = 12 \qquad | : 16$$
$$p = \frac{3}{4}$$

Laut Aufgabenstellung darf auf den Nachweis des Maximums verzichtet werden, somit ergibt sich eine maximale Wahrscheinlichkeit für $p = \frac{3}{4}$.

Abitur 2016 – Lösungen

Aufgaben zum hilfsmittelfreien Teil

Teil 1 – Analysis

a) Geben Sie je eine reelle Zahl für die Parameter a, b und c an, sodass die Funktionen F_a, G_b und H_c Stammfunktionen der Funktionen f, g und h sind.

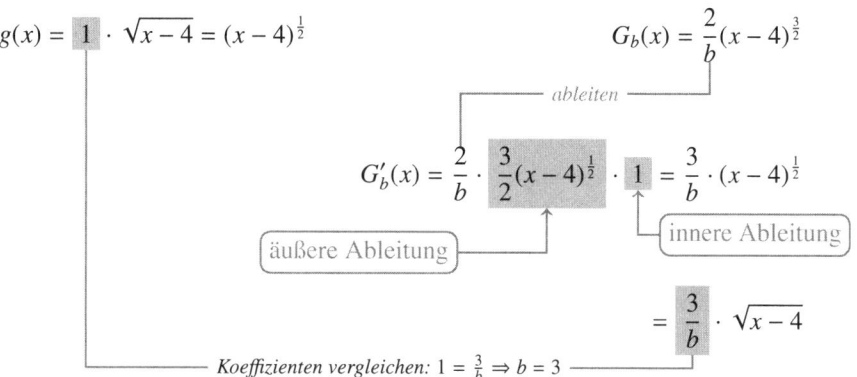

$$f(x) = 2x^3 + \boxed{4}\,x - 1 \qquad\qquad F_a(x) = 0{,}5x^4 + ax^2 - x + 3$$

ableiten

$$F_a'(x) = 2x^3 + \boxed{2a}\,x - 1$$

Koeffizienten vergleichen: $4 = 2a \Rightarrow a = 2$

$$g(x) = \boxed{1} \cdot \sqrt{x-4} = (x-4)^{\frac{1}{2}} \qquad\qquad G_b(x) = \frac{2}{b}(x-4)^{\frac{3}{2}}$$

ableiten

$$G_b'(x) = \frac{2}{b} \cdot \boxed{\frac{3}{2}(x-4)^{\frac{1}{2}}} \cdot \boxed{1} = \frac{3}{b} \cdot (x-4)^{\frac{1}{2}}$$

äußere Ableitung   innere Ableitung

$$= \frac{3}{b} \cdot \sqrt{x-4}$$

Koeffizienten vergleichen: $1 = \frac{3}{b} \Rightarrow b = 3$

$$h(x) = \boxed{4}\,e^{-2x+1} + e \qquad\qquad H_c(x) = c \cdot e^{-2x+1} + ex - e$$

ableiten   innere Ableitung

$$H_c'(x) = c \cdot \boxed{(-2)} \cdot \boxed{e^{-2x+1}} + e$$

äußere Ableitung

$$= \boxed{-2c} \cdot e^{-2x+1} + e$$

Koeffizienten vergleichen: $-2c = 4 \Rightarrow c = -2$

191

In dieser Standardaufgabe muss die Konstante C ermittelt werden. Wichtig hierbei ist zu beachten, dass man nicht aus Versehen F_a zur Erstellung einer Stammfunktion benutzt. Wir erstellen die Stammfunktion zu f:

$$F(x) = \frac{1}{2}x^4 + 2x^2 - x + C$$

Jetzt muss lediglich der Punkt $S_y(0 \mid -1)$ in die Funktionsgleichung von F eingesetzt werden:

$$F(0) = \frac{1}{2} \cdot 0^4 + 2 \cdot 0^2 - 0 + C$$
$$-1 = C$$

Die Funktionsgleichung der Stammfunktion lautet $F(x) = \frac{1}{2}x^4 + 2x^2 - x - 1$.

b)

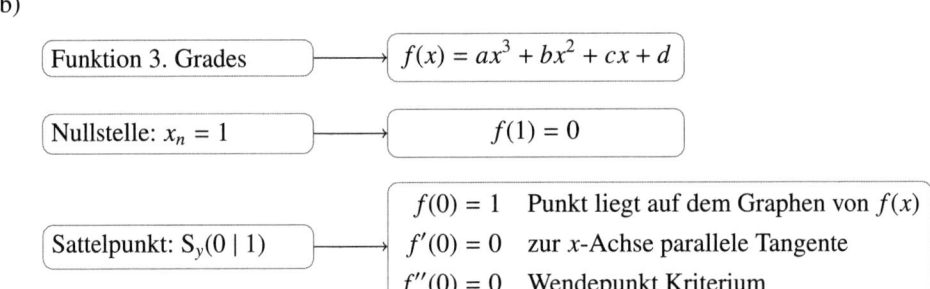

Um das LGS zu erstellen, benötigen wir noch die erste und die zweite Ableitung von f:

$$f'(x) = 3ax^2 + 2bx + c$$
$$f''(x) = 6ax + 2b$$

Jetzt können wir das LGS aufstellen:

$$
\begin{array}{lrcrcrcrcr}
\text{I}: & 0 & = & a & + & b & + & c & + & d \\
\text{II}: & 1 & = & & & & & & & d \\
\text{III}: & 0 & = & & & & & c & & \\
\text{IV}: & 0 & = & & & 2b & & & &
\end{array}
$$

Teil 2 – Analytische Geometrie

a) Gleichung für g: $\overrightarrow{OP}$ $\overrightarrow{OQ} - \overrightarrow{OP}$

$$g : \vec{x} = \begin{pmatrix} 1 \\ 1 \\ 1 \end{pmatrix} + s \cdot \begin{pmatrix} 1 \\ 1 \\ 1 \end{pmatrix}; \qquad s \in \mathbb{R}$$

Mittelpunkt der Strecke PQ: $M\left(\dfrac{1+2}{2} \,\middle|\, \dfrac{1+2}{2} \,\middle|\, \dfrac{1+2}{2}\right) = M(1{,}5 \mid 1{,}5 \mid 1{,}5)$

192

Da die Aufgabenstellung besagt, dass es reicht eine Gerade aufzustellen, können wir uns den Richtungsvektor $\vec{v}_\perp$ der orthogonalen Geraden ausdenken, solange das Skalarprodukt mit dem Richtungsvektor von g den Wert 0 ergibt.

$$\vec{v} \cdot \vec{v}_\perp = \begin{pmatrix} 1 \\ 1 \\ 1 \end{pmatrix} \cdot \begin{pmatrix} x \\ y \\ z \end{pmatrix} = x + y + z = 0 \qquad \Rightarrow \qquad x = -1, \qquad y = 0, \qquad z = 1$$

Die Gleichung einer orthogonalen Geraden lautet:

$$h_\perp : \vec{x} = \begin{pmatrix} 1{,}5 \\ 1{,}5 \\ 1{,}5 \end{pmatrix} + s \cdot \begin{pmatrix} -1 \\ 0 \\ 1 \end{pmatrix}, \qquad s \in \mathbb{R}$$

b) Parametergleichung der Ebene E:

$$E : \vec{x} = \overbrace{\begin{pmatrix} 0 \\ 0 \\ 1 \end{pmatrix}}^{\overrightarrow{OA}} + u \cdot \overbrace{\begin{pmatrix} 4 \\ -6 \\ 2 \end{pmatrix}}^{\overrightarrow{AP}} + v \cdot \overbrace{\begin{pmatrix} 9 \\ 12 \\ 3 \end{pmatrix}}^{\overrightarrow{AQ}}, \qquad u, v \in \mathbb{R}$$

Bestimmung von B und C:

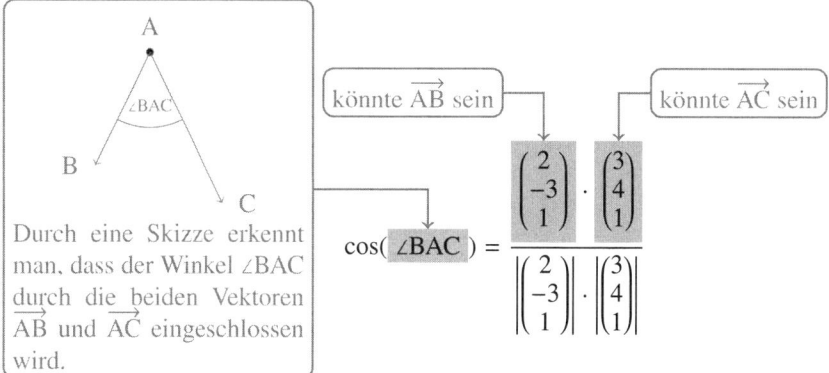

Durch eine Skizze erkennt man, dass der Winkel ∠BAC durch die beiden Vektoren $\overrightarrow{AB}$ und $\overrightarrow{AC}$ eingeschlossen wird.

könnte $\overrightarrow{AB}$ sein   könnte $\overrightarrow{AC}$ sein

$$\cos(\angle BAC) = \frac{\begin{pmatrix} 2 \\ -3 \\ 1 \end{pmatrix} \cdot \begin{pmatrix} 3 \\ 4 \\ 1 \end{pmatrix}}{\left\| \begin{pmatrix} 2 \\ -3 \\ 1 \end{pmatrix} \right\| \cdot \left\| \begin{pmatrix} 3 \\ 4 \\ 1 \end{pmatrix} \right\|}$$

Der Vektor $\overrightarrow{AB}$ beschreibt die Verschiebung des Punktes A nach B. Um nun mögliche Koordinaten für B zu erhalten, können wir den Vektor $\overrightarrow{AB}$ einfach auf den Ortsvektor von A addieren. Die Koordinaten von C erhalten wir analog:

$$\overrightarrow{OB} = \overrightarrow{OA} + \overrightarrow{AB} = \begin{pmatrix} 0 \\ 0 \\ 1 \end{pmatrix} + \begin{pmatrix} 2 \\ -3 \\ 1 \end{pmatrix} = \begin{pmatrix} 2 \\ -3 \\ 2 \end{pmatrix} \Rightarrow B(2 \mid -3 \mid 2)$$

$$\overrightarrow{OC} = \overrightarrow{OA} + \overrightarrow{AC} = \begin{pmatrix} 0 \\ 0 \\ 1 \end{pmatrix} + \begin{pmatrix} 3 \\ 4 \\ 1 \end{pmatrix} = \begin{pmatrix} 3 \\ 4 \\ 2 \end{pmatrix} \Rightarrow C(3 \mid 4 \mid 2)$$

Teil 3 – Stochastik

a) Zum Ausfüllen des Baumdiagramms nutzen wir die Gegenwahrscheinlichkeit (bzw. die 2. Pfadregel) und die Aussage, dass es sich um unabhängiges Werfen handelt.

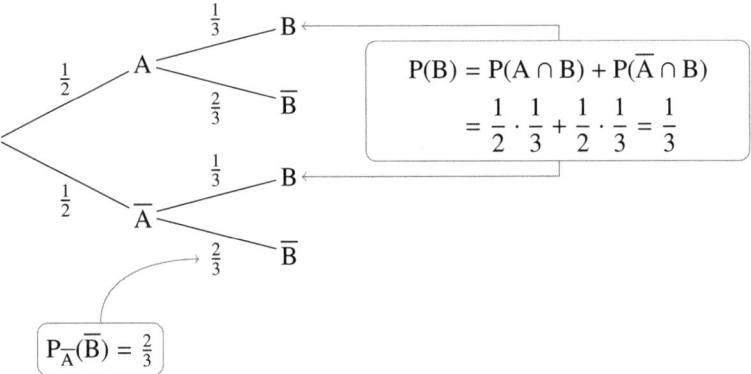

$$P(B) = P(A \cap B) + P(\overline{A} \cap B)$$
$$= \frac{1}{2} \cdot \frac{1}{3} + \frac{1}{2} \cdot \frac{1}{3} = \frac{1}{3}$$

$$P_{\overline{A}}(\overline{B}) = \frac{2}{3}$$

Mögliche Ereignisse: A: *Werfen einer geraden Zahl*; B: *Werfen einer Zahl, die kleiner als 3 ist*

b) Die Wahrscheinlichkeit des Ereignisses T wurde mit Hilfe der hypergeometrischen Wahrscheinlichkeitsverteilung berechnet. Die Binomialkoeffizienten geben Aufschluss darüber, wie viele Jungs und wie viele Mädchen jeweils ausgewählt wurden:

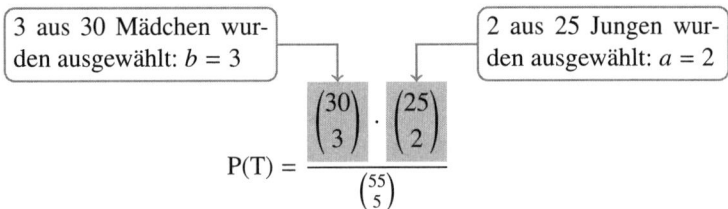

3 aus 30 Mädchen wurden ausgewählt: $b = 3$

2 aus 25 Jungen wurden ausgewählt: $a = 2$

$$P(T) = \frac{\binom{30}{3} \cdot \binom{25}{2}}{\binom{55}{5}}$$

Möglichkeiten für die Anordnung: Die Reihenfolge der Personen muss MJMJM sein, damit ein Junge immer zwischen zwei Mädchen steht. Da die Kinder voneinander unterscheidbar sind (mit Reihenfolge), jedoch nicht doppelt auf dem Bild stehen können (ohne Zurücklegen), ergibt sich die Anzahl der Möglichkeiten aus folgendem Term:

$$3! \cdot 2! = 3 \cdot 2 \cdot 1 \cdot 2 \cdot 1 = 12$$

Aufgabe 2.1 – Stadtwappen

a) **Nachweis Achsensymmetrie:**

$$f_a(-x) = (-x)^4 - 2a(-x)^2 + a^2 = x^4 - 2ax^2 + a^2 = f_a(x)$$

oder: f_a ist eine ganzrationale Funktion und hat ausschließlich gerade Hochzahlen.

Schnittpunkt x-Achse:

$$f_a(x) = 0$$
$$0 = \boxed{x^4} - 2ax^2 + a^2$$

Substitution $x^2 = z$

$$0 = \boxed{z^2} - 2az + a^2$$
$$z_{1,2} = a \pm \sqrt{a^2 - a^2}$$
$$z_{1,2} = a \pm \sqrt{0}$$
$$z_{1,2} = a$$

Resubstitution $x = \pm \sqrt{z}$

$$x_{1,2} = \pm \sqrt{a}$$

$$\Rightarrow \quad S_{x_1}\left(\sqrt{a} \mid 0\right) \text{ und } S_{x_2}\left(-\sqrt{a} \mid 0\right)$$

Schnittpunkt y-Achse:

$$f_a(0) = 0^4 - 2a \cdot 0^2 + a^2 = a^2$$
$$\Rightarrow \quad S_y\left(0 \mid a^2\right)$$

b) Um den lokalen Extrempunkt zu bestimmen, benötigen wir die erste und die zweite Ableitung.

$$f_a'(x) = 4x^3 - 4ax$$
$$f_a''(x) = 12x^2 - 4a$$
$$f_a'(x) = 0$$
$$0 = 4x^3 - 4ax \qquad \mid x \text{ ausklammern}$$
$$0 = \boxed{x} \cdot \boxed{(4x^2 - 4a)}$$

$$\boxed{x_1 = 0} \qquad \text{oder} \qquad 0 = \boxed{4x^2 - 4a} \qquad \mid + 4a$$
$$4x^2 = 4a \qquad \mid : 4$$
$$x^2 = a \qquad \mid \sqrt{\ldots}$$
$$x_{2,3} = \pm \sqrt{a}$$

Da die Aufgabenstellung besagt, dass $a \in \mathbb{R}$ und $a \neq 0$ gilt, müssen wir eine Fallunterscheidung für jedes lokale Extremum durchführen.

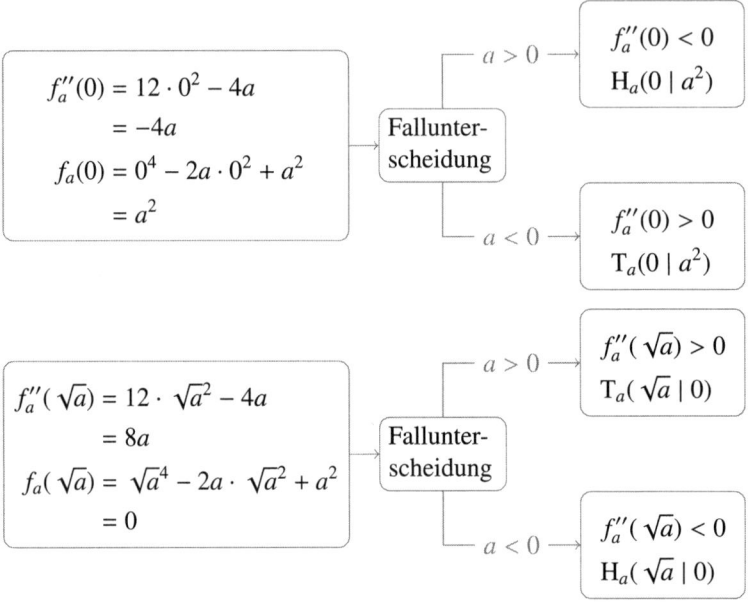

Aufgrund der Achsensymmetrie werden die lokalen Extrema bei $\sqrt{a}$ und $-\sqrt{a}$ die gleiche Art und die gleichen Funktionswerte besitzen. Bei der Fallunterscheidung erhalten wir also die gleichen Ergebnisse.

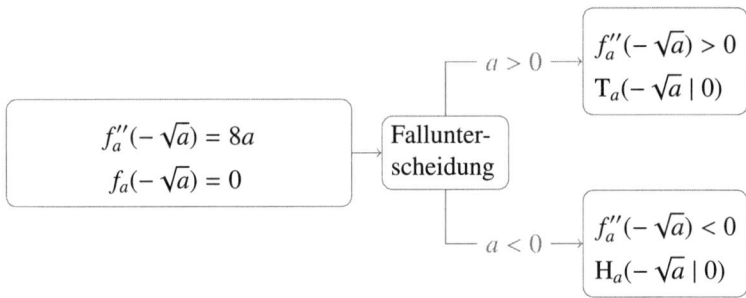

Die drei berechneten lokalen Extrema können wir in einem Koordinatensystem skizzieren:

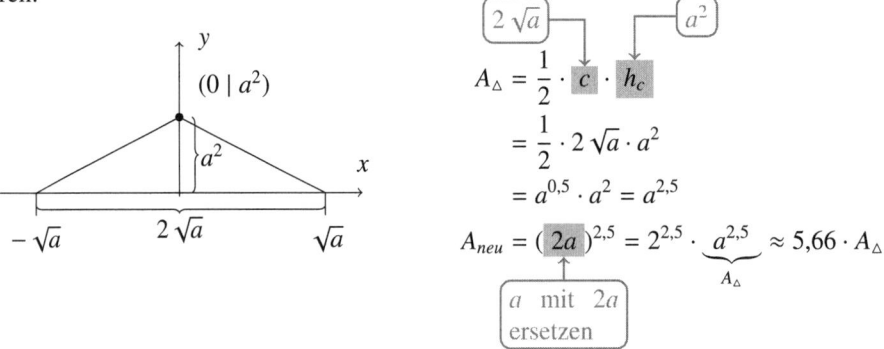

c) Wir können den Flächeninhalt des Stadtwappens berechnen, indem wir die Differenz-funktion von f_1 und g integrieren. Aufgrund der Achsensymmetrie wählen wir als Integrationsintervall $I = [0; 1]$ und verdoppeln den Wert des bestimmten Integrals.

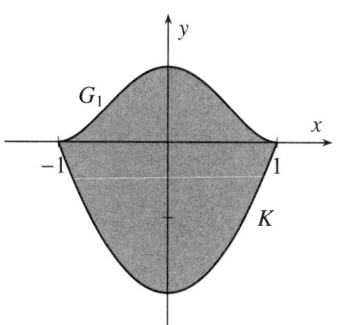

$$A = 2 \cdot \int_0^1 f_1(x) - g(x)\, dx$$

$$= 2 \cdot \int_0^1 x^4 - 2x^2 + 1 - (2x^2 - 2)\, dx$$

$$= 2 \cdot \int_0^1 x^4 - 4x^2 + 3\, dx$$

$$= 2 \cdot \left[\frac{1}{5}x^5 - \frac{4}{3}x^3 + 3x \right]_0^1$$

$$= 2 \cdot \left(\frac{1}{5} \cdot 1^5 - \frac{4}{3} \cdot 1^3 + 3 \cdot 1 - 0 \right)$$

$$\approx 3{,}73\, \text{FE}$$

d) Den Flächeninhalt des Rechtecks erhalten wir, indem wir die Länge und die Breite des Rechtecks bestimmen und multiplizieren.

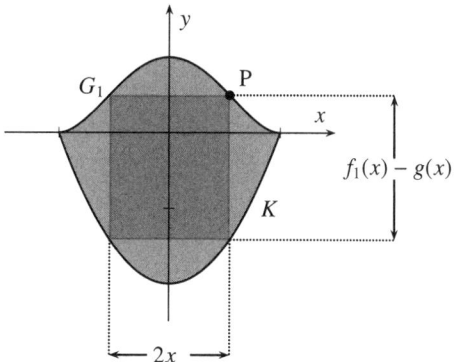

$$A(x) = 2x \cdot (f_1(x) - g(x))$$

$$= 2x \cdot \left(x^4 - 2x^2 + 1 - (2x^2 - 2) \right)$$

$$= 2x \cdot \left(x^4 - 4x^2 + 3 \right)$$

$$= 2x^5 - 8x^3 + 6x$$

Um den maximalen Flächeninhalt des Rechtecks zu bestimmen, können wir die erste Ableitung bilden und diese gleich 0 setzen. Auf den Nachweis des Maximums kann laut Aufgabenstellung verzichtet werden.

$$A'(x) = 10x^4 - 24x^2 + 6$$

$$A'(x) = 0$$

$$0 = 10x^4 - 24x^2 + 6 \qquad\qquad |:10$$

$$0 = \boxed{x^4} - 2,4x^2 + 0,6$$

Substitution $x^2 = z$

$$0 = \boxed{z^2} - 2,4z + 0,6$$

$$z_{1,2} = 1,2 \pm \sqrt{1,2^2 - 0,6}$$

$$z_{1,2} = 1,2 \pm \frac{\sqrt{21}}{5}$$

$$z_1 = 0,2835$$

$$z_2 = 2,1165 \qquad \text{Resubstitution } x_{1,2} = \pm \sqrt{z_1}$$

Resubstitution
$x_{3,4} = \pm \sqrt{z_2}$

$$x_{1,2} = \pm 0,532$$

$$x_{3,4} = \pm 1,455$$

Als Lösung des Problems kommt nur $x_1 = 0,532$ in Frage, da dies das einzige Ergebnis ist, welches im ersten Quadranten liegt und zwischen den Nullstellen von G_1. Somit ist der maximale Flächeninhalt:

$$A(0,532) = 2 \cdot 0,532^5 - 8 \cdot 0,532^3 + 6 \cdot 0,532 \approx 2,07\,\text{FE}$$

e) In dieser Aufgabe sollen wir die Funktionsgleichung einer quadratischen Funktion aufstellen.

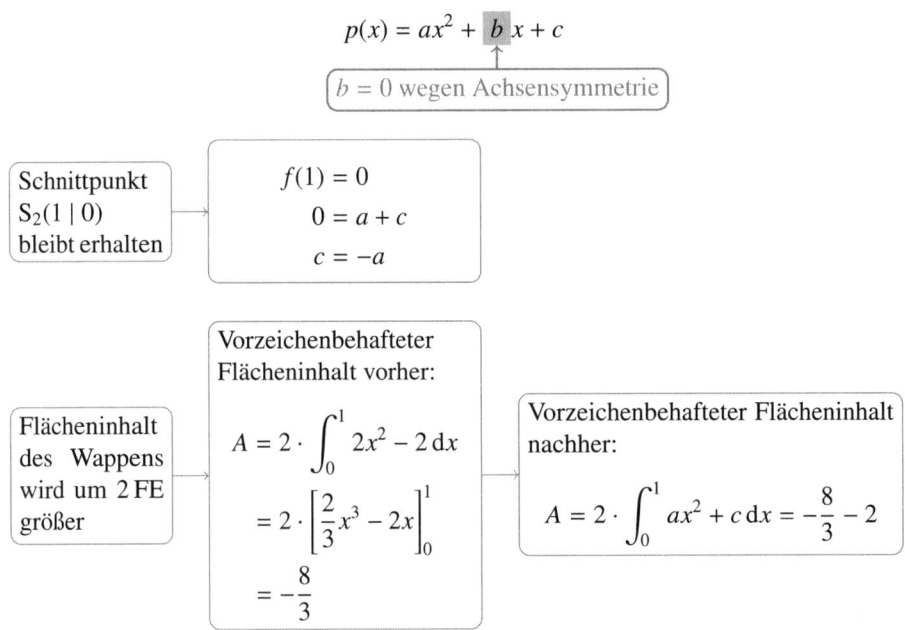

Ersetzen wir in der Gleichung für den neuen vorzeichenbehafteten Flächeninhalt c mit

$-a$, so erhalten wir eine Gleichung, die wir nach dem Parameter a auflösen können.

$$2 \cdot \int_0^1 ax^2 + c\, dx = -\frac{8}{3} - 2$$

$$2 \cdot \int_0^1 ax^2 - a\, dx = -\frac{14}{3}$$

$$2 \cdot \left[\frac{a}{3}x^3 - ax\right]_0^1 = -\frac{14}{3}$$

$$2 \cdot \left(\frac{a}{3} - a\right) = -\frac{14}{3}$$

$$-\frac{4}{3}a = -\frac{14}{3} \qquad\qquad \Big| : \left(-\frac{4}{3}\right)$$

$$a = 3{,}5$$

Somit erhalten wir folgende Funktionsgleichung für unsere Parabel:

$$p(x) = 3{,}5x^2 - 3{,}5$$

Aufgabe 2.2 – Bremsschuh

a) **Schnittpunkt x-Achse:**   **Schnittpunkt y-Achse:**

$$f_a(x) = 0 \qquad\qquad f_a(0) = -e^{0-a} + e^{2 \cdot 0} = -e^{-a} + 1$$

$$0 = -e^{x-a} + e^{2x} \quad |+e^{x-a} \qquad\qquad \Rightarrow \quad S_y\,(0\,|\,-e^{-a}+1)$$

$$e^{x-a} = e^{2x} \qquad\qquad |\ln()$$

$$\ln e^{x-a} = \ln e^{2x}$$

$$(x-a) \cdot \underbrace{\ln e}_{=1} = 2x \cdot \underbrace{\ln e}_{=1}$$

$$x - a = 2x \qquad\qquad |-x$$

$$x = -a$$

$$\Rightarrow \qquad\qquad S_x\,(-a\,|\,0)$$

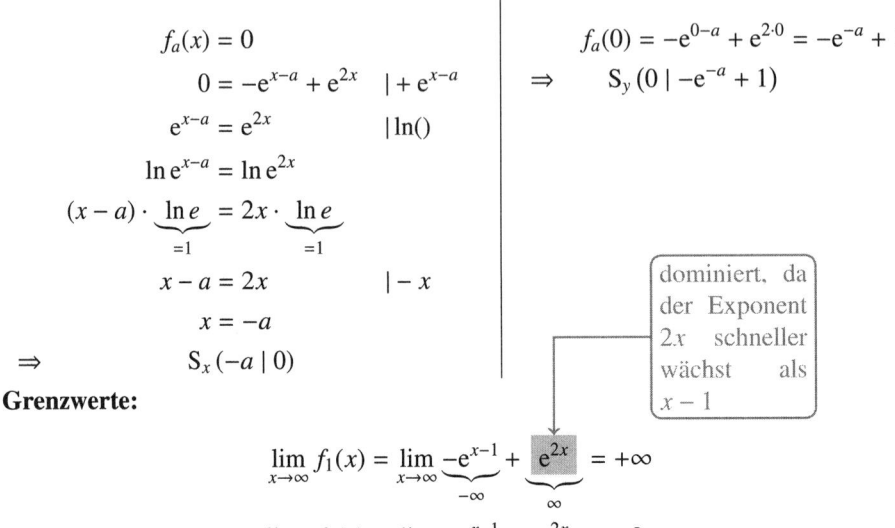

Grenzwerte:

$$\lim_{x \to \infty} f_1(x) = \lim_{x \to \infty} \underbrace{-e^{x-1}}_{-\infty} + \underbrace{e^{2x}}_{\infty} = +\infty$$

$$\lim_{x \to -\infty} f_1(x) = \lim_{x \to \infty} \underbrace{-e^{x-1}}_{-0} + \underbrace{e^{2x}}_{+0} = +0$$

b) **3 Regeln, die beim Ableiten benutzt wurden:**

$$f_a(x) = -e^{x-a} + e^{2x}$$

Faktorregel   *Summenregel*   *Kettenregel*

$$f_a'(x) = -e^{x-a} + 2e^{2x}$$

Begründung zur Umwandlung von Gleichung (2) zu Gleichung (3):

$$(2) \qquad\qquad e^{x-a} = 2e^{2x} \qquad\qquad |: e^{2x}$$

$$\Rightarrow \frac{e^{x-a}}{e^{2x}} = 2 \qquad\qquad | \text{ Potenzgesetz}$$

$$\Rightarrow e^{x-a-2x} = 2$$

$$(3) \qquad\qquad \Rightarrow e^{-x-a} = 2$$

Zeigen Sie, dass für $a = 0$ der Punkt E_0 ein lokaler Extrempunkt von G_0 ist:

$$E_0(-\ln 2\,|\,f_0(-\ln 2)) \qquad\qquad f_0'(-\ln 2) = 0$$

$$f_0'(-\ln 2) = -e^{-\ln 2} + 2e^{2 \cdot (-\ln 2)} = -\frac{1}{2} + \frac{1}{2} = 0$$

Art und Lage des lokalen Extremums:

$$f_0''(x) = -e^x + 4e^{2x}$$

$$f_0''(-\ln 2) = -e^{-\ln 2} + 4e^{2\cdot(-\ln 2)} = -\frac{1}{2} + 1 = \frac{1}{2} > 0 \Rightarrow \text{Minimum}$$

$$f_0(-\ln 2) = -e^{-\ln 2} + e^{2\cdot(-\ln 2)} = -\frac{1}{2} + \frac{1}{4} = -\frac{1}{4}$$

Somit handelt es sich bei dem lokalen Extrempunkt E_0 um einen Tiefpunkt mit den Koordinaten $T_0\left(-\ln 2 \mid -\frac{1}{4}\right)$.

c) Da wir in Aufgabe a) bereits den Schnittpunkt von G_a und der y-Achse bestimmt haben, müssen wir nur noch $a = 1$ setzen: $S_y\left(0 \mid -e^{-1} + 1\right)$. Der Graph g muss nun die gleiche y-Koordinate an der Stelle 0 aufweisen:

$$y = -4 \cdot 0 + 1 - \frac{1}{e} = 1 - e^{-1} = -e^{-1} + 1 = f_1(0)$$

Damit schneiden sich die beiden Funktionsgraphen G_1 und g im gleichen Punkt auf der y-Achse.

Bevor wir das Volumen des Körpers berechnen, rechnen wir die Flächeneinheiten in cm² um:

1 LE $\boxed{\text{1 FE}}$ $\longrightarrow$ 25 cm $\boxed{625\,\text{cm}^2}$ $\longrightarrow$ 1 FE = 625 cm²

1 LE $\qquad\qquad$ 25 cm

Um das Volumen des Körpers zu berechnen, benötigen wir den Flächeninhalt der Grundfläche A_G und müssen ihn mit der Tiefe von 20 cm multiplizieren. A_1 erhalten wir durch ein Integral und A_2 können wir über den Flächeninhalt eines rechtwinkligen Dreiecks bestimmen.

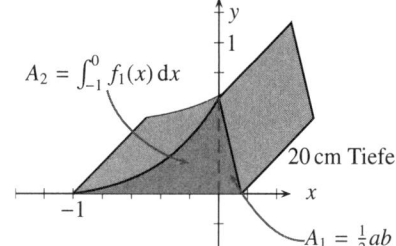

$A_2 = \int_{-1}^{0} f_1(x)\,dx$

20 cm Tiefe

$A_1 = \frac{1}{2}ab$

Nullstelle von g:

$$0 = -4x + 1 - \frac{1}{e} \Rightarrow x \approx 0{,}158$$

$$A_1 = \frac{1}{2} \cdot \boxed{a} \cdot \boxed{b} = \frac{1}{2} \cdot 0{,}158 \cdot \left(1 - \frac{1}{e}\right) \approx 0{,}05\,\text{FE} = 0{,}05 \cdot 625\,\text{cm}^2 = 31{,}25\,\text{cm}^2$$

y-Koordinate von $S_y\left(0 \mid 1 - \frac{1}{e}\right)$

$$A_2 = \int_{-1}^{0} -e^{x-1} + e^{2x}\,dx = \left[-e^{x-1} + \frac{1}{2}e^{2x}\right]_{-1}^{0} = -e^{0-1} + \frac{1}{2}e^{2\cdot 0} - \left(-e^{-1-1} + \frac{1}{2}e^{2\cdot(-1)}\right)$$

$$\approx 0{,}2\,\text{FE} = 0{,}2 \cdot 625\,\text{cm}^2 = 125\,\text{cm}^2$$

Es ergibt sich folgendes Volumen:

$$V = A_G \cdot h = (A_1 + A_2) \cdot h = (31{,}25\,\text{cm}^2 + 125\,\text{cm}^2) \cdot 20\,\text{cm} = 3\,125\,\text{cm}^3$$

d) Der eingeschlossene Winkel kann gegenüber einer Horizontalen in den Winkel α und β unterteilt werden. Den Winkel α erhalten wir über den Anstieg der Tangente an den Graphen G_1. Winkel β erhalten wir über den Anstieg der Geraden g. Da der Anstieg von g negativ ist, werden wir ein negatives Ergebnis für β erhalten, das heißt aber nur, dass der Drehsinn des Winkels im Uhrzeigersinn gerichtet ist.

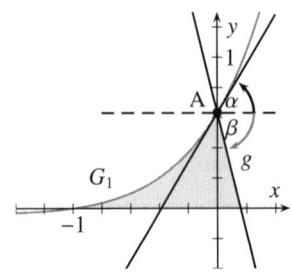

Bestimmung von α: $\boxed{\text{Anstieg der Tangente an } G_1}$

$$\tan\alpha = \boxed{f_1'(0)} = -e^{0-1} + 2e^{2\cdot 0} = -e^{-1} + 2$$

$$\Rightarrow \qquad \alpha = \tan^{-1}(-e^{-1} + 2) = 58{,}50°$$

Bestimmung von β: $\boxed{\text{Anstieg der Geraden } g : y = -4x + 1 - \frac{1}{e}}$

$$\tan\beta = \boxed{-4}$$

$$\Rightarrow \qquad \beta = \tan^{-1}(-4) = -75{,}96°$$

Den Schnittwinkel erhalten wir über die Differenz der Winkel:

$$\gamma = |\alpha - \beta| = |58{,}5° - (-75{,}96°)| = 134{,}46°$$

Der Schnittwinkel beträgt 134,46° oder, wenn man den spitzen Winkel zwischen den Graphen betrachtet $180° - 134{,}46° = 45{,}54°$.

e) Wir skizzieren die Fläche so, dass die obere rechte Kante die Gerade g berührt. Diesen Eckpunkt bezeichnen wir mit P. Die Höhe von P erhalten wir, indem wir die 5cm in LE umwandeln: 5cm = 0,2LE. Somit diegt der Punkt bei $P(x_1 \mid 0{,}2)$. Wenn wir x_1 berechnen, können wir sagen, wie weit die Fläche nach links ragt. Dazu setzen wir P in die Gleichung von g ein.

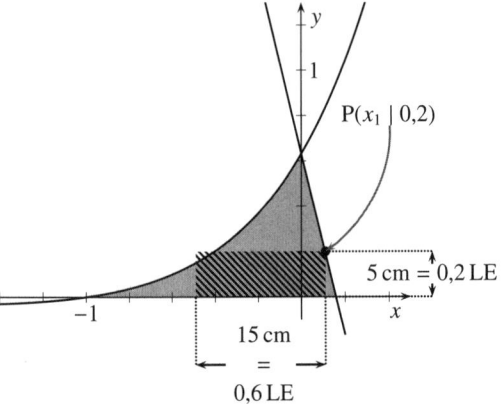

$$y = -4x + 1 - \frac{1}{e} \qquad\qquad | P(x_1 \mid 0{,}2) \text{ einsetzen}$$

$$0{,}2 = -4x_1 + 1 - \frac{1}{e} \qquad\qquad | -1 + \frac{1}{e}$$

$$-0{,}432 = -4x_1 \qquad\qquad |: (-4)$$

$$x_1 = 0{,}108 \text{ LE}$$

Da die Breite des Rechtecks 0,6 LE beträgt, dehnt sich das Rechteck nach links bis zur Stelle $x_2 = 0{,}108 - 0{,}6 = -0{,}492$ aus.

Da wir nun wissen, bis zu welcher Stelle sich die Fläche ausdehnt, müssen wir nur noch die Höhe y_2 des Punktes P_2 bestimmen, sollte der y_2 kleiner als 0,2 LE sein, passt die Fläche nicht auf den Bremsschuh.

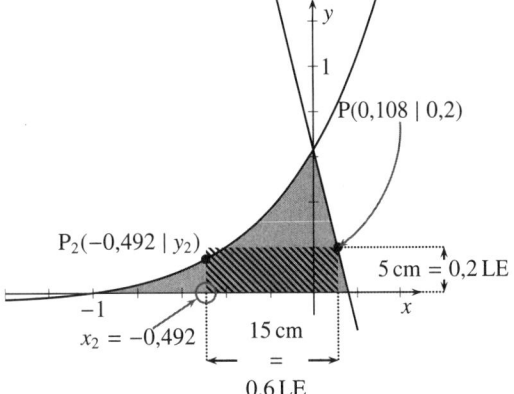

$$f_1(0{,}492) = -e^{-0{,}492-1} + e^{2\cdot(-0{,}492)}$$
$$= 0{,}149\,\text{LE} = 3{,}72\,\text{cm}$$

Die Fläche passt also nicht.

203

Aufgabe 3.1 – Haus

a) Um die Koordinaten von E und K zu bestimmen, können wir das Haus in ein Koordinatensystem einbetten. Die Maße des Hauses erhalten wir durch die bereits gegebenen Punkte. Anschließend lassen sich die gesuchten Punkte ablesen.

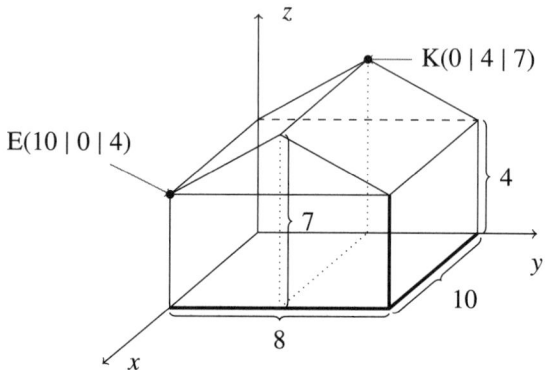

Zur Ermittlung der Koordinatengleichung können wir das Vektorprodukt von zwei Richtungsvektoren bilden, die die Ebene aufspannen.

$$\boxed{\overrightarrow{FG} \times \overrightarrow{FJ}} \longrightarrow \begin{pmatrix} -1 \\ 0 \\ 0 \end{pmatrix} \times \begin{pmatrix} 0 \\ -4 \\ 3 \end{pmatrix} = \begin{pmatrix} 0-0 \\ 0+3 \\ 4-0 \end{pmatrix} = \begin{pmatrix} 0 \\ 3 \\ 4 \end{pmatrix} \Rightarrow \vec{n} = \begin{pmatrix} 0 \\ 3 \\ 4 \end{pmatrix}$$

$$E^* : 0x + 3y + 4z = \boxed{d}$$

d ermitteln, indem $F(10 \mid 8 \mid 4)$ eingesetzt wird

$$d = 0 \cdot 10 + 3 \cdot 8 + 4 \cdot 4 = 40$$
$$\Rightarrow E^* : 3y + 4z = 40$$

Bestimmung des Neigungswinkels:

senkrecht zur horizontalen Ebene

$$\cos \alpha = \frac{\vec{n}_{E^*} \cdot \vec{n}_h}{|\vec{n}_{E^*}| \cdot |\vec{n}_h|} = \frac{\begin{pmatrix} 0 \\ 3 \\ 4 \end{pmatrix} \cdot \begin{pmatrix} 0 \\ 0 \\ 1 \end{pmatrix}}{\left\| \begin{pmatrix} 0 \\ 3 \\ 4 \end{pmatrix} \right\| \cdot \left\| \begin{pmatrix} 0 \\ 0 \\ 1 \end{pmatrix} \right\|}$$

$$= \frac{4 \cdot 1}{\sqrt{3^2 + 4^2} \cdot \sqrt{1^2}} = \frac{4}{5}$$

$$\alpha = \cos^{-1}(0,8) \approx 36,87°$$

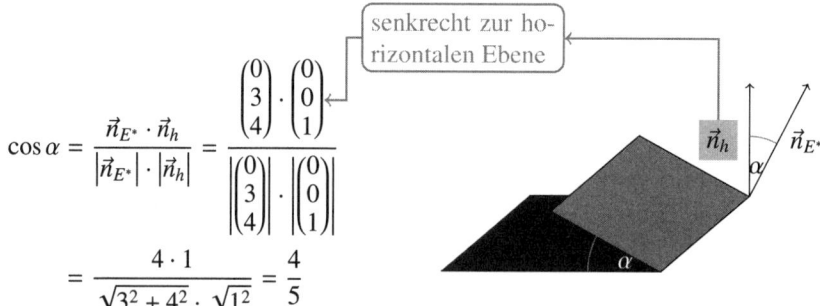

Der Winkel zwischen den Ebenen entspricht dem Winkel zwischen den beiden Normalenvektoren.

b) $\boxed{\text{Paralleles Licht}}$ fällt in Richtung $\vec{v} = \begin{pmatrix} -\sqrt{39} \\ y \\ -5 \end{pmatrix}$ auf das $\boxed{\text{Hausdach.}}$

$\boxed{\text{Gerade}}$ $\boxed{\text{Ebene}}$

Es liegt das Winkelproblem zwischen Ebene und Gerade vor. Wir können also die Sinus-Formel benutzen, um eine Gleichung aufzustellen, die wir nach y auflösen können.

$$\sin(30°) = \frac{\begin{pmatrix} 0 \\ 3 \\ 4 \end{pmatrix} \cdot \begin{pmatrix} -\sqrt{39} \\ y \\ -5 \end{pmatrix}}{\left| \begin{pmatrix} 0 \\ 3 \\ 4 \end{pmatrix} \right| \cdot \left| \begin{pmatrix} -\sqrt{39} \\ y \\ -5 \end{pmatrix} \right|}$$

$$= \frac{3y - 20}{\sqrt{3^2 + 4^2} \cdot \sqrt{\left(-\sqrt{39}\right)^2 + y^2 + (-5)^2}}$$

$$= \frac{3y - 20}{5 \cdot \sqrt{64 + y^2}}$$

$$0{,}5 = \frac{3y - 20}{5 \cdot \sqrt{64 + y^2}} \qquad | \cdot 5 \cdot \sqrt{64 + y^2}$$

$$2{,}5\sqrt{64 + y^2} = 3y - 20 \qquad | : 2{,}5$$

$\boxed{1{,}2y-8 \text{ darf nicht negativ sein, da sonst nicht quadriert werden dürfte. Somit ist } y > \frac{20}{3}.}$

$$\sqrt{64 + y^2} = \boxed{1{,}2y - 8} \qquad | ()^2$$

$$64 + y^2 = (1{,}2y - 8)^2$$

$$64 + y^2 = 1{,}44y^2 - 19{,}2y + 64 \qquad | -64 - y^2$$

$$0 = 0{,}44y^2 - 19{,}2y \qquad | y \text{ ausklammern}$$

$$0 = \boxed{y} \cdot \boxed{(0{,}44y - 19{,}2)}$$

$\boxed{y_1 = 0}$ oder

$$0 = \boxed{0{,}44y - 19{,}2} \qquad | +19{,}2$$

$$19{,}2 = 0{,}44y \qquad | : 0{,}44$$

$$y_2 = \frac{480}{11} \approx 43{,}64$$

y_1 entfällt als Lösung, da $y > \frac{20}{3}$. Somit erhalten wir einen Winkel von 30°, wenn $y = y_2 = 43{,}64$.

c)

Bestimmung des Flächeninhalts:

$$A = \left| \vec{FJ} \right| \cdot \left| \vec{FG} \right|$$

$$= \left| \begin{pmatrix} 0 \\ -4 \\ 3 \end{pmatrix} \right| \cdot \left| \begin{pmatrix} -10 \\ 0 \\ 0 \end{pmatrix} \right|$$

$$= \sqrt{(-4)^2 + 3^2} \cdot \sqrt{(-10)^2}$$

$$= 50 \, \text{m}^2$$

205

Die Größe der Fläche, die die Solarplatten einnehmen, beträgt somit
$A_{\text{Solar}} = \frac{1}{3} \cdot 50\,\text{m}^2 \approx 16,67\,\text{m}^2$.

Um eine Gleichung der Ebenenschar zu bestimmen, in der die Solarzellen installiert werden können, sollten wir zuerst eine Gleichung der Ebene E^* in Parameterform aufstellen:

$$E^* : \vec{x} = \underset{\overrightarrow{OF}}{\begin{pmatrix} 10 \\ 8 \\ 4 \end{pmatrix}} + r \cdot \underset{\overrightarrow{FJ}}{\begin{pmatrix} 0 \\ -4 \\ 3 \end{pmatrix}} + s \cdot \underset{\overrightarrow{FG}}{\begin{pmatrix} -10 \\ 0 \\ 0 \end{pmatrix}}, \qquad r, s \in \mathbb{R}$$

Als Nächstes werden wir den Stützvektor $\overrightarrow{OF}$ von E^* in einen Abstand von maximal 20 cm über die Ebene E^* schieben. Wenn wir die Koordinaten von $\overrightarrow{FF'}$ erhalten haben, können wir eine Gleichung für F_a in Parameterform erstellen.

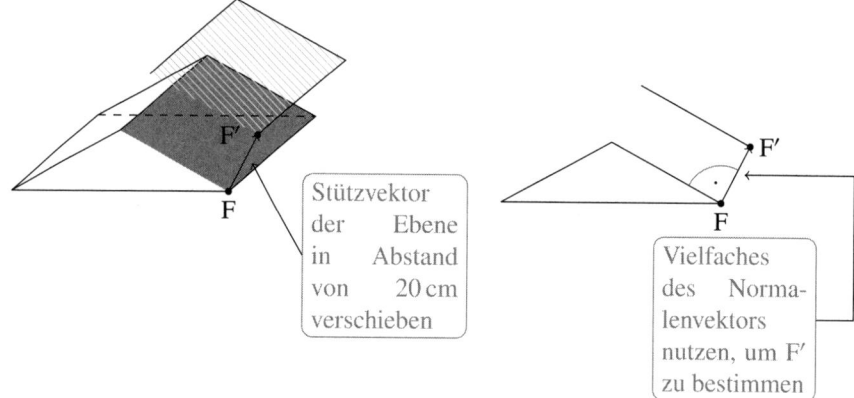

> **Stützvektor der Ebene in Abstand von 20 cm verschieben**

> **Vielfaches des Normalenvektors nutzen, um F′ zu bestimmen**

Um den Punkt F um die richtige Höhe zu verschieben, benötigen wir die Länge des Normalenvektors von der Ebene E^*.

$$|\vec{n}| = \left\| \begin{pmatrix} 0 \\ 3 \\ 4 \end{pmatrix} \right\| = \sqrt{0^2 + 3^2 + 4^2} = 5\,\text{m}$$

Der Normalenvektor hat also eine Länge von 5 m.

Jetzt können wir $\overrightarrow{FF'}$ bestimmen.

0,2 m von 5 m

$$\overrightarrow{FF'} = \frac{0{,}2}{5} \cdot \begin{pmatrix} 0 \\ 3 \\ 4 \end{pmatrix} = \frac{1}{25} \cdot \begin{pmatrix} 0 \\ 3 \\ 4 \end{pmatrix}$$

Um die Ebenenschar aufzustellen, können wir jetzt den Vektor $\overrightarrow{FF'}$ auf den Stützvektor der Ebene E^* addieren. Wie fügen noch den Parameter a mit $0 \le a \le 1$ als Skalar hinzu, da die Solarzellen nur maximal 20 cm entfernt sein dürfen.

$$F_a : \vec{x} = \begin{pmatrix} 10 \\ 8 + \frac{3}{25}a \\ 4 + \frac{4}{25}a \end{pmatrix} + r \cdot \begin{pmatrix} 0 \\ -4 \\ 3 \end{pmatrix} + s \cdot \begin{pmatrix} -10 \\ 0 \\ 0 \end{pmatrix}, \qquad a, r, s \in \mathbb{R}, \qquad 0 \le a \le 1$$

d) Schnittpunkt R zwischen Mast und Dach

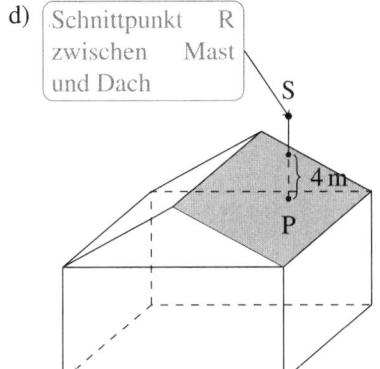

Um herauszufinden, wie weit der Mast aus dem Dach herausragt, können wir eine Gerade g aufstellen, die als Stützvektor den Ortsvektor $\overrightarrow{OP}$ enthält und senkrecht nach oben gerichtet ist.

$$g : \vec{x} = \begin{pmatrix} 1 \\ 5 \\ 4 \end{pmatrix} + t \cdot \begin{pmatrix} 0 \\ 0 \\ 1 \end{pmatrix}, \qquad t \in \mathbb{R}$$

Den Punkt R erhalten wir, indem wir den Schnittpunkt zwischen der Ebene E^* und g bestimmen:

5 + 0t   4 + t

$$g \text{ in } E^* : 3\,y + 4\,z = 40$$

$$3(5 + 0t) + 4(4 + t) = 40$$

$$15 + 16 + 4t = 40$$

$$31 + 4t = 40 \qquad\qquad |-31$$

$$4t = 9 \qquad\qquad |:4$$

$$t = 2{,}25$$

Um den Ortsvektor von R zu bestimmen, können wir $t = 2{,}25$ in die Gerade g einsetzen:

$$\overrightarrow{OR} = \begin{pmatrix} 1 \\ 5 \\ 4 \end{pmatrix} + 2{,}25 \cdot \begin{pmatrix} 0 \\ 0 \\ 1 \end{pmatrix} = \begin{pmatrix} 1 \\ 5 \\ 6{,}25 \end{pmatrix}$$

Somit hat der Punkt R die Koordinaten R(1 | 5 | 6,25). Da R und P direkt übereinander liegen, können wir ihren Abstand schnell bestimmen: 6,25 m − 4 m = 2,25 m. Demnach ragt der Mast zu 1,75 m aus dem Dach heraus.

Abstand der Mastspitze zur Ebene: Um den Abstand der Mastspitze S zur Dachfläche E^* zu berechnen, benötigen wir zunächst den Punkt S. Diesen erhalten wir, wenn wir in unsere Geradengleichung $t = 4$ einsetzen:

$$\overrightarrow{OS} = \begin{pmatrix} 1 \\ 5 \\ 4 \end{pmatrix} + 4 \cdot \begin{pmatrix} 0 \\ 0 \\ 1 \end{pmatrix} = \begin{pmatrix} 1 \\ 5 \\ 8 \end{pmatrix}$$

Die Mastspitze S hat also die Koordinaten S(1 | 5 | 8). Nun können wir die Abstandsformel für Punkt/Ebene verwenden:

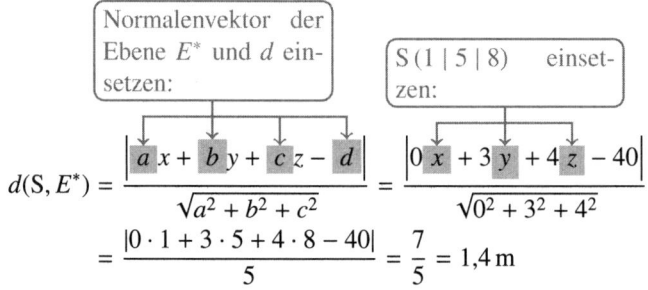

$$d(S, E^*) = \frac{|a\,x + b\,y + c\,z - d|}{\sqrt{a^2 + b^2 + c^2}} = \frac{|0\,x + 3\,y + 4\,z - 40|}{\sqrt{0^2 + 3^2 + 4^2}}$$

$$= \frac{|0 \cdot 1 + 3 \cdot 5 + 4 \cdot 8 - 40|}{5} = \frac{7}{5} = 1{,}4\,\text{m}$$

Der Abstand der Mastspitze zur Dachfläche beträgt 1,4 m.

Aufgabe 3.2 – Sportfan

a) A: Nur der zweite und sechste von zehn zufällig ausgewählten Bundesbürgern sind
Sportfans.

mit Reihenfolge → Baumdiagramm

$$\bullet \xrightarrow{\frac{3}{4}} \overline{S} \xrightarrow{\frac{1}{4}} S \xrightarrow{\frac{3}{4}} \overline{S} \xrightarrow{\frac{3}{4}} \overline{S} \xrightarrow{\frac{3}{4}} \overline{S} \xrightarrow{\frac{1}{4}} S \xrightarrow{\frac{3}{4}} \overline{S} \xrightarrow{\frac{3}{4}} \overline{S} \xrightarrow{\frac{3}{4}} \overline{S} \xrightarrow{\frac{3}{4}} \overline{S}$$

$$P(A) = \left(\frac{3}{4}\right)^8 \cdot \left(\frac{1}{4}\right)^2 \approx 0{,}0063$$

Kettenlänge

B: Unter 20 zufällig ausgewählten männlichen Bundesbürgern befinden sich
 genau drei Sportfans. $p = 0{,}293$

ohne Reihenfolge

Binomialverteilung

X: Anzahl männlicher Sportfans

$X \sim B_{20;0{,}293}$

$$P(B) = P(X = 3) = \binom{20}{3} \cdot 0{,}293^3 \cdot 0{,}707^{17} \approx 0{,}079$$

Kettenlänge

C: Unter zehn zufällig ausgewählten Bundesbürgern befindet sich höchstens ein
 Sportfan.   ohne Reihenfolge

$p = \frac{1}{4}$ —————————— Binomialverteilung ——————————

X: Anzahl Sportfans

$X \sim B_{10;\frac{1}{4}}$

$$P(C) = P(X \le 1) = P(X = 0) + P(X = 1)$$

$$= \binom{10}{0}\left(\frac{1}{4}\right)^0 \left(\frac{3}{4}\right)^{10} + \binom{10}{1}\left(\frac{1}{4}\right)^1 \left(\frac{3}{4}\right)^9$$

$$\approx 0{,}243$$

Kettenlänge

D: Von 100 zufällig ausgewählten Bundesbürgern gehören
 mindestens 70 und weniger als 79 Personen zu denjenigen, die keine Sportfans
sind.   ohne Reihenfolge $p = \frac{3}{4}$

Binomialverteilung

X: Anzahl Personen, die keine Sportfans sind

$$X \sim \mathrm{B}_{100;\frac{3}{4}}$$

$$P(70 \leq X < 79) = P(70 \leq X \leq 78)$$
$$= F\left(100; \frac{3}{4}; 78\right) - F\left(100; \frac{3}{4}; 69\right)$$
$$= 0,7886 - 0,1038$$
$$\approx 0,6848$$

b) Hierbei handelt es sich um eine Standardaufgabe, die oft „Drei-Mindestens-Aufgabe" genannt wird. Zuerst muss die binomialverteilte Zufallsgröße definiert werden:

X: Anzahl Bundesbürger, die Sportfans sind

$$X \sim \mathrm{B}_{n;\frac{1}{4}}$$

mindestens ein Sportfan

$$P(X \geq 1) \geq 0,96 \qquad \text{mit einer Mindestwahr-scheinlichkeit von 96\%}$$

$P(X \geq 1) = 1 - P(X = 0)$

$$1 - P(X = 0) \geq 0,96 \qquad | -1$$
$$-P(X = 0) \geq -0,04 \qquad | \cdot (-1)$$
$$P(X = 0) \leq 0,04$$

Vergleichszeichenwechsel beachten!

$$\binom{n}{0} \cdot \left(\frac{1}{4}\right)^0 \cdot \left(\frac{3}{4}\right)^n \leq 0,04$$

$$\left(\frac{3}{4}\right)^n \leq 0,04 \qquad | \ln()$$

$$\ln\left(\frac{3}{4}\right)^n \leq \ln(0,04) \qquad | \text{3. Log.-Gesetz}$$

$$n \cdot \ln\left(\frac{3}{4}\right) \leq \ln(0,04) \qquad | : \ln\left(\frac{3}{4}\right)$$

$$n \geq \frac{\ln(0,04)}{\ln\left(\frac{3}{4}\right)} = 11,19 \approx 12$$

Es müssen mindestens 12 Personen befragt werden.

c) Es lohnt sich zuerst alle Informationen aus dem Einstiegstext zu formalisieren:

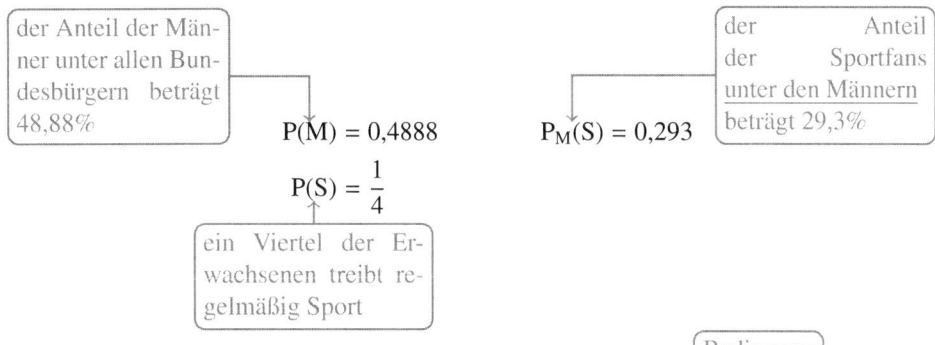

Berechnen Sie die Wahrscheinlichkeit dafür, dass ein zufällig ausgewählter Sportfan ein Mann ist.

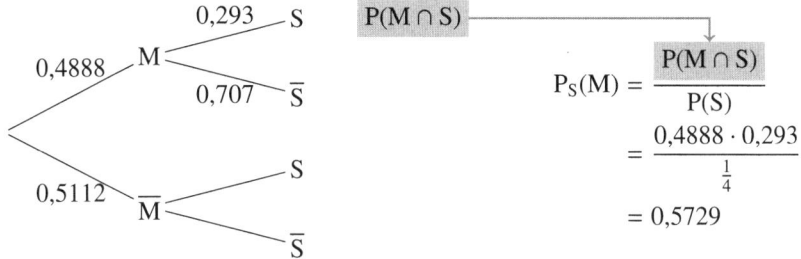

Mit einer Wahrscheinlichkeit von 57,29% ist der Sportfan ein Mann.

Bestimmen Sie den Anteil der Sportfans unter den Frauen .

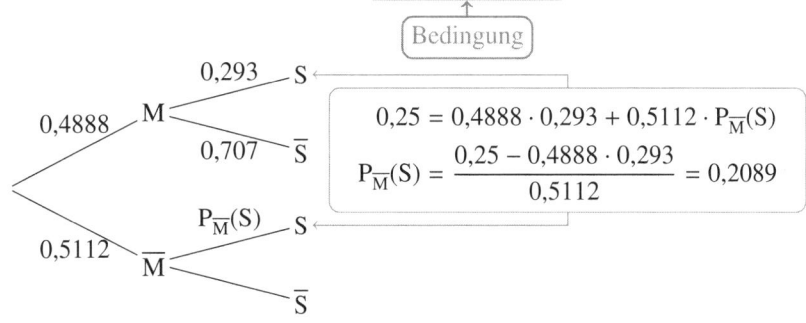

Der Anteil der Sportfans unter den Frauen beträgt 20,89%.

d) In einem Sportstudio trainieren 25 Bundesbürger, von denen genau acht zur Gruppe der Sportfans gehören. Es werden zufällig sieben Personen „ohne Zurücklegen" ausgewählt.

Hypergeometrische Verteilung (Lotto-Modell):

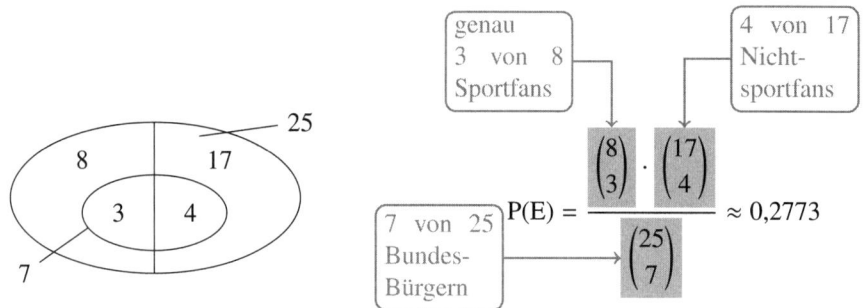

$$P(E) = \frac{\binom{8}{3} \cdot \binom{17}{4}}{\binom{25}{7}} \approx 0{,}2773$$

Unter den sieben ausgewählten Personen befinden sich mit einer Wahrscheinlichkeit von 27,73% genau drei Sportfans.

e) Wie in Aufgabe d) handelt es sich um eine hypergeometrische Verteilung. Wir können also die gegebenen Werte im Text wieder in einem Diagramm darstellen:

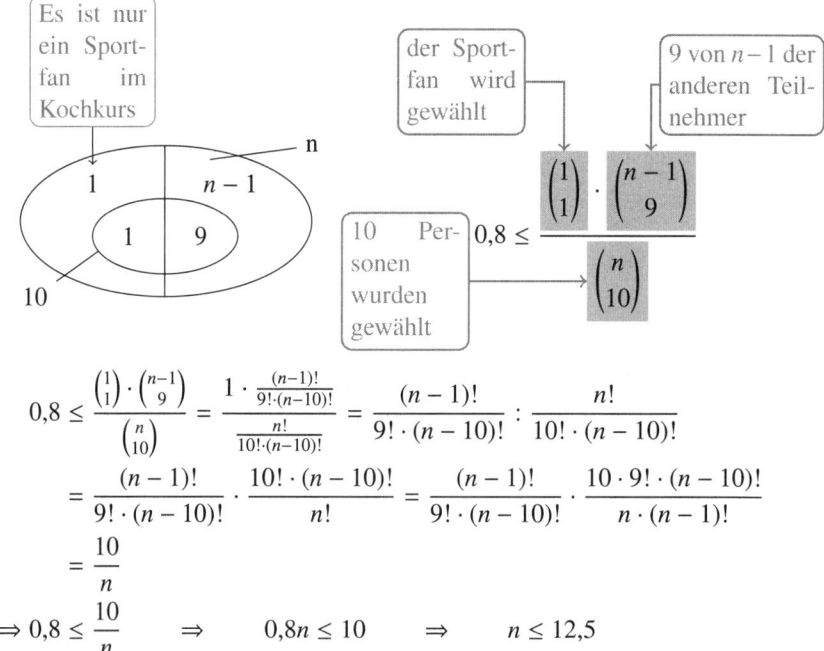

$$0{,}8 \leq \frac{\binom{1}{1} \cdot \binom{n-1}{9}}{\binom{n}{10}} = \frac{1 \cdot \frac{(n-1)!}{9! \cdot (n-10)!}}{\frac{n!}{10! \cdot (n-10)!}} = \frac{(n-1)!}{9! \cdot (n-10)!} : \frac{n!}{10! \cdot (n-10)!}$$

$$= \frac{(n-1)!}{9! \cdot (n-10)!} \cdot \frac{10! \cdot (n-10)!}{n!} = \frac{(n-1)!}{9! \cdot (n-10)!} \cdot \frac{10 \cdot 9! \cdot (n-10)!}{n \cdot (n-1)!}$$

$$= \frac{10}{n}$$

$$\Rightarrow 0{,}8 \leq \frac{10}{n} \qquad \Rightarrow \qquad 0{,}8n \leq 10 \qquad \Rightarrow \qquad n \leq 12{,}5$$

Somit dürfen insgesamt maximal 12 Personen im Kurs sein.

Abitur 2017 – Lösungen

Aufgaben zum hilfsmittelfreien Teil

Teil 1 – Analysis

a) Bestimmung der **Nullstelle**:

$$f(x) = 0$$

$$0 = 2e^{\frac{1}{2}x} - 1 \qquad\qquad | + 1$$

$$1 = 2e^{\frac{1}{2}x} \qquad\qquad | : 2$$

$$0{,}5 = e^{\frac{1}{2}x} \qquad\qquad | \ln$$

$$\ln 0{,}5 = \ln e^{\frac{1}{2}x} \qquad\qquad | \text{3. Log.-Gesetz}$$

$$\ln 0{,}5 = \frac{1}{2}x \cdot \underbrace{\ln e}_{=1} \qquad\qquad | \cdot 2$$

$$x = 2\ln 0{,}5$$

b) Wir stellen zunächst die Tangentengleichung auf. Dazu benötigen wir die erste Ableitung von f, um den Anstieg zu bestimmen.

$$f'(x) = e^{\frac{1}{2}x}$$

$$m = f'(0) = e^{\frac{1}{2}\cdot 0} = 1$$

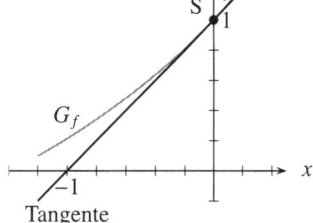

Wir setzen den Anstieg und den Punkt S in die Form $y = mx + n$ ein:

$$1 = 1 \cdot 0 + n \qquad \Rightarrow \qquad n = 1$$

$$\Rightarrow \text{Tangentengleichung: } y = x + 1$$

Die Nullstelle der Tangente ist bei $x_N = -1$. Da die Achsenabschnitte die gleiche Länge haben, ist das Dreieck gleichschenklig.

Teil 2 – Analytische Geometrie

a) Um den Schnittpunkt mit der x-Achse zu bestimmen, können wir die y- und die z-Koordinate gleich 0 setzen und dann x ermitteln.

$$2x + 0 - 2 \cdot 0 = -18 \quad \Rightarrow \quad x = -9 \quad \Rightarrow \quad S_x(-9 \mid 0 \mid 0)$$

S_y ergibt sich analog: $S_y(0 \mid -18 \mid 0)$. Der Flächeninhalt des Dreiecks ergibt sich dann wie folgt:

$$A = \frac{1}{2} \cdot 9 \cdot 18 = 81 \text{ FE}$$

b) Der Normalenvektor der Ebene E lautet $\vec{n} = \begin{pmatrix} 2 \\ 1 \\ -2 \end{pmatrix}$. Der gesuchte Ortsvektor des Punktes

P kann nur ein Vielfaches von $\vec{n}$ sein. Wir setzen die Koordinaten von $\overrightarrow{OP} = \begin{pmatrix} 2k \\ k \\ -2k \end{pmatrix}$, mit

$k \in \mathbb{R}$, in die Koordinatenform von E ein:

$$2 \cdot 2k + k - 2 \cdot (-2k) = -18$$
$$9k = -18$$
$$k = -2$$

Wir erhalten folgenden Ortsvektor: $\overrightarrow{OP} = \begin{pmatrix} -4 \\ -2 \\ 4 \end{pmatrix}$.

Teil 3 – Stochastik

a)

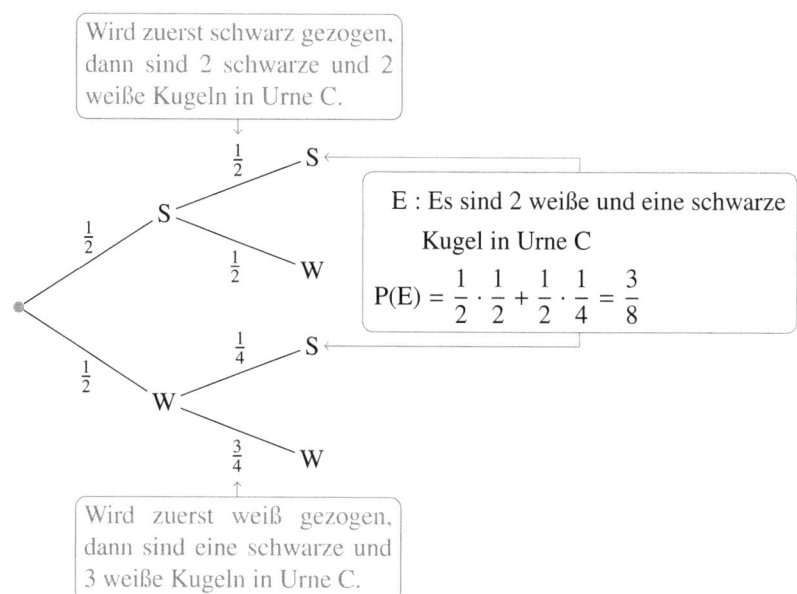

Wird zuerst schwarz gezogen, dann sind 2 schwarze und 2 weiße Kugeln in Urne C.

E : Es sind 2 weiße und eine schwarze Kugel in Urne C

$$P(E) = \frac{1}{2} \cdot \frac{1}{2} + \frac{1}{2} \cdot \frac{1}{4} = \frac{3}{8}$$

Wird zuerst weiß gezogen, dann sind eine schwarze und 3 weiße Kugeln in Urne C.

b)

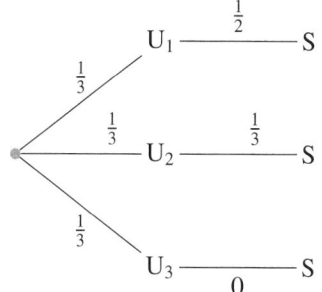

G : Das Spiel wird gewonnen

$$P(G) = \frac{1}{3} \cdot \frac{1}{2} + \frac{1}{3} \cdot \frac{1}{3} + \frac{1}{3} \cdot 0$$

$$= \frac{1}{6} + \frac{1}{9} = \frac{5}{18}$$

$$P(\overline{G}) = 1 - \frac{5}{18} = \frac{13}{18}$$

Nun sei x der Gewinn eines Spiels. Das Spiel ist fair, wenn folgende Bedingung erfüllt ist:

$$\underbrace{\frac{5}{18} \cdot x}_{\text{Gewinn}} + \underbrace{\frac{13}{18} \cdot 0}_{\text{kein Gewinn}} = \underbrace{1}_{\text{Einsatz}}$$

$$\frac{5}{18}x = 1 \qquad\qquad | \cdot \frac{18}{5}$$

$$x = \frac{18}{5} = 3{,}6$$

Somit ist das Spiel fair, sobald der Gewinn 3,60 € beträgt.

Aufgaben mit Hilfsmitteln

Aufgabe 2.1: Eisbecher

a)

$$f_a(x) = \ln\left(\boxed{ax^2 + 1}\right)$$

> Die Funktion ist nicht definiert, wenn $ax^2 + 1 \leq 0$. Da jedoch $a > 0$ und $x^2 \geq 0$, kann der Term $ax^2 + 1$ gar nicht kleiner als 0 werden. Somit gilt für den Definitionsbereich
>
> $$\mathbb{D}_{f_a} : \{x \in \mathbb{R}\}$$

Um zu zeigen, dass alle Graphen durch den Ursprung verlaufen, führen wir eine Punktprobe mit O(0 | 0) durch:

$$f_a(0) = \ln(a \cdot 0^2 + 1) = \ln 1 = 0 \qquad \Rightarrow \qquad O(0 \mid 0) \in G_a$$

Um den exakten Wert für a zu ermitteln, führen wir folgende Rechnung durch:

$$f_a(2) = 2$$
$$2 = \ln(a \cdot 2^2 + 1)$$
$$2 = \ln(4a + 1) \qquad\qquad | e^{\cdots}$$
$$e^2 = 4a + 1 \qquad\qquad | -1$$
$$4a = e^2 - 1 \qquad\qquad | : 4$$
$$a = \frac{e^2 - 1}{4} \longleftarrow \text{nicht runden!}$$

b) Um den lokalen Extrempunkt zu bestimmen, benötigen wir die erste Ableitung von f_a. Diese bestimmen wir durch die Kettenregel:

äußere Ableitung

$$f_a'(x) = \boxed{\frac{1}{ax^2 + 1}} \cdot \boxed{2ax} = \frac{2ax}{ax^2 + 1}$$

innere Ableitung

notwendiges Kriterium:

$$f_a'(x) = 0$$
$$0 = \frac{2ax}{ax^2 + 1} \qquad\qquad | \cdot (ax^2 + 1)$$
$$0 = 2ax \qquad\qquad | : 2a$$
$$x = 0$$

y-Koordinate: $\qquad f_a(0) = 0$

Somit hat der Graph G_a ein lokales Extremum bei $E_a(0 \mid 0)$. Wenn f' an der Stelle $x_E = 0$ einen Vorzeichenwechsel von $-$ nach $+$ hat, dann handelt es sich um einen Tiefpunkt. Wir nutzen dazu eine Tabelle:

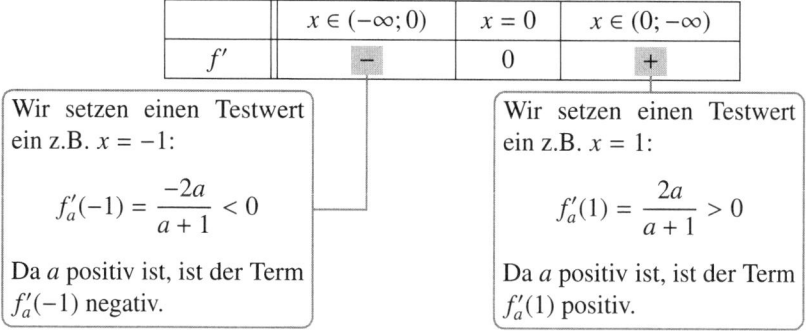

		$x \in (-\infty; 0)$	$x = 0$	$x \in (0; -\infty)$
	f'	$-$	0	$+$

Wir setzen einen Testwert ein z.B. $x = -1$:

$$f_a'(-1) = \frac{-2a}{a+1} < 0$$

Da a positiv ist, ist der Term $f_a'(-1)$ negativ.

Wir setzen einen Testwert ein z.B. $x = 1$:

$$f_a'(1) = \frac{2a}{a+1} > 0$$

Da a positiv ist, ist der Term $f_a'(1)$ positiv.

Somit ist die Funktion f vor der Extremstelle monoton fallend und danach monoton steigend. Es handelt sich also bei E_a um einen lokalen Tiefpunkt.

1. Ableitung nutzen

c) Begründen Sie, dass keine dieser Tangenten einen Anstieg größer als 2 haben kann:

$$f_a'(1) = \frac{2a \cdot 1}{a \cdot 1^2 + 1} = \frac{2a}{a+1} = \frac{2a}{a \cdot \left(1 + \frac{1}{a}\right)} = \frac{2}{1 + \frac{1}{a}}$$

Wir können a entweder immer größer werden oder gegen 0 laufen lassen:

für $a \to \infty$: $\quad f_a'(1) = \dfrac{2}{1+0} = 2$

für $a \to 0$: $\quad f_a'(1) = \dfrac{2}{1+\infty} = 0$

Um die Tangente und die Normale in B_1 zu bestimmen, berechnen wir zuerst die y-Koordinate von B_1: $f_1(1) = \ln 2$.

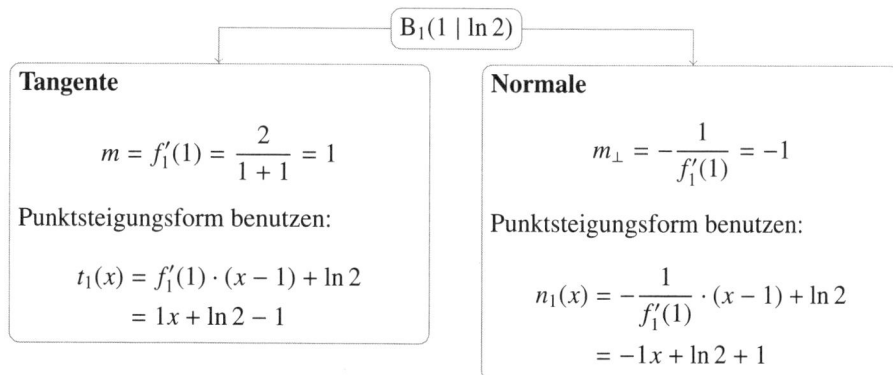

$B_1(1 \mid \ln 2)$

Tangente

$$m = f_1'(1) = \frac{2}{1+1} = 1$$

Punktsteigungsform benutzen:

$$t_1(x) = f_1'(1) \cdot (x-1) + \ln 2$$
$$= 1x + \ln 2 - 1$$

Normale

$$m_\perp = -\frac{1}{f_1'(1)} = -1$$

Punktsteigungsform benutzen:

$$n_1(x) = -\frac{1}{f_1'(1)} \cdot (x-1) + \ln 2$$
$$= -1x + \ln 2 + 1$$

Um den Flächeninhalt des Dreiecks zu bestimmen, können wir zuerst die y-Koordinaten von S_1 und S_2 bestimmen:

$$t_1(0) = \ln 2 - 1 \approx -0{,}31$$
$$n_1(0) = \ln 2 + 1 \approx 1{,}69$$

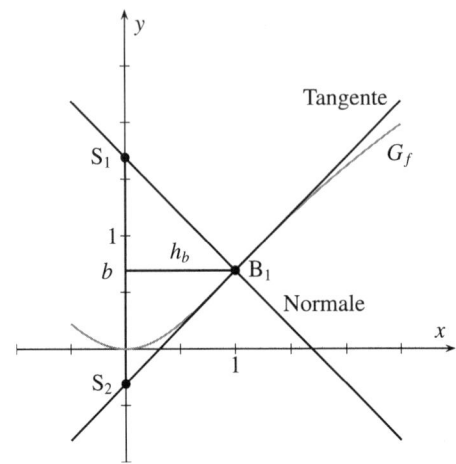

Die Kantenlänge des Dreiecks auf der y-Achse beträgt also $b = 1{,}69 + 0{,}31 = 2\,\text{LE}$. Die Höhe dieser Kante ist $h_b = 1\,\text{LE}$. Der Flächeninhalt kann dann wie folgt bestimmt werden:

$$A = \frac{1}{2} \cdot b \cdot h_b = \frac{1}{2} \cdot 2 \cdot 1 = 1\,\text{FE}$$

d) Die Grundfläche der Kartons ist quadratisch. Die Grundkantenlänge beträgt wegen des gegebenen Intervalls $3\,\text{LE} = 12\,\text{cm}$. Die Höhe des Kartons bestimmen wir über den Funktionswert von h an der Stelle $x = 1{,}5$.

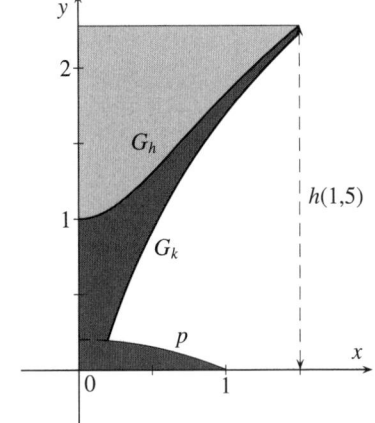

$$h(1{,}5) = 0{,}75 \cdot f_2(1{,}5) + 1$$
$$= 0{,}75 \cdot \ln(2 \cdot 1{,}5^2 + 1) + 1$$
$$\approx 2{,}28\,\text{LE} = 9{,}12\,\text{cm}$$

Die Maße sind $12\,\text{cm} \times 12\,\text{cm} \times 9{,}12\,\text{cm}$.

e) Da in der Aufgabe Angaben in cm und cm^2 gegeben sind, sollten wir zuerst die Flächeneinheiten in cm^2 umrechnen.

$$1\,\text{LE}\ \boxed{1\,\text{FE}}\ \underset{1\,\text{LE}}{\longrightarrow}\ 4\,\text{cm}\ \boxed{16\,\text{cm}^2}\ \underset{4\,\text{cm}}{\longrightarrow}\ 1\,\text{FE} = 16\,\text{cm}^2$$

Wenn der Boden der Parabel einen Durchmesser von 8 cm hat, dann ist der Radius 4 cm = 1 LE lang. Die Parabel schneidet also die x-Achse an der Stelle 1. Da p symmetrisch zur y-Achse ist, schreiben wir $p(x) = ax^2 + c$.

$$p(1) = 0$$
$$0 = a + c \qquad\qquad |-a$$
$$\text{I}: \qquad c = -a$$

Nun sollten wir die Querschnittsfläche umrechnen: $\frac{64}{15}\,\text{cm}^2 = \frac{64}{15} \cdot \frac{1}{16}\,\text{FE} = \frac{4}{15}\,\text{FE}$. Wir können nun folgende Gleichung für die Hälfte dieser Querschnittsfläche aufstellen:

$$\int_0^1 p(x)\,dx = \int_0^1 ax^2 + c\,dx$$

$$= \left[\frac{a}{3}x^3 + cx\right]_0^1$$

$$= \frac{a}{3} + c - 0$$

$$\text{II}: \qquad \frac{a}{3} + c = \frac{2}{15}$$

Nun können wir I in II einsetzen und erhalten die gesuchten Parameter:

$$\frac{a}{3} - a = \frac{2}{15}$$

$$-\frac{2}{3}a = \frac{2}{15} \qquad\qquad |\cdot\left(-\tfrac{3}{2}\right)$$

$$a = -\frac{1}{5}$$

$$c = \frac{1}{5}$$

Somit lautet die gesuchte Parabelgleichung: $p(x) = -\frac{1}{5}x^2 + \frac{1}{5}$ oder $p(x) = -0{,}2x^2 + 0{,}2$.

f) (1) Die erste Aussage ist **falsch**. Um das korrekte Volumen zu bestimmen, muss die Umkehrfunktion p^{-1} von p gebildet werden. Rotiert man anschließend diese Funktion im Intervall von $I = [0; 0{,}2]$ um die x-Achse, so ergibt sich das korrekte Volumen:

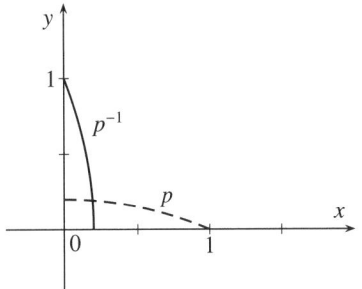

$$V = \pi \cdot \int_0^{0,2} \left(p^{-1}(x)\right)^2 dx$$

(2) Die zweite Aussage ist **falsch**. Wir können das Umrechnen der Volumeneinheiten mit der folgenden Abbildung veranschaulichen:

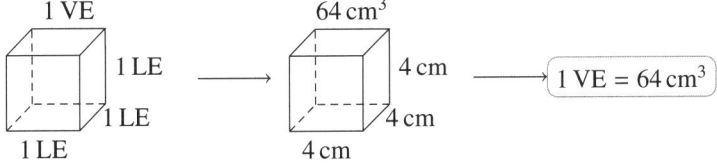

Somit sollte die Verhältnisgleichung wie folgt aussehen:

$$\frac{1\,\text{VE}}{64\,\text{cm}^3} = \frac{V}{V_{(\text{cm}^3)}}$$

(3) Der dritte Schritt ist **korrekt**: $m = V \cdot \rho$

Aufgabe 2.2: Straßenverlauf

a) Verhalten der Funktionswerte für $a > 0$:

$$\lim_{x \to \infty} f_a(x) = \lim_{x \to \infty} \underbrace{e^{2ax}}_{=\infty} + \underbrace{e^{-2ax}}_{=0} = \infty$$

$$\lim_{x \to -\infty} f_a(x) = \lim_{x \to -\infty} \underbrace{e^{2ax}}_{=0} + \underbrace{e^{-2ax}}_{=\infty} = \infty$$

Es existieren keine Nullstellen, da die Funktionswerte stets größer als 0 sind:

$$f_a(x) = \underbrace{e^{2ax}}_{>0} + \underbrace{e^{-2ax}}_{>0} > 0$$

Nachweis der Achsensymmetrie:

$$f_a(-x) = e^{2a \cdot (-x)} + e^{-2a \cdot (-x)} = e^{-2ax} + e^{2ax} = e^{2ax} + e^{-2ax} = f_a(x)$$

b) Um den lokalen Extrempunkt zu bestimmen, benötigen wir zuerst die erste und zweite Ableitung von f_a, dazu wenden wir die Summen- und die Kettenregel an:

$$f_a'(x) = 2ae^{2ax} - 2ae^{-2ax}$$
$$f_a''(x) = 4a^2e^{2ax} + 4a^2e^{-2ax}$$

Nun nutzen wir die notwendige und die hinreichende Bedingung für die Bestimmung des Tiefpunktes:

$$f_a'(x) = 0$$

$$0 = 2ae^{2ax} - 2ae^{-2ax} \qquad | + 2ae^{-2ax}$$

$$2ae^{-2ax} = 2ae^{2ax} \qquad | : 2a$$

$$e^{-2ax} = e^{2ax} \qquad | \ln()$$

$$\ln\left(e^{-2ax}\right) = \ln\left(e^{2ax}\right) \qquad | \text{3. Log.-Gesetz}$$

$$-2ax \cdot \underbrace{\ln e}_{=1} = 2ax \cdot \underbrace{\ln e}_{=1} \qquad | + 2ax$$

$$0 = 4ax \qquad | : 4a$$

$$x = 0$$

$$f_a''(0) = 4a^2e^{2a \cdot 0} + 4a^2e^{-2a \cdot 0}$$

$$= 4a^2 + 4a^2$$

$$= 8a^2 > 0 \Rightarrow \text{Tiefpunkt}$$

$$f_a(0) = e^{2a \cdot 0} + e^{-2a \cdot 0} = 1 + 1 = 2$$

Somit liegt der Tiefpunkt bei $T_a(0 \mid 2)$. Da er parameterfrei ist, liegt er auf jedem der Graphen G_a.

Die Graphen von G_a besitzen keine Wendepunkte, da die Funktionswerte der zweiten

Ableitung niemals 0 werden. Die Begründung ist die gleiche wie bei a).

$$f_a''(x) = \underbrace{4a^2 e^{2ax}}_{>0} + \underbrace{4a^2 e^{-2ax}}_{>0} > 0$$

c) Zeichnung:

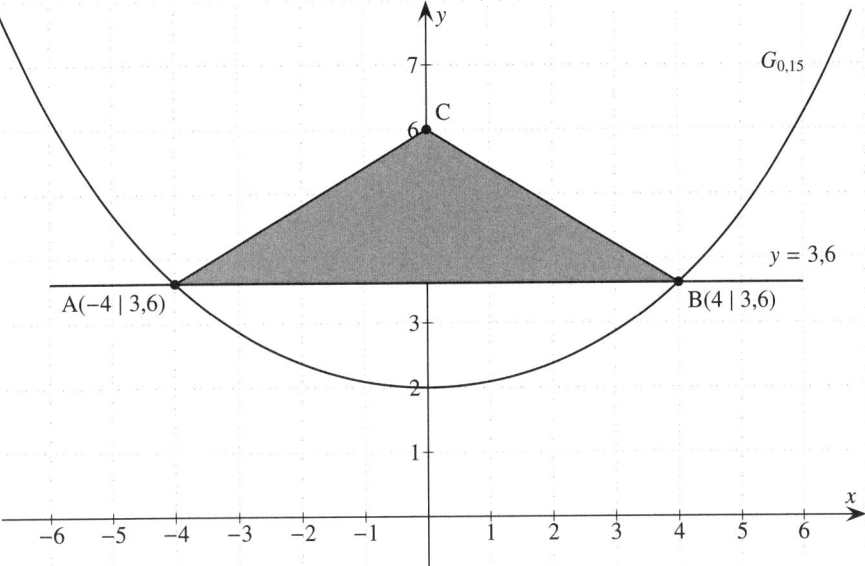

Verschieben wir die Parallele zur x-Achse immer weiter nach oben, so wird die Höhe des Dreiecks nahezu 0. Dadurch nähert sich der Flächeninhalt dem Wert 0 FE an.

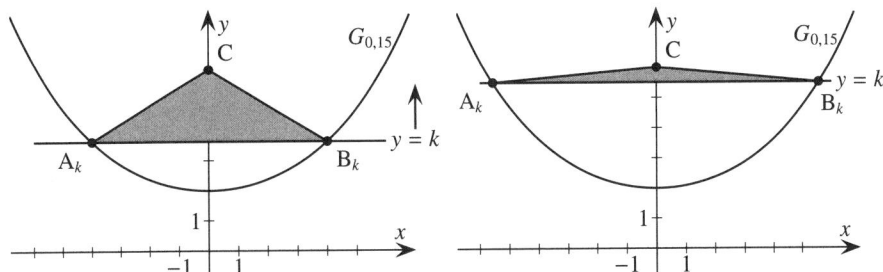

Verschieben wir die Parallele zur x-Achse immer weiter nach unten, so wird die Basis des Dreiecks nahezu 0. Dadurch nähert sich der Flächeninhalt dem Wert 0 FE an.

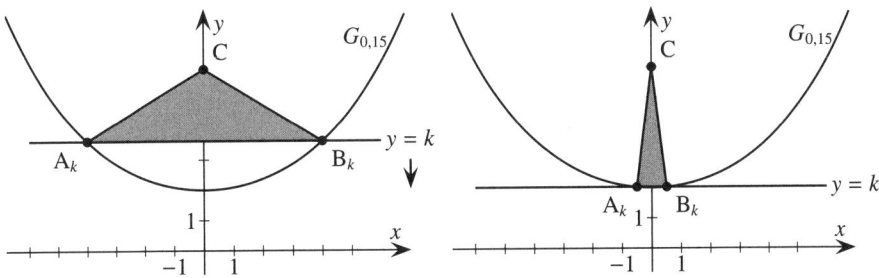

Da für $k \to 6$ und $k \to 2$ der Flächeninhalt immer kleiner wird, gibt es kein Minimum.

Für $2 < k < 6$ entstehen Dreiecke mit endlichen Flächeninhalt, demnach muss es ein Dreieck mit maximalem Flächeninhalt geben.

Zur Berechnung des Flächeninhalts können wir die Länge der Basis mit der Höhe des gleichschenkligen Dreiecks multiplizieren:

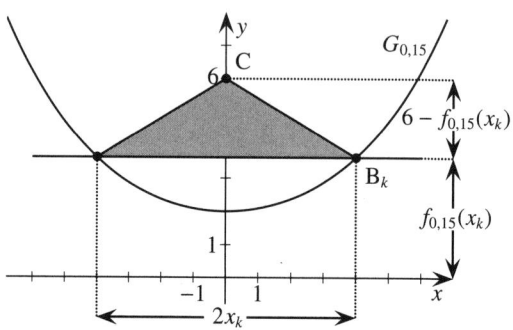

$$A = \frac{1}{2} \cdot c \cdot h_c$$

$$A(x_k) = \frac{1}{2} \cdot 2x_k \cdot (6 - f_{0,15}(x_k))$$

$$= x_k \cdot \left(6 - e^{0,3x_k} - e^{-0,3x_k}\right)$$

d)

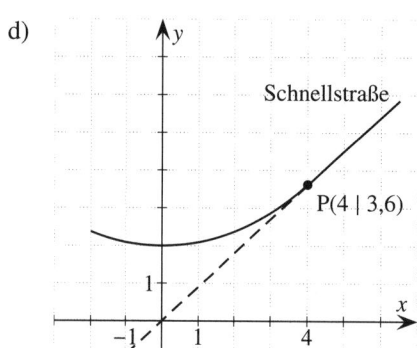

Da $G_{0,15}$ tangential in die Gerade g mündet, ergibt sich der Anstieg der gesuchten Geraden aus dem Anstieg von $G_{0,15}$ an der Stelle $x = 4$.

$$m = f'_{0,15}(4)$$
$$= 0,3e^{0,3 \cdot 4} - 0,3 \cdot e^{-0,3 \cdot 4}$$
$$\approx 0,9$$

Punktsteigungsform:

$$g(x) = 0,9 \cdot (x - 4) + 3,6$$
$$= 0,9x$$

e)

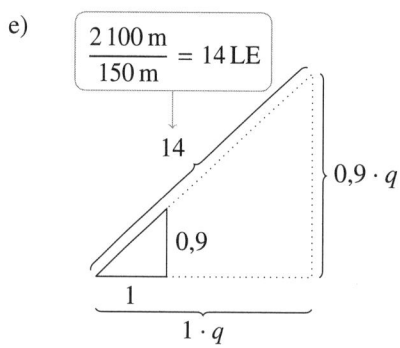

Wir können das Anstiegsdreieck der Geraden g benutzen, um die Koordinaten von S zu ermitteln. Wir stellen uns vor, dass wir die Katheten des Anstiegsdreiecks um einen Faktor q strecken. Den Faktor erhalten wir durch den Satz des Pythagoras:

$$q^2 + (0,9q)^2 = 14^2$$
$$1,81q^2 = 196 \qquad |:1,81$$
$$q^2 \approx 108,29 \qquad |\sqrt{\dots}$$
$$q \approx 10,4$$

Somit hat das Dreieck die gerundeten Kantenlängen 10,4 und 9,4. Addieren wir diese Werte auf die x- und y-Koordinate des Punktes P, so erhalten wir den Punkt S(14,4 | 13). Als letztes müssen wir noch die Funktionsgleichung der Parabel p ermitteln:

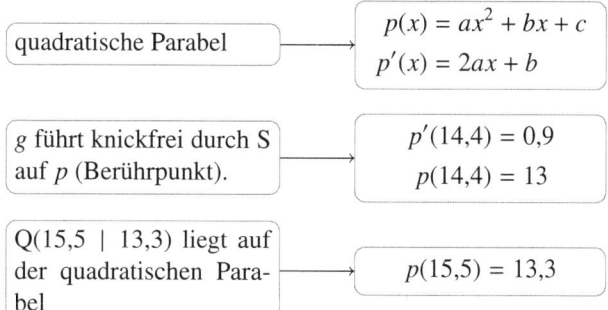

quadratische Parabel $\longrightarrow$

$$p(x) = ax^2 + bx + c$$
$$p'(x) = 2ax + b$$

g führt knickfrei durch S auf p (Berührpunkt). $\longrightarrow$

$$p'(14,4) = 0,9$$
$$p(14,4) = 13$$

$Q(15,5 \mid 13,3)$ liegt auf der quadratischen Parabel $\longrightarrow$

$$p(15,5) = 13,3$$

Jetzt können wir das LGS aufstellen:

I	0,9	$=$	$2a \cdot 14,4$	$+$	b	
II	13,3	$=$	$a \cdot 15,5^2$	$+$	$b \cdot 15,5$	$+\ c$
III	13	$=$	$a \cdot 14,4^2$	$+$	$b \cdot 14,4$	$+\ c$

I	0,9	$=$	$28,8a$	$+$	b	
II	13,3	$=$	$240,25a$	$+$	$15,5b$	$+\ c$
III	13	$=$	$207,36a$	$+$	$14,4b$	$+\ c$

f)

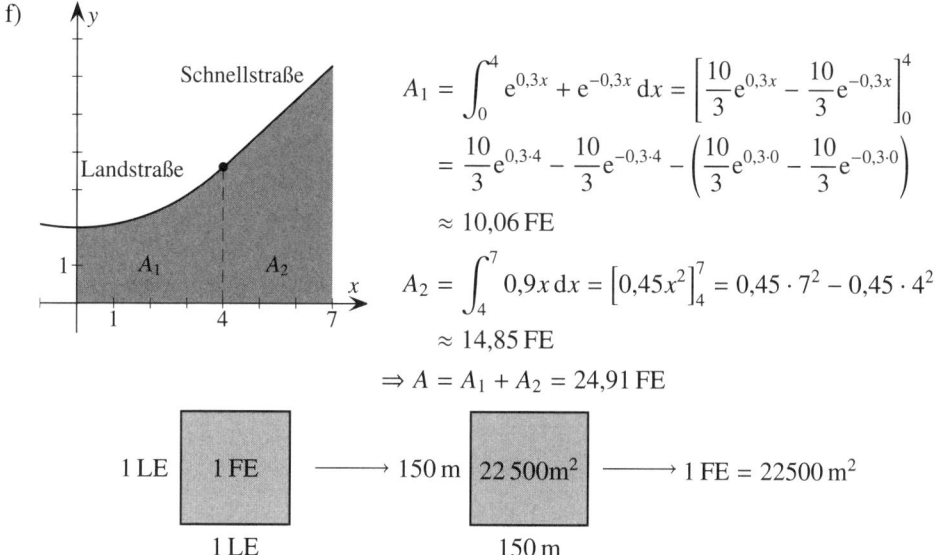

$$A_1 = \int_0^4 e^{0,3x} + e^{-0,3x}\,dx = \left[\frac{10}{3}e^{0,3x} - \frac{10}{3}e^{-0,3x}\right]_0^4$$

$$= \frac{10}{3}e^{0,3\cdot4} - \frac{10}{3}e^{-0,3\cdot4} - \left(\frac{10}{3}e^{0,3\cdot0} - \frac{10}{3}e^{-0,3\cdot0}\right)$$

$$\approx 10,06\,\text{FE}$$

$$A_2 = \int_4^7 0,9x\,dx = \left[0,45x^2\right]_4^7 = 0,45 \cdot 7^2 - 0,45 \cdot 4^2$$

$$\approx 14,85\,\text{FE}$$

$$\Rightarrow A = A_1 + A_2 = 24,91\,\text{FE}$$

1 LE 1 FE $\longrightarrow$ 150 m 22 500m^2 $\longrightarrow$ 1 FE = 22500 m^2

1 LE   150 m

Jetzt können wir die Maßzahl in Hektar (ha) umrechnen. Wir müssen beachten, dass lediglich 80 % genutzt werden:

$$A_{\text{Getreide}} = 0,8 \cdot 24,91\,\text{FE} = 0,8 \cdot 24,91 \cdot 22\,500\,\text{m}^2 = 448\,380\,\text{m}^2 \approx 44,84\,\text{ha}$$

Aufgabe 3.1: Zelt

a)

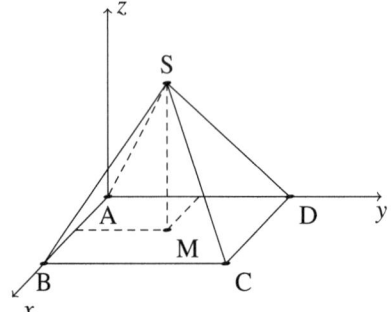

Die gesuchten Koordinaten sind:

$$B(5\mid 0\mid 0)$$
$$D(0\mid 5\mid 0)$$
$$M(2{,}5\mid 2{,}5\mid 0)$$
$$S(2{,}5\mid 2{,}5\mid 3{,}9)$$

b) Um den Winkel zwischen zwei Ebenen bestimmen zu können, benötigen wir 2 Normalenvektoren. Den ersten haben wir durch die Koordinatenform von E gegeben. Als zweiten Normalenvektor nehmen wir z.B. den von Ebene ADS.

$$\underbrace{\begin{pmatrix} -2{,}5 \\ 2{,}5 \\ -3{,}9 \end{pmatrix} \times \begin{pmatrix} -2{,}5 \\ -2{,}5 \\ -3{,}9 \end{pmatrix}}_{\overrightarrow{SD} \times \overrightarrow{SA}} = \begin{pmatrix} -9{,}75 - 9{,}75 \\ 9{,}75 - 9{,}75 \\ 6{,}25 + 6{,}25 \end{pmatrix} = \begin{pmatrix} -19{,}5 \\ 0 \\ 12{,}5 \end{pmatrix} \Rightarrow \text{erweitern mit 2: } \vec{n} = \begin{pmatrix} -39 \\ 0 \\ 25 \end{pmatrix}$$

Jetzt kann der Winkel durch die Normalenvektoren berechnet werden:

$$\cos\alpha = \frac{\vec{n}_E \cdot \vec{n}_{ADS}}{|\vec{n}_E| \cdot |\vec{n}_{ADS}|} = \frac{\begin{pmatrix} 0 \\ -39 \\ 25 \end{pmatrix} \cdot \begin{pmatrix} -39 \\ 0 \\ 25 \end{pmatrix}}{\left|\begin{pmatrix} 0 \\ -39 \\ 25 \end{pmatrix}\right| \cdot \left|\begin{pmatrix} -39 \\ 0 \\ 25 \end{pmatrix}\right|} = \frac{25^2}{\sqrt{0^2 + (-39)^2 + 25^2} \cdot \sqrt{(-39)^2 + 0^2 + 25^2}}$$

$$= \frac{625}{2\,146} \approx 0{,}29$$

$$\Rightarrow \alpha = \cos^{-1}(0{,}29) \approx 73°$$

Der gesuchte stumpfe Winkel beträgt somit $180° - 73° = 107°$.

c)

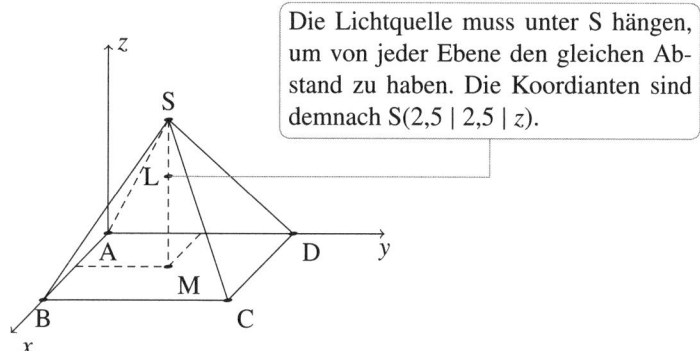

Die Lichtquelle muss unter S hängen, um von jeder Ebene den gleichen Abstand zu haben. Die Koordianten sind demnach S(2,5 | 2,5 | z).

Der Abstand der Lichtquelle beträgt somit auch zur Zeltfläche E gleich $0,8\,\text{m} = 0,8\,\text{LE}$

$L\,(2,5 \mid 2,5 \mid z)$ einsetzen

$$d(\text{L},E) = \frac{|-39\,y + 25\,z - 0|}{\sqrt{(-39)^2 + 25^2}}$$

$$= \frac{|-39 \cdot 2,5 + 25 \cdot z|}{\sqrt{2146}}$$

$$= \frac{|-97,5 + 25z|}{\sqrt{2146}} = 0,8$$

$$\Rightarrow \qquad \frac{|-97,5 + 25z|}{\sqrt{2146}} = 0,8 \qquad\qquad | \cdot \sqrt{2146}$$

$$\Rightarrow \qquad |-97,5 + 25z| = 0,8\,\sqrt{2146}$$

Wegen der Betragsstriche ist an dieser Stelle eine Fallunterscheidung nötig. Wegen des Betrags könnte der Term im Betrag einmal positiv und einmal negativ sein:
$|-97,5 + 25z| = |-(-97,5 + 25z)|$

1. Fall: $-97,5 + 25z > 0$

$$-97,5 + 25z = 0,8\,\sqrt{2146} \qquad |+97,5$$
$$25z \approx 134,56 \qquad |:25$$
$$z_1 \approx 5,38$$

Diese Lösung entfällt, da die Höhe der Lichtquelle über das Zelt hinaus geht.

2. Fall: $-97,5 + 25z \le 0$

$$-(-97,5 + 25z) = 0,8\,\sqrt{2146}$$
$$97,5 - 25z = 0,8\,\sqrt{2146} \qquad |-97,5$$
$$-25z \approx -60,44 \qquad |:(-25)$$
$$z_2 \approx 2,42$$

Die Lichtquelle hat die Koordinaten L(2,5 | 2,5 | 2,42).

d) Wir können die Linearkombination in die Gestalt einer Geradengleichung bringen, um zu zeigen, dass P auf der Strecke CS liegt.

$$\overrightarrow{OP} = \boxed{r} \cdot \overrightarrow{OC} + s \cdot \overrightarrow{OS} = \overbrace{\boxed{(1-s)}}^{r+s=1 \Rightarrow r=1-s} \cdot \overrightarrow{OC} + s \cdot \overrightarrow{OS}$$

$$= \overrightarrow{OC} - s \cdot \overrightarrow{OC} + s \cdot \overrightarrow{OS}$$

$$= \overrightarrow{OC} + s \cdot \left(-\overrightarrow{OC} + \overrightarrow{OS}\right)$$

Geradengleichung für Strecke CS

$$= \overrightarrow{OC} + s \cdot \left(\boxed{\overrightarrow{OS} - \overrightarrow{OC}}\right) = \boxed{\overrightarrow{OC} + s \cdot \overrightarrow{CS}}$$

Richtungsvektor $\overrightarrow{CS}$

Da $s \in [0;\ 1]$ gilt, ist gezeigt, dass der Punkt P auf der Strecke CS liegt.

e)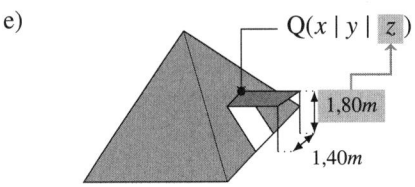

Wir können zuerst die Koordinaten vom Eckpunkt Q bestimmen, um die Länge des Vordachs zu ermitteln. Dazu setzen wir $Q(x \mid y \mid 1{,}8)$ in die Koordinatenform von E ein und ermitteln y:

$$39y + 25 \cdot 1{,}8 = 195 \qquad \Rightarrow \qquad y \approx 3{,}85$$

Um nun die Länge des Vordachs zu ermitteln, können wir einen Querschnitt des Zelts zeichnen und die Länge des „heruntergeklappten" Vordachs bestimmen.

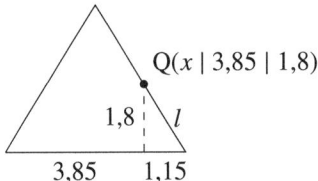

$$l^2 = 1{,}8^2 + 1{,}15^2$$

$$l = \sqrt{1{,}8^2 + 1{,}15^2} \approx 2{,}14$$

Somit beträgt die Länge des Vordachs $2{,}14$ m.

f) Wir können uns vorher eine Einschränkung für die Koordinaten eines möglichen Punktes K überlegen:

Querschnitt des Zelts:

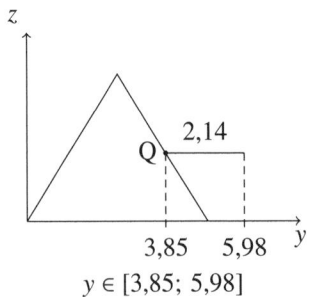

$y \in [3{,}85;\ 5{,}98]$

Vogelperspektive auf das Zelt:

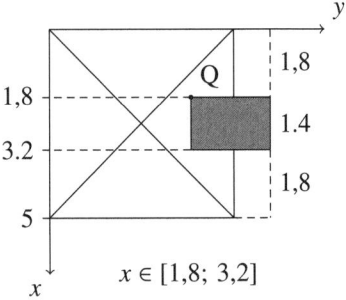

$x \in [1{,}8;\ 3{,}2]$

Da das Loch auf dem Vordach sein muss, ist $z = 1,8$. Der Lichtstrahl kann durch eine Geradengleichung beschrieben werden:

$$g : \vec{x} = \begin{pmatrix} 2,5 \\ 2,5 \\ 0 \end{pmatrix} + t \cdot \begin{pmatrix} 0,5 \\ -4,2 \\ a \end{pmatrix}, \qquad t \in \mathbb{R}$$

Da wir bereits eine Einschränkung des gesuchten Punktes vorgenommen haben, setzen wir $K(x_k \mid y_k \mid z_k)$ in die Geradengleichung ein:

$$\begin{pmatrix} x_k \\ y_k \\ z_k \end{pmatrix} = \begin{pmatrix} 2,5 \\ 2,5 \\ 0 \end{pmatrix} + t \cdot \begin{pmatrix} 0,5 \\ -4,2 \\ a \end{pmatrix}, \qquad t \in \mathbb{R}$$

Würden wir ein LGS formen, hätten wir ein LGS mit 5 Variablen, aber nur 3 Gleichungen. Es wäre also überbestimmt. Dann können wir eine mögliche Lösung durch Probieren erhalten. Da $x \in [1,8; 3,2]$, setzen wir $x_k = 2,2$. Somit erhalten wir t:

$$x_k = 2,5 + 0,5t \qquad \Rightarrow \qquad 2,2 = 2,5 + 0,5t \qquad \Rightarrow \qquad t = -0,6$$

Daraus erhalten wir $y_k = 2,5 + (-0,6) \cdot (-4,2) = 5,02$. Das Zwischenergebnis sollte mit $y \in [3,85; 5,98]$ abgeglichen werden, wenn y nicht im gegebenen Intervall liegt, kann ein neues x gewählt werden und die Rechnung beginnt erneut. Letztlich ergibt sich noch a:

$$z_k = 0 + t \cdot a \qquad \Rightarrow \qquad 1,8 = -0,6a \qquad \Rightarrow \qquad a = -3$$

Ein möglicher Punkt im Vordach könnte sein: $Q(2,2 \mid 5,02 \mid 1,8)$.

Aufgabe 3.2: Gartenpavillion

a) Berechnen Sie den [Neigungswinkel] einer [Dachkante] gegenüber der [Grundflächenebene].

Winkelproblem → Neigungswinkel

Gerade → Dachkante

Ebene → Grundflächenebene

$$\sin \alpha = \frac{|\vec{v} \cdot \vec{n}|}{|\vec{v}| \cdot |\vec{n}|} = \frac{\left| \begin{pmatrix} -1,5 \\ 1,5 \\ -1 \end{pmatrix} \cdot \begin{pmatrix} 0 \\ 0 \\ 1 \end{pmatrix} \right|}{\left| \begin{pmatrix} -1,5 \\ 1,5 \\ -1 \end{pmatrix} \right| \cdot \left| \begin{pmatrix} 0 \\ 0 \\ 1 \end{pmatrix} \right|}$$

Normalenvektor der Grundflächenebene

$$= \frac{|-1|}{\sqrt{(-1,5)^2 + (1,5)^2 + (-1)^2} \cdot \sqrt{1^2}} = \frac{1}{\sqrt{5,5}} \approx 0{,}426$$

$$\Rightarrow \alpha = \sin^{-1}(0{,}426) \approx 25{,}24°$$

b) Laut Text soll die Gerade g die Spitze des Pavillions S enthalten. Da S auf der z-Achse liegt, hat S die Koordinaten S(0 | 0 | z). Wir können die Koordinaten in die Geradengleichung einsetzen und erhalten z:

$$\begin{pmatrix} 0 \\ 0 \\ z \end{pmatrix} = \begin{pmatrix} -1,5 \\ 1,5 \\ 2,1 \end{pmatrix} + t \cdot \begin{pmatrix} -1,5 \\ 1,5 \\ -1 \end{pmatrix} \Rightarrow \begin{array}{llll} \text{I}: & 0 = & -1,5 - 1,5t & \Rightarrow t = -1 \\ \text{II}: & 0 = & 1,5 + 1,5t & \Rightarrow t = -1 \\ \text{III}: & z = & 2,1 - t & \Rightarrow z = 3,1 \end{array}$$

Somit hat der Pavillion eine Höhe von 3,1 m.

c)

$(-1,5 | 1,5 | 2,1)$

zweiter Richtungsvektor

$$\overrightarrow{OE} - \begin{pmatrix} -1,5 \\ 1,5 \\ 2,1 \end{pmatrix} = \begin{pmatrix} 3 \\ 0 \\ 0 \end{pmatrix}$$

Die Koordinatenform der Ebene erhalten wir, indem wir das Kreuzprodukt aus beiden Richtungsvektoren nehmen:

$$\begin{pmatrix} 3 \\ 0 \\ 0 \end{pmatrix} \times \begin{pmatrix} -1,5 \\ 1,5 \\ -1 \end{pmatrix} = \begin{pmatrix} 0 - 0 \\ 0 + 3 \\ 4,5 - 0 \end{pmatrix} = \begin{pmatrix} 0 \\ 3 \\ 4,5 \end{pmatrix}$$

$$\Rightarrow \quad \vec{n} = \begin{pmatrix} 0 \\ 3 \\ 4,5 \end{pmatrix}$$

$$H : 0x + 3y + 4{,}5z = \boxed{d}$$

> d ermitteln, indem E(1,5 | 1,5 | 2,1)
> eingesetzt wird

$$d = 0 \cdot 1{,}5 + 3 \cdot 1{,}5 + 4{,}5 \cdot 2{,}1 = 13{,}95$$
$$\Rightarrow H : 0x + 3y + 4{,}5z = 13{,}95$$

d)

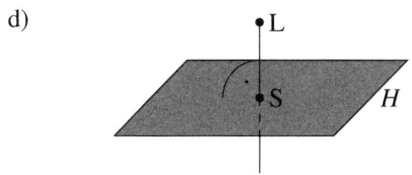

Den Punkt der Ebene H, der den kürzesten Abstand zu L hat ist S. Somit ist die Gerade k das Lot von L auf die Ebene H.

$$k : \vec{x} = \begin{pmatrix} 0 \\ 1 \\ 2 \end{pmatrix} + s \cdot \boxed{\begin{pmatrix} 0 \\ 3 \\ 4{,}5 \end{pmatrix}}, \qquad s \in \mathbb{R}$$

> Das Lot steht senkrecht zu H, deswegen ist der Richtungsvektor von k der Normalenvektor von H.

Aufgabe 4.1: Vereinsjubiläum

a) Es lohnt sich zuerst alle Informationen aus dem Einstiegstext zu formalisieren:

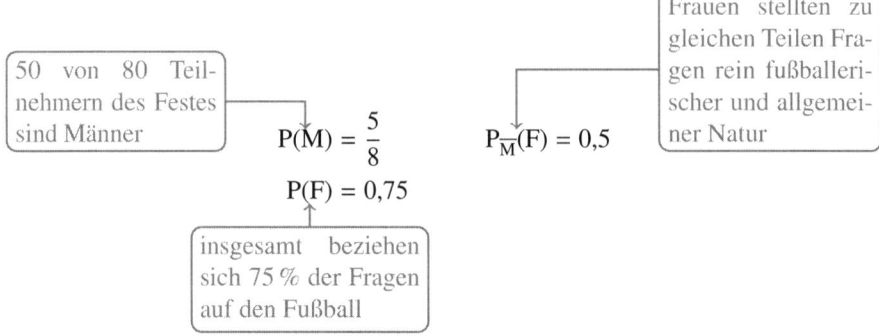

Wir bestimmen den Anteil p der Männer, die Fragen zum Fußball gestellt haben.

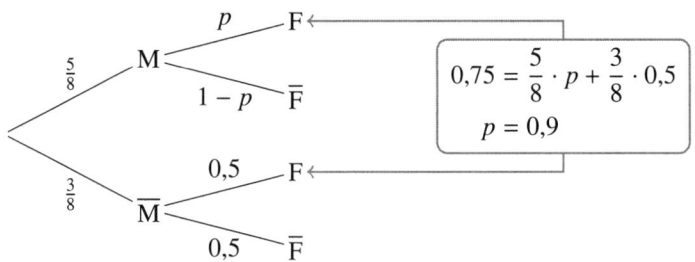

Der Anteil an Männern, die allgemeine Fragen gestellt haben ist somit 0,1. Also haben 10 % von 50 Männern allgemeine Fragen gestellt, das entspricht 5 Männern.

b) Um die Spannung zu erhöhen, beginnt der Vereinsvorsitzende die Bekanntgabe des Gewinners damit, dass dieser eine eher allgemeine Frage gestellt hat.

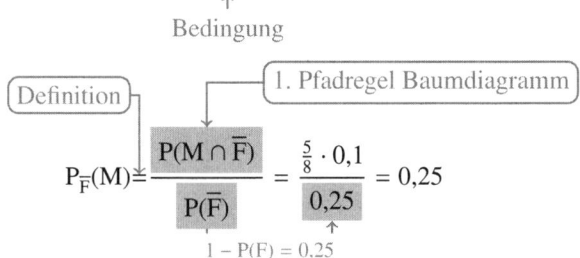

c) Da 36° von 360° weiß markiert sind, gewinnt man mit einer Wahrscheinlichkeit von 10 % = 0,1. Der Gewinn des Betreibers pro abgegebener Bratwurst wird somit:

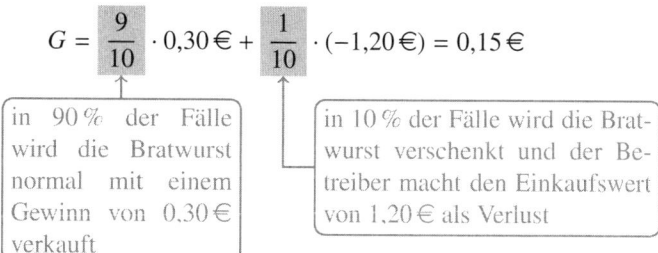

$$G = \frac{9}{10} \cdot 0{,}30\,€ + \frac{1}{10} \cdot (-1{,}20\,€) = 0{,}15\,€$$

in 90 % der Fälle wird die Bratwurst normal mit einem Gewinn von 0,30 € verkauft

in 10 % der Fälle wird die Bratwurst verschenkt und der Betreiber macht den Einkaufswert von 1,20 € als Verlust

Somit macht der Betreiber nur noch einen durchschnittlichen Gewinn von 0,15 € pro Bratwurst.

Aufgabe 4.2: Freizeit

a)   A: Zufällig ausgewählte Personen werden nacheinander befragt. Erst
    die fünfte befragte Person antwortet, dass sie gern am Computer arbeitet.

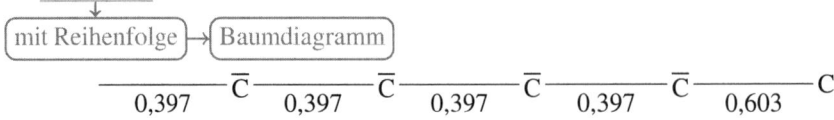

mit Reihenfolge → Baumdiagramm

$$\underset{0,397}{\quad}\overline{C}\underset{0,397}{\quad}\overline{C}\underset{0,397}{\quad}\overline{C}\underset{0,397}{\quad}\overline{C}\underset{0,603}{\quad}C$$

$$P(A) = 0{,}397^4 \cdot 0{,}603^1 \approx 0{,}0150$$

B: Nur die dritte und fünfte von acht zufällig ausgewählten Personen arbeitet gern
    am Computer.

mit Reihenfolge → Baumdiagramm

$$\underset{0,397}{\quad}\overline{C}\underset{0,397}{\quad}\overline{C}\underset{0,603}{\quad}\overline{C}\underset{0,397}{\quad}C\underset{0,603}{\quad}\overline{C}\underset{0,397}{\quad}C\underset{0,397}{\quad}\overline{C}\underset{0,397}{\quad}\overline{C}$$

$$P(B) = 0{,}397^6 \cdot 0{,}603^2 \approx 0{,}0014$$

Kettenlänge

C: Unter 20 zufällig ausgewählten Personen befinden sich mehr als 18 Personen,
    die mindestens einmal pro Woche fernsehen.

$$p = 0{,}96$$

ohne Reihenfolge

Binomialverteilung

X: Anzahl Personen, die mindestens einmal pro Woche fernsehen

$X \sim B_{20;0,96}$

$$P(C) = P(X > 18) = P(X = 19) + P(X = 20)$$

$$= \binom{20}{19} \cdot 0{,}96^{19} \cdot 0{,}04^1 + \binom{20}{20} \cdot 0{,}96^{20} \cdot 0{,}04^0 \approx 0{,}8103$$

232

b) Hierbei handelt es sich um eine „Drei-Mindestens-Aufgabe". Zuerst muss die binomial-verteilte Zufallsgröße definiert werden:

X: Anzahl Personen, die in ihrer Freizeit nicht gerne lesen

$X \sim B_{n;0,274}$

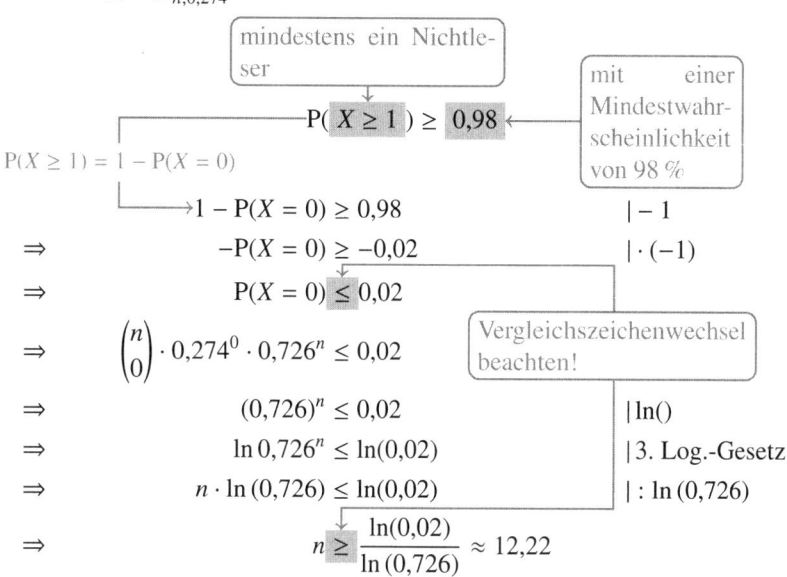

mindestens ein Nichtle-ser

$P(X \geq 1) \geq 0,98$

mit einer Mindestwahr-scheinlichkeit von 98 %

$P(X \geq 1) = 1 - P(X = 0)$

$\rightarrow 1 - P(X = 0) \geq 0,98$ $| - 1$

$\Rightarrow \qquad -P(X = 0) \geq -0,02$ $| \cdot (-1)$

$\Rightarrow \qquad P(X = 0) \leq 0,02$

$\Rightarrow \qquad \binom{n}{0} \cdot 0,274^0 \cdot 0,726^n \leq 0,02$ Vergleichszeichenwechsel beachten!

$\Rightarrow \qquad (0,726)^n \leq 0,02$ $| \ln()$

$\Rightarrow \qquad \ln 0,726^n \leq \ln(0,02)$ $| 3. \text{Log.-Gesetz}$

$\Rightarrow \qquad n \cdot \ln(0,726) \leq \ln(0,02)$ $| : \ln(0,726)$

$\Rightarrow \qquad n \geq \dfrac{\ln(0,02)}{\ln(0,726)} \approx 12,22$

Es müssen mindestens 13 Personen befragt werden.

c) Es lohnt sich zuerst alle Informationen aus dem Einstiegstext zu formalisieren:

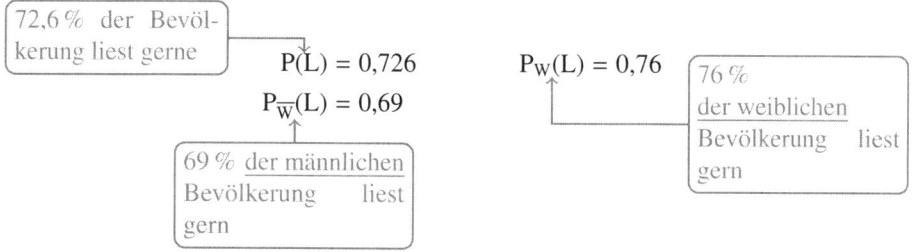

72,6 % der Bevöl-kerung liest gerne

$P(L) = 0,726$

$P_{\overline{W}}(L) = 0,69$

69 % der männlichen Bevölkerung liest gern

$P_W(L) = 0,76$

76 % der weiblichen Bevölkerung liest gern

Zur Bestimmung des Frauenanteils in der deutschen Bevölkerung, können wir in einem Baumdiagramm für die gesuchte Wahrscheinlichkeit p schreiben und diesen dann mit Hilfe der totalen Wahrscheinlichkeit von P(L) bestimmen.

$0,726 = p \cdot 0,76 + (1 - p) \cdot 0,69$

$0,726 = 0,07p + 0,69$

$p = 0,5143$

Der Anteil an Frauen unter der deutschen Bevölkerung beträgt also $p = P(W) = 0,5143$

Kettenlänge
↓
d) Im Mittel werden 5% der Karten storniert und genau k von 180 Karten werden
storniert.

$p = 0,05$ ↑ ↑ ohne Reihenfolge

└─────── *Binomialverteilung* ───────┘

X: Anzahl stornierter Karten

$X \sim B_{180;0,05}$

$$P(k) = P(X = k) = \binom{180}{k} \cdot 0,05^k \cdot 0,95^{180-k}$$

Den größten Wert in einer Binomialverteilung nimmt der Erwartungswert an, wenn er
ganzzahlig ist. Wir können die Wahrscheinlichkeit berechnen:

$$E(X) = n \cdot p = 180 \cdot 0,05 = 9$$

$$P(X = 9) = \binom{180}{9} \cdot 0,05^9 \cdot 0,95^{180-9} \approx 0,1352$$

e) Diese Verteilung ist zwar ohne Reihenfolge, da die Lehrerin unter den Gewinnern sein
soll, jedoch werden 5 Personen ausgelost, das heißt, dass die Wahrscheinlichkeit nicht
konstant ist. Somit handelt es sich um eine hypergeometrische Verteilung (Auch „Lotto-
Modell" genannt).

F: Die Lehrerin gewinnt eine Freikarte

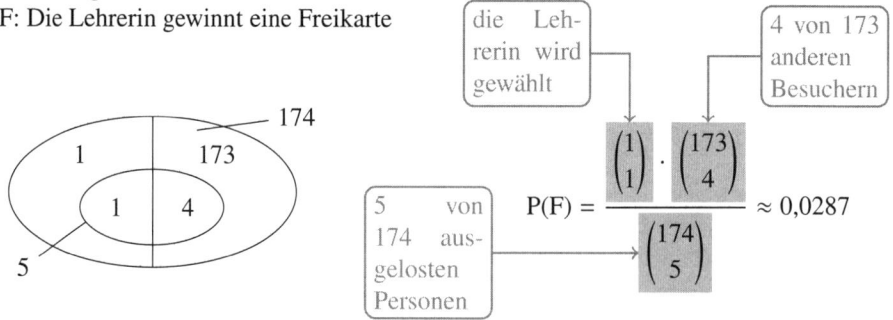

Die Lehrerin wird mit einer Wahrscheinlichkeit von 2,87 % ausgewählt.

Anhang

Geometrische Figuren

Ebene Vielecke

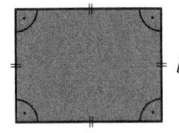

Rechteck

Jeweils zwei Seiten sind parallel.
Jeweils zwei Seiten sind gleich lang.
Alle Winkel sind gleich 90°.
Flächeninhalt: $A = a \cdot b$

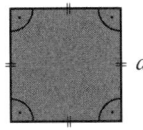

Quadrat

Jeweils zwei Seiten sind parallel.
Alle Seiten sind gleich lang.
Alle Winkel sind gleich 90°.
Flächeninhalt: $A = a^2$

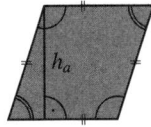

Parallelogramm

Jeweils zwei Seiten sind parallel.
Jeweils zwei Seiten sind gleich lang.
Jeweils zwei Winkel sind gleich groß.
Flächeninhalt: $A = a \cdot h_a$

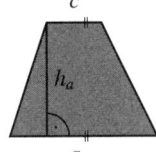

Trapez

Zwei Seiten sind parallel.
Flächeninhalt: $A = \frac{a+c}{2} \cdot h_a$

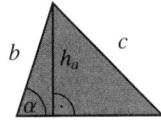

allgemeines Dreieck

Flächeninhalt: $A = \frac{1}{2} \cdot a \cdot h_a$
Kosinussatz: $c^2 = a^2 + b^2 - 2ab \cos \alpha$

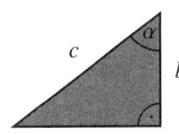

rechtwinkliges Dreieck

Ein Winkel ist 90°.
Satz des Pythagoras: $a^2 + b^2 = c^2$
Flächeninhalt: $A = \frac{1}{2} \cdot a \cdot b$
$\cos \alpha = \frac{b}{c}$, $\sin \alpha = \frac{a}{c}$, $\tan \alpha = \frac{a}{b}$

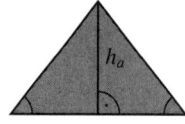

gleichschenkliges Dreieck
Zwei Seiten sind gleich lang.
Zwei Winkel sind gleich groß.
Flächeninhalt: $A = \frac{1}{2} \cdot a \cdot h_a$

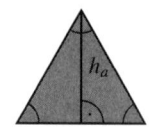

gleichseitiges Dreieck
Alle Winkel sind 60°.
Alle Seiten sind gleich lang.
Flächeninhalt: $A = \frac{1}{4} \cdot a^2 \cdot \sqrt{3}$

Körper

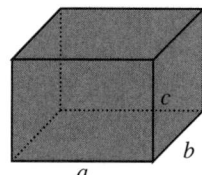

Quader
Jeweils zwei Flächen parallel und identisch.
Alle Seitenflächen sind Rechtecke.
Volumeninhalt: $A = a \cdot b \cdot c$

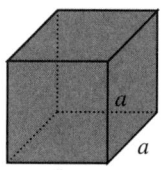

Würfel
Jeweils zwei Flächen parallel.
Alle Flächen sind identisch.
Alle Flächen sind Quadrate.
Volumeninhalt: $V = a^3$

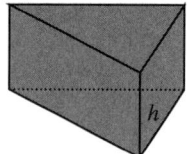

Prisma
Grundfläche G ist ein Vieleck.
Grund- und Deckfläche parallel und
identisch.
Volumeninhalt: $V = G \cdot h$

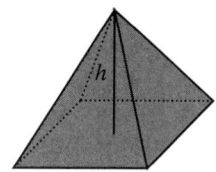

Pyramide
Grundfläche G ist ein Vieleck.
Alle Seitenflächen treffen sich in der Spitze.
Volumeninhalt: $V = \frac{1}{3} \cdot G \cdot h$

Kreis und Kugel

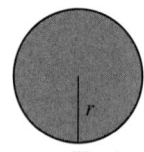

Kreis
Flächeninhalt $A = \pi r^2$
Umfang $U = 2\pi r$

Kugel
Volumeninhalt $A = \frac{4}{3}\pi r^3$
Oberflächeninhalt $O = 4\pi r^2$

Bezeichnungen

Gebräuchliche Zahlenmengen

Symbol	Bedeutung
$\mathbb{N}$	natürliche Zahlen, $\mathbb{N} = \{0, 1, 2, 3, \ldots\}$, $\mathbb{N}^* = \{1, 2, 3, \ldots\}$
$\mathbb{Z}$	ganze Zahlen, $\mathbb{Z} = \{\ldots, -3, -2, -1, 0, 1, 2, 3, \ldots\}$
$\mathbb{R}$	reelle Zahlen (alle uns bekannten Zahlen)
$\mathbb{R}_+$	positive reelle Zahlen
$\mathbb{R}^*$	alle reellen Zahlen außer Null
$\mathbb{D}$	Definitionsmenge einer Funktion
$\mathbb{W}$	Wertemenge einer Funktion

Intervallschreibweise von Zahlenmengen

Intervalle sind Zahlenmengen aller Elemente in $\mathbb{R}$ zwischen einer unteren Grenze a und einer oberen Grenze b. Wir unterscheiden die folgenden Fälle.

Symbol	Bedeutung
$[a; b]$	sowohl a als auch b sind in der Menge enthalten
$[a; b)$	a ist in der Menge enthalten, b aber nicht
$(a; b]$	b ist in der Menge enthalten, a aber nicht
$(a; b)$	weder a noch b sind in der Menge enthalten

Bezeichnungen in der Analysis

Symbol	Bedeutung
$\Rightarrow$	aus der linken Bedingung folgt die rechte Bedingung
$\Leftrightarrow$	aus der linken Bedingung folgt die rechte Bedingung und umgekehrt
π	Kreiszahl. $\pi \approx 3{,}14$
e	Eulersche Zahl. $e \approx 2{,}72$
$\ln x$	natürlicher Logarithmus der Zahl x
$|x|$	Betrag der Zahl x (das Vorzeichen wird weggelassen)
f', f'', f''', $f^{(n)}$	erste, zweite, dritte, n-te Ableitung von f
f^{-1}	Umkehrfunktion von f
F	Stammfunktion von f
G_f	Schaubild von f
m bzw. m_g	Steigung (der Geraden g)
$\bar{m}$	Mittelwert
H	lokaler Hochpunkt
T	lokaler Tiefpunkt
S	Sattelpunkt (Terrassenpunkt)
W	Wendepunkt
$\int f(x)\,dx$	unbestimmtes Integral von f
$\int_a^b f(x)\,dx$	bestimmtes Integral von f im Intervall $[a;\,b]$
V	Volumen eines Rotationskörpers

Bezeichnungen in der Stochastik

Symbol	Bedeutung
ω	Ergebnis
Ω	Ergebnismenge
A, B, C, ...	Ereignisse
$\overline{A}$	Gegenereignis von A
{ }	unmögliches Ereignis
$A \cap B$	Schnitt zweier Mengen
$A \cup B$	Vereinigung zweier Mengen
$A \setminus B$	Differenz zweier Mengen
$|A|$	Mächtigkeit von A
h bzw. $h_n(A)$	relative Häufigkeit von A bei n Versuchen
$P(A)$	Wahrscheinlichkeit von A
$P_B(A)$	bedingte Wahrscheinlichkeit mit Bedingung B
$n!$	Fakultät von n
$\binom{n}{k}$	Binomialkoeffizient
X	Zufallsgröße
$P(X = k)$	Wahrscheinlichkeit für eine Zufallsgröße
$P(X \leq k)$	kumulierte Wahrscheinlichkeit für eine Zufallsgröße
μ bzw. $E(X)$	Erwartungswert
$\text{var}(X)$	Varianz
σ bzw. $\sigma(X)$	Standardabweichung
$X \sim B_{n;p}$	X ist binomialverteilt mit den Parametern n und p
$B_{n;p}(k)$	Wahrscheinlichkeit für eine binomialverteilte Zufallsgröße X
γ	Sicherheitswahrscheinlichkeit
H_0	Nullhypothese
H_1	Alternativhypothese
A	Annahmebereich
$\overline{A}$	Ablehnungsbereich
α	Signifikanzniveau, maximaler Fehler 1. Art
β	Wahrscheinlichkeit eines Fehlers 2. Art

Bezeichnungen in der Analytischen Geometrie

Symbol	Bedeutung
LGS	lineares Gleichungssystem
A, B, C, ...	Punkte
$\overrightarrow{AB}$	Vektor von Punkt A zu Punkt B
$\vec{n}, \vec{u}, \vec{v}, ...$	Richtungsvektoren
$|\vec{v}|$	Länge des Vektors $\vec{v}$
$g, h, ...$	Geraden
g_{AB}	Gerade durch die Punkte A und B
$E, F, ...$	Ebenen
E_{ABC}	Ebene durch die Punkte A, B und C
$E_H, F_H, ...$	Ebenen in der Hesse'schen Normalform
$g \cap E$	Schnittmenge zweier Objekte
$\overline{AB}$	Strecke zwischen den Punkten A und B
$|\overline{AB}|$ bzw. $|\overrightarrow{AB}|$	Länge der Strecke AB
ABC	Dreieck mit den Eckpunkten A, B und C
$A_1 A_2 ... A_n$	Vieleck bzw. Körper mit den Eckpunkten $A_1, A_2, ..., A_n$
A	Flächeninhalt eines Vielecks
O	Oberflächeninhalt eines Körpers
V	Volumeninhalt eines Körpers
$\alpha, \beta, \gamma, ...$	Winkel
$\vec{u} \parallel \vec{v}$	die Vektoren $\vec{u}$ und $\vec{v}$ sind parallel
$\vec{u} \perp \vec{v}$	die Vektoren $\vec{u}$ und $\vec{v}$ stehen senkrecht zueinander
$\vec{u} \cdot \vec{v}$	Skalarprodukt
$\vec{u} \times \vec{v}$	Vektorprodukt
$(\vec{u} \times \vec{v}) \cdot \vec{w}$	Spatprodukt

Index